普通高等教育"十一五"国家级规划教材

图　论

（第二版）

王树禾　编著

科学出版社

北　京

内 容 简 介

本书系统阐述图论与算法图论的基本概念、理论、算法及其应用,建立图的重要矩阵与线性空间,论述计算复杂度理论中的 NP 完全性理论和著名的一些 NPC 问题等.

本书概念明确,立论严谨,语言流畅生动,注重算法分析及其有效性;内容全面深入,可读与可教性强,是一部理想的图论基础性著作.

本书读者对象为高等院校数学、计算机科学、信息与网络等专业的大学生与研究生,以及科研工作者与图论爱好者.

图书在版编目(CIP)数据

图论/王树禾编著. —2 版. —北京:科学出版社,2009

(普通高等教育"十一五"国家级规划教材)

ISBN 978-7-03-024595-3

Ⅰ. 图… Ⅱ. 王… Ⅲ. 图论-高等学校-教材 Ⅳ. O157.5

中国版本图书馆 CIP 数据核字(2009)第 076154 号

责任编辑:李晓鹏/责任校对:宣 慧
责任印制:张 伟/封面设计:陈 敬

科 学 出 版 社 出版

北京东黄城根北街 16 号
邮政编码:100717
http://www.sciencep.com

北京虎彩文化传播有限公司 印刷
科学出版社发行 各地新华书店经销

*

2004 年 1 月第 一 版 开本:B5(720×1000)
2009 年 8 月第 二 版 印张:15 3/4
2022 年 11 月第二十二次印刷 字数:293 000

定价:39.00 元
(如有印装质量问题,我社负责调换)

第二版前言

从 2004 年起,本书共印刷 6 次,发行 15 500 册,作为专业基础课教材,能有如此之众的读者群,令人欣慰。2008 年,教育部将本书列入普通高等教育"十一五"国家级规划教材。我们按教育部的标准和各地师生的反馈意见,对第一版进行全面修订,编写了第二版,以适应各校图论教学的新要求。

第二版对第一版的结构与内容大体保留,在论证与计算的细节及表达方式上进行了必要的修正与精炼。

为强化图理论与图算法的实际应用,第二版添加了 PERT(program evaluation and review technique)问题的图论解法与开关网络等内容。事实上,PERT 是现代运筹学(例如统筹法)的一种关键技术,利用图论模型与算法解决它,极为便捷实用;开关网络则是大型计算机设计与通信系统中的重要课题,我们用图矩阵计算给出最优开关网络设计的有效算法,显示了代数图论对信息与网络技术的作用。

王树禾

2009 年 3 月

于中国科学技术大学数学系

第一版前言

　　图论是离散数学的骨干分支,离散数学则是计算机科学技术与网络信息科学的理论基础.多年来,为了实现高速计算的目的,数学促进了计算机科学的形成与发展.例如图灵机的数学理论为计算机的诞生打下了基础;另一方面,随着计算机科学在社会发展中作用的日益提升,它又反过来促进数学的发展.例如 1976 年,伊利诺大学的 Appel 和 Haken 用计算机证明了四色猜想成立.我国著名数学家吴文俊、张景中等用计算机进行了几何定理的机器证明,发展出一套成熟的机器证明的新理论与新方法.离散数学,特别是图论,近年来如异军突起般蓬勃发展,实乃数学与计算机科学交互作用的范例.图论与计算机科学结盟解决了有关离散事物的结构与关系当中定性与定量的各种优化问题.在信息科学与网络技术迅猛发展的时代背景之下,接受图论教育与进行图论研究成了众多相关的青年科学家与工程师的强烈追求.图论自身的美好形象,诸如它的强有力的逻辑,漂亮的图形,高明的数学技巧等等,也对每个爱好科学的年轻人产生了挥之不去的诱惑,在高等学校的教学当中,图论课成了广大大学生和研究生争相选修的最受欢迎的热门课程之一.

　　学习图论,除了能使我们采用它的成果与方法之外,同样重要的是它能培养我们思考问题与解决问题的能力.图论中的问题,看似通俗简单,却往往含有非平凡的难度,每个学习研究图论的人在它面前必须全力以赴、严肃认真地思考问题,有时百思方得其解,有时则是百思仍不得其解的! 例如四色猜想和 Ulam 猜想之类的老大难问题以及算法理论中的著名难题"P = NP 吗?",都是难到令人生畏的问题.事实上,我们尚未弄清楚它们是否需要超长证明而必须使用机器证明,或者数学科学尚未发展到可以用手和纸解决它们的阶段.

　　本书除了重视图论的基本理论与常用技巧之外,同时重视有效算法的设计和算法复杂度的分析;研讨时间复杂度是本书的特色之一.本书作者不是构造主义者,但本书确乎主要采用了构造性的组合技术来解决问题,由于计算机的介入,构造性解法在当今数学当中日益受到青睐.

　　本书另一个特点是对预修课程要求极少,主要靠加法、乘法和逻辑推理来解决问题,只用了不多一些集合论与线性代数的知识.当然,读者在使用本书时应该自觉调动自己的聪明才智和数学悟性.本书每章都留有足够丰富而有趣的作业题,大部分题目皆无公式可循,必须由读者自主设计一种方法去解答;可以指望,通过图论的学习和习题与考试的磨炼,读者将会获得一种非本能的智慧和科学思维气质.

　　本书共 11 章.如果作本科生教材,估计 80 到 100 学时可以授完全书.如果受到课时限制,可以略去带 ∗ 号的内容,使得教学可以在 60 学时左右完成.

第一章回答图是什么和交代图论最基本的概念.从哥尼斯堡七桥问题谈起,通过四色猜想、Ulam 猜想、Hamilton 周游世界游戏、货郎问题、Ramsey 数、NPC 问题等数学史上的若干重要而有趣的问题的提出与初步分析,使读者获得对图论的直观认识,接着严格地给出图、同构、顶的次数、轨道、连通、圈、子图、完全图、二分图、三分图等基本的定义,还用这些基本概念和方法,严格证明拓扑学中重要的 Brouwer 不动点定理.本章首次介绍"行为算法"的概念,从实际模型出发介绍 Dijkstra 最短轨道问题和 Dijkstra 算法的规范表述,分析其有效性.本章还编入图上博奕的一些内容,体现出聪明竞争的数学思想.

第二章讲树.内容包含树的定义和性质,生成树及其个数公式,求最佳生成树的 Kruskal 算法,有序二元树,Catalan 数,Huffman 树,树上密码和树上追捕等有趣的问题.事实上,树是图的骨骼和标架,而且是图论难题的试金石,许多图论难题往往首先用树来试探它是否成立,然后再向一般图推广.

第三章讲平面图,得出平面图优美的 Euler 拓扑公式,介绍波兰数学家 Koratowsky 1930 年建立的平面图的充分必要条件;利用 Euler 公式证明正多面体恰有五种.本章介绍了图论中最基本最有用的算法之一,即代号为 DFS 的纵深搜索算法,它的"能前进时且前进,行不通时则回头"的搜索精神是许多图论算法可以借鉴的基本思路.DFS 还可以求取图的割顶、块和极大强连通子图等关键部位,尤其重要的是 DFS 可以协助建立图的平面嵌入算法.

第四章讲匹配理论及其应用.从 Hall 婚配问题谈起,建立了一系列有关匹配的定理,对二分图介绍了分工问题当中的最大匹配与最佳匹配的匈牙利算法.

第五章讲着色理论,它是图论中精彩纷呈又极其困难的内容.介绍了边色数、顶色数、面色数、颜色多项式等重要概念.讨论诸如排课表、安排全校考试、仓库设置与信道分配等重要实际问题的色数解法,以及脍炙人口的 4CC 和颜色多项式等引起历史上大数学家们关注的理论问题.4CC 已于 1976 年被美国数学家 Appel 和 Haken 等用计算机给出证明.我们在书中介绍了他们的主要思想,即可约的不可避免集的思路以及"充电放电"技术,但手写的自然语言表述的 4 色定理的证明将来能否完成,仍是困扰数学家的难题之一.

本章还讲了四大"图数":独立数、支配数、覆盖数和 Ramsey 数.它们是图论中非常重要的数字指标,在信息传输等领域有重要应用.

第六章讲 Euler 图与 Hamilton 图的理论与应用.Euler 建立了有效地判定图是否是 Euler 图的充分必要条件,可惜对于 Hamilton 图至今尚无有效的判别法,没有建立起像样的 Hamilton 图的充分必要条件.与 Euler 图有关的中国邮路问题已被匈牙利数学家 Edmonds 有效地解决了,但我们提出的多邮递员中国邮路问题却是一个 NPC 难题! 在 Hamilton 图方面,一个首当其冲的问题是为货郎问题设计一条耗时最少的售货路线,这一问题亦被证明是 NPC 中的一员. 另外,还有许多有趣的关于 Hamilton 图的十分漂亮又十分难解的问题,例如 $n \times n$ 的"马图"上国际象棋马的遍历问题等.

第七章讲有向图中的一些重要问题,包括尚未解决的所谓 $3x+1$ 问题,有向图的强连通性和可行遍性问题,有向 Hamilton 图问题,强连通竞赛图的泛圈定理,竞赛图中的有向 Hamilton 轨和王点等许多既有趣又有用的问题.

第八章讲述网络上的流函数,介绍求最大流的 2F 算法、Dinic 算法、有上下界的网络最大流的存在性和求法以及有供需要求的流的有效算法,并且证明了"双最定理",它是网络图论中的核心定理.

第九章讨论无向图与有向图的顶连通度与边连通度的概念,用网络流技术有效地求取顶连通度与边连通度,给出了一种边数最少的 n 顶 k 连通图的构造方法,建立 k 连通图的扇形结构与圈结构定理等,它们是网络流理论与技术的精彩应用.

第十章对于无向图与有向图,引入了若干重要矩阵,对于无向图在 0-1 二元域上建立了一些线性空间;用线性代数的方法对图进行定量研究,是图论由"看图说话"式的综合研究方法或曰"文词图论"向代数化方法过渡的重要标志;用矩阵演算进行了生成树数目的计算和从一顶到另一顶指定长的道路数目的计算等定量研究.

第十一章讲 Cook 定理和 NPC 理论,对图论中的一些重要问题,严格证明了它们是 NPC 中的问题,例如团、独立集、覆盖集、色数、最大断集、Hamilton 轨、Hamilton 圈、货郎问题等都是 NPC 中的问题.

本章内容对数学与计算机科学有原则的重要性,要当做重点内容来教来学,务求深入理解. 所给的 10 道作业题,至少要留一半让学生做出.

本书是以作者在中国科学技术大学的图论教学内容为蓝本,吸收参加历届教学的师生之反馈意见,顾及近年来科研与教学新形势之要求写成的,应当感谢中国科学技术大学各系听我主讲图论课的青年朋友们,在答疑和批改作业的过程当中,教学相长,从学生们活泼的解题细节和有趣的提问当中受到许多启发,使本书从内容到呈现方式上更适用于教学. 还应感谢科学出版社对本书出版的重视和支持,至于书中现存的差错,盖因作者孤陋寡学所至,敬请读者批评指正.

王树禾

2003 年 1 月

目　　录

第一章 图

1.1 从哥尼斯堡七桥问题谈起

普瑞格尔河从古城哥尼斯堡市中心流过,河中有小岛两座,筑有七座古桥,如图 1.1.哥尼斯堡人杰地灵,市民普遍爱好数学.1736 年,该市一位市民向大数学家 Euler 提出如下的所谓"七桥问题":

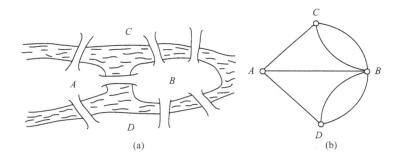

(a)   (b)

图 1.1

从家里出发,七座桥每桥恰通过一次,再回到家里,是否可能?

事实上,人们此前已经反复试验过多次,不论怎样游行,亦未成功地实现每桥恰过一次的旅行.但又无人严格证明七桥问题的答案是否定的.

Euler 把两岸分别用 C 与 D 两点来表示,两岛分别用 A 与 B 两点来表示.A,B,C,D 各点的位置无关紧要,仅当两块陆地之间有桥时,在上述相应的两点间连一曲线段,此曲线段的曲直长短也无关紧要,于是得到图 1.1 中的(b)图,Euler 把他画出的这种图形(b)称为图(graph).

Euler 对七桥问题的回答是"否".他指出,如果家在 D 岸,图 1.1(b)中 D 点处有三条桥,游人通过其中之一离家出游,不久又经另一桥回到家,因为要求每桥恰过一次,所以他不得不经第三条与 D 相连的桥离家远行,这时他已无法过桥回家了,因为三条与他家相通的桥他已都各走过一次;对于家在别处的情形道理是相似的.

Euler 对七桥问题的抽象和论证思想,开创了图论(一维拓扑)的研究,1736 年是图论的元年,那一年 Euler 年仅 29 岁.

当时数学界并未对欧拉解决七桥问题的意义有足够的认识,甚至仅仅视其为一个数学游戏而已,图论诞生后并未及时获得足够的发展. 1936 年,匈牙利数学家柯尼希(Kønig)出版《有限图与无限图理论》,这是图论的第一部专著,它总结了图论 200 年的成果,是图论发展的第一座里程碑.此后,图论进入发展与突破的快车道,又经过半个多世纪的发展,现已成长为数学科学的一个独立的重要学科.它的分支很多,例如图论、算法图论、极值图论、网络图论、代数图论、随机图论、模糊图论、超图论等等.由于现代科技尤其是大型计算机的迅猛发展,使图论大有用武之地,无论是数学、物理、化学、天文、地理、生物等基础科学,还是信息、交通、战争、经济乃至社会科学的众多问题,都可以应用图论方法予以解决.图论又是计算机科学最重要的基础之一.

1976 年世界上发生了不少大事,其中有一件是美国数学家 Appel 和 Haken 在 Koch 的协作之下,用计算机证明了图论难题——四色猜想(4CC):

任何地图,用四种颜色,可以把每国领土染上一种颜色,使邻国异色.

4CC 的提法和内容十分简朴,以至于可以向随便一个人(哪怕他不识字)在几分钟之内讲清楚. 1852 年英国的一个大学生格思里(Guthrie)向他的老师德·摩根(De Morgan)请教这个问题.德·摩根是当时十分有名的数学家,他不能判断这个猜想是否成立,于是很快在数学界流传开来. 1879 年伦敦数学会会员 Kemple 声称证明 4CC 成立,且发表了论文,10 年后,Heawood 指出了 Kemple 证明中存在不可克服的漏洞,Heawood 沿用 Kemple 的方法证明了五色定理,即任何地图,用五种颜色一定能把各国领土染上一种颜色,且使邻国异色. Kemple 的方法十分巧妙,1976 年,Appel 说:"Kemple 的证明中包含着一个世纪之后终于引出正确证明的绝大部分基本思想."

图论中有众多形象美丽而性质奇特的图,例如图 1.2 中的两个图,他们的每个点(以后称为顶点)处关联着三条线(以后称为边),用四种颜色可以把每条边涂上一种颜色,使得有公共端点的边异色,而用 3 种颜色办不到这些,切断三条边不会使它断裂成两个有边的图等一系列性质.图论中称图 1.2 中的图为妖怪(snark graph),(a)称为单星妖怪,(b)称为双星妖怪,妖怪在这里是一个严肃的数学名词,由于这种性质的图极难设计出来,才起了这么一个十分贴切的名称.

1895 年,Hamilton 发明了一个所谓环球旅行的游戏,把这项发明的专利以 25 个金币的高价转让给一个玩具商.据说使这位玩具商几个月的时间成了一位腰缠万贯的富豪,他的游戏设计如下:在一个正 12 面体的 20 个顶点上各标志一个城市,这些世界级大都市分别是北京、莫斯科、东京、柏林、巴黎、纽约、旧金山、伦敦、罗马、里约热内卢、布拉格、新西伯利亚、墨尔本、耶路撒冷、巴格达、上海、布达佩斯、开罗、阿姆斯特丹和华沙.如果从一城市(例如从北京出发)沿正 12 面体的棱运行,每个上述的城市仅经过一次,再回到出发点(例如北京),则算旅行成功.在本书

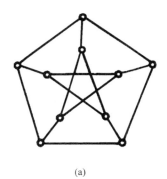 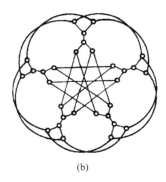

(a)　　　　　　　　　(b)

图 1.2

第六章中我们将给出这一游戏的一种具体的旅游路线图,从这一游戏抽象出图论中一个极端重要的概念——Hamilton 图,且派生出一个价值连城的问题——货郎问题(traveling salesman):

　　一位货郎担了百货到各村去卖货,为他设计一个售货路线,使他耗时最少.

　　如果用穷举的办法,例如有 20 个村子,其不同排序有 $\frac{1}{2} \times 20!$ 种,如果把每种排序的路程分别算出,再从中挑选出那个路程最小者,即使利用每秒千万次运算的计算机,亦需耗时百年以上,这种办法不可取.令人无奈的是,百多年来,数学家们努力求解这一问题从未中断,至今尚未找到有效的(在合理的时间内)解决方法!这一问题是对数学和计算机科学的严重挑战.

　　在诸多图论难题当中,有一个叫做 Ramsey 数的问题格外引人注意.直观地讲,就是问:任给一人群,其中有 k 个人彼此相识或有 l 个人彼此不相识,这种人群至少几人? 这个答案记成 $r(k,l)$,称为 Ramsey 数,例如 $r(3,3)=6$,证明 $r(3,3)=6$ 并不难.事实上,用六个点代表六个人,他们是 v_1,v_2,v_3,v_4,v_5,v_6,两人相识时,在两者之间连一条绿色边,否则连一条红边.那么,由鸽笼原理,与 v_1 相连的五条边之中,必有三条是同色的,不妨设为 v_1v_2,v_1v_3,v_1v_4 是三条绿色边,考虑 $\triangle v_2v_3v_4$.如果这个三角形上有一条绿边,则此绿边与 v_1 连接的两条绿边构成一个绿色三角形.于是有三人彼此相识;否则 $\triangle v_2v_3v_4$ 是红色三角形.于是有三人彼此不相识.可见 $r(3,3)\leqslant 6$.而 5 个人的人群,见图 1.3,可能既无绿色三角形亦无红色三角形的现象,图 1.3 中实线是绿色的,虚线是红色的,可见 $r(3,3)>5$;由 $r(3,3)\leqslant 6,r(3,3)>5$ 知 $r(3,3)=6$,即随便遇到的

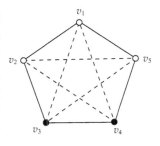

图 1.3

六个人之中必有三人彼此是熟人,否则会有三人谁也不认识谁. $r(3,4)=?$ $r(4,4)=?$ 等等,我们将在第五章给出一些较小的 Ramsey 数,但像 $r(5,5)$,$r(6,6)$ 等等那些未知的较大的 Ramsey 数的求得则是十分之困难的课题.如果让我们求出 $r(100,100)$,这个题目已经难到令人绝望的程度,更不必说 $r(10000,10000)=?$ 了.

从上述的图论问题当中,我们发现图论中蕴含着强有力的思想、漂亮的图形和巧妙的论证,即使是非常困难的尚未解决的问题,它的表述也可能是平易近人的.现实生活中处处可以发现图论难题,图论是最接近百姓生活、最容易阐述的一门数学分支,具有实质性的难度又有简朴的外表是很多图论问题的特点之一.每位学过图论的人都有一种共同的体会,即在图论问题面前必须谨慎严肃地思考,它的证明往往需要极其繁琐的细节,稍不注意就会出现推理的漏洞,有时还需要精细的计算.

从 20 世纪 60 年代之后,图论的算法受到了更多的重视.算法的有效性一直困惑着我们,例如,我们建立了求两个顶点间最短轨道的 Dijkstra 有效算法,却建立不起来求两顶间最长轨道的有效算法;我们也没有有效算法判别图的顶点是否全部处于一个圈上,没有有效算法确定能否用三种颜色对地图正常(邻国异色)着色.在网络理论中,我们已经有有效算法,把商品在铁路上由产地最快地运往销地,但对两个工厂产的两种商品,分别运往各自的销地时,建立不了安排运输方案的有效算法,使得两个销地的需求同时得以满足,等等.至今已积累了数以千计的实际问题,其数学模型皆为图论问题,但这些问题皆未建立起有效算法.20 世纪 60 年代到 80 年代,Edmonds,Cook 和 Karp 等发现并严格证明,这批难题有一个值得注意的奇特性质,其中一个问题如果存在有效算法,则这些形形色色风马牛不相及的问题都会有有效算法.换句话说(悲观地讲)如果这些问题中有某个问题不存在有效算法,则不能指望这批问题中的任何一个存在有效算法了.这批问题组成的集合记成 NPC,或称 NP-完全问题,数学与计算机科学的最大挑战之一就是回答 NPC 问题是否真的不存在有效算法?

1.2　图的基本概念

上一节我们已经对图有了一些直观的印象,从中可以总结出图的一般定义.

定义 1.1　称数学结构 $G=\{V(G),E(G),\psi_G\}$ 为一个图,其中 $V(G)$ 是非空集合,ψ_G 是从集合 $E(G)$ 到 $V(G)\times V(G)$ 的一个映射,则称 G 是一个以 $V(G)$ 为顶集合.以 $E(G)$ 为边集合的有向图,$V(G)$ 中的元素称为图 G 的顶点,$E(G)$ 中的元素称为 G 的边,ψ_G 称为 G 的关联函数.若 $\psi_G(e)=(u,v)$,$e\in E(G)$,$(u,v)\in V(G)\times V(G)$,则简写成 $e=uv$;称 u 是有向边 e 的尾,v 为有向边 e 的头.若 $|V(G)|=\nu$,

$|E(G)|=\varepsilon,\nu<+\infty,\varepsilon<+\infty$时,称$G$为有限图,否则为无限图.

本书只讨论有限图.

为直观起见,我们把一个有向图如下画出它的图示:把$V(G)$中的每个元素用几何点表示,点的位置可以任选,但两个顶点不要重合.当$e=uv$时,把顶u与v这两点用箭头从u指向v的一条有向曲线连接起来,此曲线的长短与曲直不加考虑.用$v_1,v_2,\cdots,v_\nu$分别表示各个顶点,用$e_1,e_2,\cdots,e_\varepsilon$分别表示各条有向边;顶与边用字母标志了的图叫做标志图.

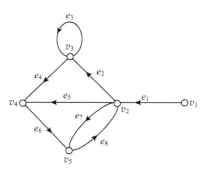

图 1.4

如果把有向图上的箭头取消,则得到无向图.

例1.1 在图1.4中,

$$V(G)=\{v_1,v_2,v_3,v_4,v_5\},$$

$$E(G)=\{e_1,e_2,e_3,e_4,e_5,e_6,e_7,e_8\},$$

$$\psi_G(e_1)=v_1v_2,\psi_G(e_2)=v_2v_3,\psi_G(e_3)=v_3v_3,\psi_G(e_4)=v_3v_4,$$

$$\psi_G(e_5)=v_2v_4,\psi_G(e_6)=v_4v_5,\psi_G(e_7)=v_2v_5,\psi_G(e_8)=v_5v_2.$$

如果图1.4中的箭头擦掉,则得一个无向图.

下面我们要不厌其烦地对图论的术语下定义.如果不写"有向"两个字,我们下面的图皆指无向图.

(1) 边的端点:$e=uv$时,称顶u与v是边e的端点.

(2) 边与顶相关联:若边e的端点是u与v,则称e与u,v相关联.

(3) 邻顶:同一条边的两个端点叫做邻顶.

(4) 邻边:与同一个顶相关联的两条边叫做邻边.

(5) 环:只与一个顶相关联的边叫做环.

(6) 重边:$\psi_G(e_1)=\psi_G(e_2)=uv$,则称$e_1$与$e_2$是重边.

(7) 单图:无环无重边的图.

(8) 完全图:任二顶皆相邻的图,记之为K_ν.图1.5是K_5.

(9) 二分图:$V(G)=X\cup Y,X\cap Y=\varnothing$,且$X$中任二顶不相邻,$Y$中任二顶不相邻,则称$G$为二分图;若$X$中每个顶皆与$Y$中一切顶相邻,则称$G$为完全二分图,记成$K_{m,n}$,其中$m=|X|,n=|Y|$.例如图1.6是$K_{3,3}$.

(10) 星:$K_{1,n}$叫做星,如图1.7.

(11) 完全r分图:$V(G)=\bigcup_{i=1}^{r}V_i;V_i\cap V_j=\varnothing,i\neq j$;当且仅当两个顶不在同一

个 V_i 中时($i=1,2,\cdots,r$),此二项相邻,则称图 G 为 r 分图,记成 $K_{m_1,m_2,\cdots,m_r}$,其中 $|V_i|=m_i$,$i=1,2,\cdots,r$;若 $m_1=m_2=\cdots=m_r=m$,则记成 $K_{r(m)}$. 图 1.8 是 $K_{3(3)}$.

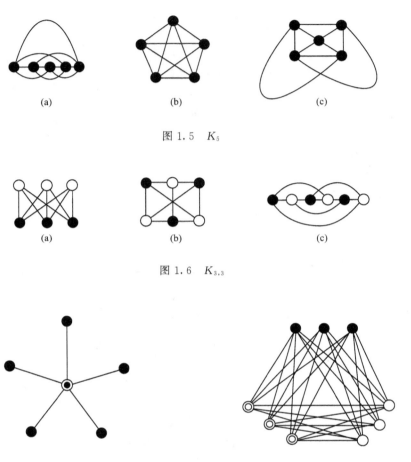

图 1.5 K_5

图 1.6 $K_{3,3}$

图 1.7 $K_{1,5}$ 图 1.8 $K_{3(3)}$

(12) 顶 v 的次数:记成 $d(v)$,定义 $d(v)=d_1(v)+2l(v)$,其中 $d_1(v)$ 是与 v 相关联的非环边数,$l(v)$ 是与 v 相关联的环数.

例如,$K_{3,3}$ 中每顶皆 3 次,$K_{3(3)}$ 中每顶皆 6 次,K_ν 中每顶皆 $\nu-1$ 次. 由各顶次数可以算出图的边数.

定理 1.1(Euler,1736) $\displaystyle\sum_{v\in V(G)}d(v)=2\varepsilon.$

证 定义函数

$$\xi(v_i, v_j) = \begin{cases} 1, & \text{当 } v_i v_j \in E(G), \\ 0, & \text{否则}, i = 1, 2, \cdots, \nu, j = 1, 2, \cdots, \nu. \end{cases}$$

当 G 是单图时,

$$d(v_j) = \sum_{i=1}^{\nu} \xi(v_i, v_j),$$

$$\sum_{j=1}^{\nu} d(v_j) = \sum_{j=1}^{\nu} \sum_{i=1}^{\nu} \xi(v_i, v_j)$$

$$= \xi(v_1, v_1) + \xi(v_1, v_2) + \cdots + \xi(v_1, v_\nu)$$

$$+ \xi(v_2, v_1) + \xi(v_2, v_2) + \cdots + \xi(v_2, v_\nu)$$

$$+ \cdots + \xi(v_\nu, v_1) + \xi(v_\nu, v_2) + \cdots + \xi(v_\nu, v_\nu) = 2\varepsilon,$$

当图 G 不是单图时,只要把每一环与重边上"嵌入"一个新顶,则相似地可证出 $\sum_{v \in V(G)} d(v) = 2\varepsilon$. 证毕.

上述证明无非是"每边两个头",一共有 2ε 个线头儿的严格化.

推论 1.1 图中奇次顶总数是偶数.

证 令 $V(G) = V_e \bigcup V_o$,其中 V_e 是偶次顶集合,V_o 是奇次顶集合,由定理 1.1,

$$\sum_{e \in V_e} d(v) + \sum_{v \in V_o} d(v) = 2\varepsilon,$$

而 $\sum_{v \in V_e} d(v)$ 是偶数,故 $\sum_{v \in V_o} d(v)$ 亦为偶数. 但 V_o 中的次数 $d(v)$ 皆奇数,故 $|V_o|$ 必为偶数. 证毕.

例 1.2 晚会上大家握手言欢,试证握过奇次手的人数是偶数.

证 构作一图,以参加晚会的人为顶,仅当二人握手时,在相应的二顶间加一条边. 于是每人握手的次数即为所造的图的相应顶之次数. 由推论 1.1,奇次顶的个数是偶数,所以握过奇次手的人数为偶数. 证毕.

例 1.3 空间中不可能有这样的多面体存在,它的面数是奇数,而且每个面是奇数条线段围成的.

证 如果有这种多面体,以此多面体的面集合为顶集构造一个图 G,当且仅当两个面有公共边界线时,在相应的两顶间连一条边,于是 $|V(G)|$ 是奇数,而且 $d(v)$ 是奇数,$v \in V(G)$,从而 $\sum_{v \in V(G)} d(v)$ 是奇数,与定理 1.1 相违. 故这种多面体不存在. 证毕.

例 1.4 碳氢化合物中氢原子个数是偶数.

证　以每个碳原子与氢原子为顶,以每条化学键为边,则每个碳氢化合物的分子是一个图,且氢原子是一次顶,碳原子是 4 次顶,由推论 1.1,分子中氢原子个数是偶数.证毕.

例 1.5　大于 7 公斤的整公斤的重量都可以仅用一些 3 公斤和 5 公斤的两种砝码来称量.

证　只需证明对任意给定的自然数 $n \geqslant 8$,存在二分图 $G^{(n)}$,其 X 顶子集有 n 个顶点,每顶皆一次,Y 顶子集中的顶是 3 次或 5 次的.

下面用数学归纳法证明之.

当 $n = 8$ 时,结论显然成立,见图 (α).

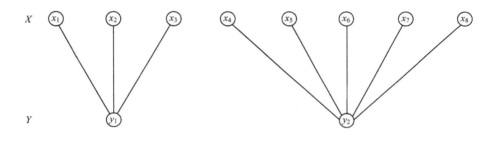

图 (α)

假设对于 $G^{(k)}$,结论已成立,$k \geqslant 8$. 以下证明对 $G^{(k+1)}$,结论仍成立. 为此,在 $G^{(k)}$ 的 X 顶子集中添加一顶 x_{k+1};由归纳法假设,在 $G^{(k)}$ 的 Y 中顶是 3 次或 5 次的,分以下情形讨论:

(i) 若 Y 中皆 3 次顶,取 y_1, y_2, y_3,将其重合成一个顶 y_{123},再于 y_{123} 与 x_{k+1} 之间连一条边,最后把 y_{123} 劈开成两个 5 次顶,则得满足要求的 $G^{(k+1)}$.

(ii) 若 Y 中有 5 次顶,设 $d(y_i) = 5$,在 y_i 与 x_{k+1} 之间连一边,再把 y_i 劈开成两个 3 次顶,则得满足要求的二分图 $G^{(k+1)}$. 证毕.

以后我们把 $d(v) \equiv k$ 的图叫做 k 次正则图,例如妖怪是三次正则图. 我们也经常使用下面两个符号:

$$\delta = \min_{1 \leqslant i \leqslant \nu} \{d(v_i)\}, \quad \Delta = \max_{1 \leqslant i \leqslant \nu} \{d(v_i)\}.$$

下面给出两个图同构的定义.

定义 1.2　G 与 H 是两个图,存在可逆映射

$$\theta: V(G) \to V(H),$$

$$\varphi: E(G) \to E(H),$$

当且仅当 $\psi_G(e)=uv$ 时，$\psi_H(\varphi(e))=\theta(u)\theta(v)$，其中 ψ_G 是 G 的关联函数，ψ_H 是 H 的关联函数，则称图 G 与 H 同构，记成 $G\cong H$.

例如，图 1.5 中的三个图是同构的，皆与 K_5 同构；图 1.6 中的三个图是同构的，皆与 $K_{3,3}$ 同构.

关于同构，有一个 Ulam 猜想，至今尚未解决.

Ulam 猜想（1929）：G 与 H 是两个图，$|V(G)|=|V(H)|$，$V(G)=\{v_1,$ $v_2,\cdots,v_\nu\}$，$V(H)=\{u_1,u_2,\cdots,u_\nu\}$，且 $G-v_i\cong H-u_i$，$i=1,2,\cdots,\nu$，则 $G\cong H$.

$G-v_i$ 表示从图 G 中删除顶点 v_i，这时与 v_i 相关联的边也一齐删除了.

例如，如果任一六顶图 H，每次删除一个顶分别得到与图 1.10 中的 $G_1,G_2,G_3,G_4,$ G_5,G_6 分别同构的子图，则 H 与图 1.9 中的图 G 同构；或者说，用图 1.10 这"六张牌"在同构意义下仅能重构图 1.9 中所示的图.

还有一个与上述 Ulam 猜想相似的猜想：

若 G 与 H 是至少四条边的图，且存在一个双射 $\sigma:E(G)\to E(H)$，使得 $G-e\cong H-\sigma(e)$ 对每个 $e\in E(G)$ 成立，则 $G\cong H$.

这个猜想亦未解决.

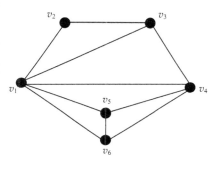

图 1.9

 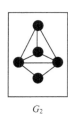 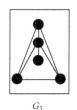 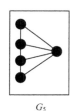 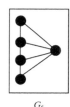

G_1　　　　G_2　　　　G_3　　　　G_4　　　　G_5　　　　G_6

图 1.10

定义 1.3　设 G 是一个图，$L(G)$ 是另一个图，满足 $V(L(G))=E(G)$，$L(G)$ 中两顶相邻当且仅当它们是 G 中的两条相邻的边，则称 $L(G)$ 是 G 的边图.

例如，图 1.11 中画出了四个图 G_1,G_2,G_3,G_4 和它们的边图 $L(G_1),L(G_2),L(G_3),L(G_4)$.

边图有许多有趣的性质. 例如，若 $uv\in E(G)$，则在 $L(G)$ 中 uv 对应的顶的次数是 $d(u)+d(v)-2$，其中 $d(u)$ 与 $d(v)$ 是顶 u,v 在 G 中的次数. 另外，还有 n 阶边图的概念，例如 $L^1(G)=L(G)$，$L^2(G)=L(L(G))$，一般地有 $L^n(G)=L(L^{n-1}(G))$. 例如图 1.12 中，$G_2=L(G_1)$，$G_3=L^2(G_1)$.

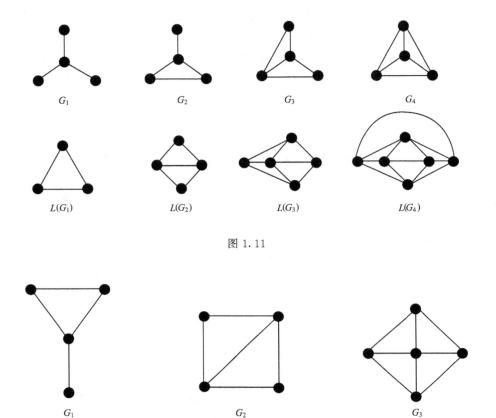

图 1.11

图 1.12

若任两图 $G_1 \cong G_2$，显然 $L(G_1) \cong L(G_2)$，且容易证明：$G \cong L(G)$ 当且仅当 G 是一个多边形.

1.3   轨 道 和 圈

本节仍讨论无向图.

定义 1.4   在顶边交错链 $W = v_0 e_1 v_1 e_2 \cdots e_k v_k$ 中，$e_i \in E(G)$，$i = 1, 2, \cdots, k$，$v_j \in V(G)$，$j = 0, 1, 2, \cdots, k$，且 $e_i = v_{i-1} v_i$，则称 W 是图 G 的一条道路，其中允许 $v_i = v_j$ 或 $e_i = e_j$，$i \neq j$. 称 v_0 是 W 的起点，v_k 为 W 的终点，k 为路长，$v_i (1 \leqslant i \leqslant k-1)$ 称为 W 的内点. 各边相异的道路称为行迹，各顶相异的道路称为轨道，记成 $P(v_0, v_k)$. 起点与终点重合的道路称为回路；起点与终点重合的轨道叫做圈，长 k 的圈称为 k 阶圈；u, v 两顶的距离是指 u 与 v 为起止点的最短轨道之长度，记成 $d(u, v)$. 若存

在道路以 u,v 为起止顶,则称 u 与 v 在图 G 中连通,G 中任二顶皆连通时,称 G 为连通图.

定义 1.5　G 与 S 是两个图,且 $V(S)\subseteq V(G),E(S)\subseteq E(G)$,则称 S 是 G 的子图,记成 $S\subseteq G$;若 $S\subseteq G$,但 H 与 G 不同构,则称 S 是 G 的真子图,记成 $S\subset G$;若 $S\subseteq G$,且 $V(S)=V(G)$,则称 S 是 G 的生成子图;若 $S\subseteq G$,且 $V(S)=V',E(S)$ 是由两端皆在 V' 中边构成,则称 S 是由 V' 导出的 G 的导出子图;若 $S\subseteq G$,且 $E(S)=E',V(S)$ 是 E' 中边的端点组成的集合,则称 S 是由 E' 导出的 G 的边导出子图,V' 导出的子图记成 $S=G[V']$;若 $V(G)=\overset{\omega}{\underset{i=1}{\cup}}V_i,\omega\geqslant 1$,当且仅当二顶同在子集 V_i 时,二顶连通,则称 $G[V_i]i=1,2,\cdots,\omega$ 是 G 的 $\omega=\omega(G)$ 个连通片.

G 连通的充要条件是 $\omega(G)=1$.

显然,若存在以 u 与 v 为端点的道路,则存在以 u 与 v 为端点的轨道;闭行迹中含圈,但回路中未必有圈,例如,K_2 中有回路 $v_1v_2v_1v_2v_1v_2v_1$,但 K_2 中无圈.

例 1.6　有 $2k$ 部电话交换台,每台至少与 k 个台有直通线路,证明任两台之间可以通话.

证　把交换台作为一个图 G 的顶,仅当两台之间有直通线路时,在相应的两顶间连一条边,于是图 G 有 $2k$ 个顶,每顶次数至少为 k.只欠证 G 是连通图.设 G 不连通,则存在连通片 $G_1,|V(G_1)|\leqslant k$,在 G_1 上,次数最大的顶的次数不超过 $k-1$,与 G 中每顶次数至少为 k 相违,故 G 连通.证毕.

例 1.7　在仅两个奇次顶的图中,此二奇次顶连通.

证　如果图 G 中恰有两个奇次顶 u,v,但在 G 中这两个奇次顶 u,v 不连通,则存在 G 的两个连通片 G_1 与 G_2,使得 $u\in V(G_1),v\in V(G_2)$.对于连通图 G_1 与 G_2 而言,皆有 1 个奇次顶,与推论 1.1 相违.证毕.

定理 1.2　图 G 是二分图当且仅当 G 中无奇圈.

证　不妨考虑 G 是连通图,不然分别讨论它的每个连通片.

若 G 是二分图,但 G 中无圈,自然无奇圈.若 G 中有圈 $C=v_1v_2\cdots v_kv_1$,不妨设 $v_1\in X$,则 $v_1,v_3,\cdots,v_1$ 在 X 集合中,$v_2,v_4,\cdots,v_k$ 在集合 Y 中,其中 $X\cup Y=V(G)$,由此可知 k 是偶数,即 C 是偶圈,故 G 中无奇圈.

若 G 中无奇圈,往证 G 是二分图,为此在 G 上任指定一个顶 v_0,把 $V(G)$ 划分成 $V(G)=Z\cup Y$,其中

$$Z=\{w\mid w\in V(G),d(v_0,w)\text{ 是偶数}\},$$
$$Y=V(G)-Z.$$

任取 $u,v\in Z$,设 $P_1(v_0,u)$ 是从 v_0 到 u 的最短轨,$P_2(v_0,v)$ 是从 v_0 到 v 的最短轨,u_1 是 P_1 与 P_2 的最后一个公共顶(如果 P_1,P_2 仅一个公共顶 v_0,则 $u_1=v_0$).由于 $P_1(v_0,u)$ 与 $P_2(v_0,v)$ 最短,故 P_1 上的一段 $P_{11}(v_0,u_1)$ 与 P_2 上一段 $P_{21}(v_0,u_1)$ 等

长,且是从 v_0 到 u_1 的最短轨,不然 $P_1(v_0,u)$ 与 $P_2(v_0,v)$ 还可以缩短,与 P_1,P_2 的最短性相违. 由 Z 之定义及 $u,v\in Z$ 知 P_1 与 P_2 之长是偶数,从而 P_1 上的另一段 $P_{12}(u_1,u)$ 与 P_2 上的另一段 $P_{22}(u_1,v)$ 有相同的奇偶性. 若 u 与 v 相邻,则 $P_{12}\bigcup P_{22}\bigcup uv$ 围成一个奇圈,与 G 中无奇圈相违,故 X 中无二顶相邻;相似地可以证明 Y 中无相邻的二顶. 由二分图定义,G 是二分图. 证毕.

例 1.8　一只老鼠在 $3\times3\times3$ 的立方体蛋糕块上吃出一个洞,这个洞通过 $1\times1\times1$ 的每个小立方体蛋糕的中心,它从大立方体的一角咬起,只要还有未被它尝过的 $1\times1\times1$ 的小点心块,就继续向前咬,问这只老鼠能否在 $3\times3\times3$ 的立方体中心停止? 假设这只老鼠是从一个 $1\times1\times1$ 的小立方体中心沿与侧面垂直的方向向未咬过的小点心块咬过去.

解　以 27 块小点心块为顶集 $V(G)$ 构作一个图 G,仅当两个小立方体有公共侧面时,在相应的二顶之间连一条边,再把 $3\times3\times3$ 立方体中心处的那块 $1\times1\times1$ 的小立方体相应的顶与老鼠开始咬的那块 $1\times1\times1$ 的小点心块相应的顶之间连一条边,这时令 $3\times3\times3$ 立方体八个角处的 8 个 $1\times1\times1$ 小立方体以及六个侧面中心处的 6 个小立方体组成 X 集合,其余的小立方体组成 Y 集合,则 X 集合中的顶两两不邻,Y 集合亦然,故 G 是二分图. 如果老鼠能在 $3\times3\times3$ 的立方体中心处停留,则知 G 中有一个 27 阶圈,此与定理 1.2 矛盾,故老鼠不会在 $3\times3\times3$ 立方体的中心停止.

例 1.9　无零次与 1 次顶的单图中有圈.

证　由于此图 G 中无零次与 1 次顶,所以对于每个顶 $v,d(v)\geqslant2$,且存在一条最长轨 $P(u_0,v_0)$,u_0 与 v_0 还各有一条不在 $P(u_0,v_0)$ 上的边与之关联,这种边的另一端必在 $P(u_0,v_0)$ 上,不然 $P(u_0,v_0)$ 还可以加长,与 $P(u_0,v_0)$ 最长相违;于是造成如图 1.13 所示的情形.

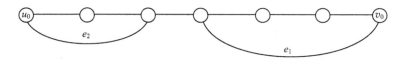

图 1.13

使 G 中有圈. 证毕.

例 1.9 中使用的所谓"最长轨"技术以后还会用,是图论论证当中的常用技巧之一.

例 1.10　若 G 是连通图,$G'\subseteq G$,$|V(G')|<|V(G)|$,则 G 中有不属于 G' 的边 e,e 的一端属于 $V(G')$,另一端不属于 $V(G')$.

证　因 G 是连通图,又 $|V(G')|<|V(G)|$,则可以找到 $u\in V(G')$,$v\in V(G')$,

存在轨 $P(u,v)$. 从 u 出发沿 $P(u,v)$ 前进,遇到 G' 中第一顶 w 为止,则 $P(u,v)$ 上的一段 $P(u,w)$ 的最后一条边即为题中所称的边 e. 证毕.

本书中的例题,有些就是一个定理,只是为了突出重点定理,把一些定理以例题的形式写出,读者可以从例题中积累一些结论,在论证中引用. 例如,例 1.10 就是这种重要例题.

例 1.11 G 是单图,每顶次数不小于 3,则 G 中有偶圈.

证 设 $v_0 v_1 v_2 \cdots v_m$ 是 G 中最长轨,由于 $d(v_0) \geqslant 3$,由"最长轨方法",存在 $v_i \neq v_j, 1 < i < j \leqslant m, v_i$ 与 v_j 皆与 v_0 相邻,见图 1.14. 若 i 与 j 中有奇数,例如,i 是奇数,则由 $v_0 v_1 v_2 \cdots v_i$ 与边 $v_0 v_i$ 合成一个偶圈,其长为 $i+1$;若 i 与 j 皆偶数,则由 $v_i v_{i+1} \cdots v_j$ 与边 $v_0 v_i, v_0 v_j$ 合成一个偶圈,其长为 $j-i+2$. 证毕.

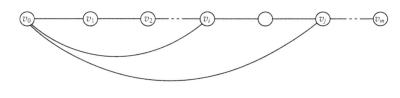

图 1.14

由例 1.11 知,双星妖怪与单星妖怪中都有偶圈.

例 1.12 若 G 是单图,每顶次数不小于 3,则 G 中各圈长的最大公约数是 1 或 2.

证 只欠证 G 中各圈长无大于 2 的公因数. 由例 1.11,G 中有长 $i+1, j+1$ 和 $j-i+2$ 的圈,若 $i+1, j+1, j-i+2$ 有公因数 $k>2$,则 k 可除尽 $j-i(j>i)$,于是 k 能除尽 2,与 $k>2$ 相违. 证毕.

定义 1.6 单图 G 中最长的圈之长称为该图的周长;最短的圈之长称为该图的围长;两顶点间距离中的最大值称为直径,记成 $d(G)$,即
$$d(G) = \max\{d(u,v) \mid u,v \in V(G)\};$$
图 G 的中心是指使 $\max_{v \in V(G)} d(u,v) = \min$ 的顶 u;
$$r(G) = \min_{u \in V(G)} \max_{v \in V(G)} d(u,v)$$
称为 G 的半径.

在图 1.15 的图 G 中,u_1 与 v_1 是两个距离最大的顶对,$d(u_1, v_1) = 7$,故 $d(G) = 7$. 某顶处的数字是所有其他各顶到该顶距离的最大值. u_0 与 v_0 处的数字为 4,是这些数字之中最小者,由中心定义,u_0 与 v_0 是中心;中心不一定是惟一的. 中心点上标的数字 4 即为半径,即 $r(G) = 4$.

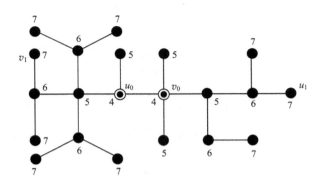

图 1.15

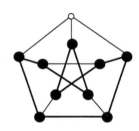

图 1.16

单星妖怪,也称 Petersen 图,见图 1.16,它的周长是 9,粗实线标志了一条最长圈,围长是 5,外围的那个正五边形即为一个最短圈;直径是 2.

求图的周长和直径是图论中的难题.

定义 1.7   单图 G 的补图记成 G^c,G^c 是这样一个图,$V(G^c)=V(G)$,当且仅当在 G 中两顶不相邻时,该二顶在 G^c 中相邻.

例 1.13   单图 G 与其补图不能都不连通.

证   由于 G 与 G^c 的相补性,只欠证 G 不连通时,G^c 是连通的. 设 G_1,G_2,…,G_ω 是 G 的连通片,$\omega>1$,任取 G 的两个顶 u,v,若 $u,v\in V(G_i)$,$1\leqslant i\leqslant\omega$,设 w 不在 G_i 上的顶. 由于 $\omega>1$,所以 ω 是存在的. 于是 $uw,vw\in E(G^c)$,即在 G^c 中 u 与 v 连通. 若 u,v 分居于 G 的两个连通片 G_k,G_l,$1\leqslant k<l\leqslant\omega$,则 $uv\in E(G^c)$,u 与 v 在 G^c 中亦连通,由 u 与 v 的任意性,知 G^c 是连通图. 证毕.

例 1.14   棱长为 n(自然数)的立方体被与它的侧面平行的平面切成 n^3 个单位立方体,其中有多少对公共顶点不多于 2 的单位立方体?

解   以单位立方体为顶,仅当二单位立方体有公共侧面时,在此二顶间加一边,构成一个图 G,G^c 的边数即为所求. G 的边数为

$$3n^2(n-1).$$

而 K_{n^3} 的边数是

$$\frac{1}{2}n^3(n^3-1).$$

故 G^c 的边数是

$$\frac{1}{2}n^3(n^3-1)-3n^2(n-1)=\frac{1}{2}n^6-\frac{7}{2}n^3+3n^2,$$

即公共顶点不多于 2 的单位立方体对数共计

$$\frac{1}{2}n^6-\frac{7}{2}n^3+3n^2.$$

*1.4 Brouwer 不动点定理

拓扑学中有一个著名的 Brouwer 不动点定理:若用 Δ^2 表示平面上的一个三角形围成的闭区域,f 是 Δ^2 到自身的连续映射,则 f 至少有一个不动点,即存在一点 $P_0\in\Delta^2$,使得 $f(P_0)=P_0$.

这个定理的证明并不简单,在拓扑学中为它要做不少准备知识才得以证明.现在我们用图论方法给这个定理一个十分巧妙的新证明,下面的证明提示我们,图论这种离散理论也可以解决某些重要的连续系统中的问题.

首先把 Δ^2 剖分成若干小三角形区域,即

$$\Delta^2=\bigcup_{i=1}^{m}\delta_i^2,\qquad \delta_i^2\bigcap_{\substack{i\neq j\\1\leqslant i,j\leqslant m}}\delta_j^2\ \text{的面积为零}.$$

把 Δ^2 的三个顶点分别标志为 $0,1,2$.每个 δ_i^2 的顶也用 $\{0,1,2\}$ 中的数标志.若 δ_i^2 的顶 P_i 在 Δ^2 的边上,且 Δ^2 的这条边端点之标号为 k 与 m,δ_i^2 的顶 P_i 也标志 k 或 m,称此种标志为正常标志,在正常标志中小三角形 δ_i^2 的三顶分别标志 $0,1,2$ 时,称 δ_i^2 为正常三角形,见图 1.17(a).Δ^2 的这种标志的剖分称为三角剖分.

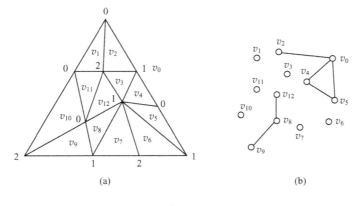

图 1.17

引理 1.1(Sperner,1928) 在 Δ^2 的三角剖分中,正常三角形为奇数个.

证 记 δ_0^2 为 Δ^2 的外部无穷区域，$\delta_1^2, \delta_2^2, \cdots, \delta_m^2$ 是 Δ^2 进行三角剖分得到的三角形子区域. 以 $\{\delta_0^2, \delta_1^2, \cdots, \delta_m^2\}$ 为顶集造一个图 G，对于 i 与 j 皆非零的情形，仅当 δ_i^2 与 δ_j^2 有公共边且此边端点标志为 0 与 1 时，才在此二顶间连一边，对于 δ_0^2 与 $\delta_i^2 (i \neq 0)$ 的情形，仅当 δ_i^2 的 0-1 标志的边落在 Δ^2 的 0-1 标志的边上时，在顶 δ_0^2 与 δ_i^2 间连一边，见图 1.17(b).

由于上述图 G 中奇次顶的个数是偶数，如果 $d(\delta_0^2)$ 是奇数，则 $d(\delta_1^2)$，$d(\delta_2^2), \cdots, d(\delta_m^2)$ 中有奇数个奇次顶，又 $d(\delta_i^2) < 3, i = 1, 2, \cdots, m$. 故 $\delta_1^2, \delta_2^2, \cdots, \delta_m^2$ 中的奇次顶是一次顶. 而仅当 δ_i^2 是正常三角形时，$d(\delta_i^2) = 1$，所以正常三角形有奇数个.

下证 $d(\delta_0^2)$ 是奇数. 事实上，$d(\delta_0^2)$ 是 Δ^2 上 0-1 边上以 0 与 1 为端点的小区间的个数. 当 Δ^2 的这条 0-1 边之内点无任何小三角形之顶时，$d(\delta_0^2) = 1$，是奇数. 当 Δ^2 的这条 0-1 边内有小三角形之顶时，由于标志是正常的，则这种小三角形在 Δ^2 的这条 0-1 边上之端点标志为 0 或 1. 这时又有两种情形，(i) 在 Δ^2 这条 0-1 边上的小三角形之顶皆标志 0 或皆标志 1，则 $d(\delta_0^2) = 1$，(ii) 在 Δ^2 这条 0-1 边上的小三角形之顶点标 0 与标 1 都有时，我们把端点标号一样的小区间收缩成一点，标号不变，则 Δ^2 的这条 0-1 边上的标号序列为 0-1 交错列 010101$\cdots$01，这里出现奇数个以 0,1 为端点的小区间，故 $d(\delta_0^2)$ 为奇数. 证毕.

定理 1.3（Brouwer） f 是 Δ^2 到自己的连续映射，则存在 $P'_0 \in \Delta^2$，使得 $f(P'_0) = P'_0$.

证 P_0, P_1, P_2 是 Δ^2 的三个顶点，则 $\forall P \in \Delta^2$，可以写成

$$P = a_0 P_0 + a_1 P_1 + a_2 P_2,$$

则 $a_i \geqslant 0$，$\sum_{i=0}^{2} a_i = 1$，其中的 P, P_0, P_1, P_2 是二维向量，且记

$$P = (a_0, a_1, a_2), \quad f(P) = (a'_0, a'_1, a'_2).$$

令

$$S_i = \{(a_0, a_1, a_2) \mid (a_0, a_1, a_2) \in \Delta^2, \ a_i \geqslant a'_i, i = 0, 1, 2\}.$$

如果能证出

$$S_0 \cap S_1 \cap S_2 \neq \varnothing,$$

则存在 $(a_0, a_1, a_2) \in S_0 \cap S_1 \cap S_2$，且 $a'_i \leqslant a_i, i = 0, 1, 2$；又 $\sum_{i=0}^{2} a'_i = \sum_{i=0}^{2} a_i = 1$，故必有 $a'_0 = a_0, a'_1 = a_1, a'_2 = a_2$，即 f 有不动点.

下证 $\bigcap_{i=0}^{2} S_i \neq \varnothing$. 事实上，考虑 Δ^2 的正常标志的三角剖分，使得标志 i 的每个顶

点属于 S_i, $i=0,1,2$. Δ^2 上任一点 $P=(a_0,a_1,a_2)$, $f(P)=(a'_0,a'_1,a'_2)$ 时, 存在一个 S_i, 使 $P\in S_i$, 且 $a_i>0$; 否则当每个 $a_i>0$ 时, $a'_i>a_i$. 于是 $\sum\limits_{i=0}^{2}a'_i>\sum\limits_{i=0}^{2}a_i$, 矛盾. 若一个三角形顶点 $P\in S_i$ 且 $a_i>0$ 时, P 标志以 i, 这种标志是正常标志, 例如 Δ^2 的顶点 $P_i(i=0,1,2)$ 有 $a_i=1$, 故 $P_i\in S_i$, 标成 i; 在 Δ^2 的 P_0P_1 边上各点的 $a_2=0$, 我们只能把这边上的点标以 0 或 1; P_0P_2 边上的点同理只能标志 0 或 2; P_1P_2 上的点只能标志 1 或 2, 故是正常标志.

由引理知, 至少有一个正常三角形, 其顶点分别属于 S_0,S_1,S_2. 我们使剖分无限变密, 且小三角形中的最大直径足够小, 则有分别在 S_0,S_1,S_2 中的三个点, 两两相距可以任意小, 又 f 是连续的. 故 S_0,S_1,S_2 是闭集. 于是 $S_0\cap S_1\cap S_2\neq\varnothing$. 证毕.

1.5　求最短轨长度的算法

算法是一种有穷规则, 它规定何时应做何种操作. 应该把算法理解成一种有穷的行为序列, 未必是通常的 $+-\times\div$ 开方或微积分运算等计算过程.

下面通过一个具体的问题之算法来理解算法的表述和有效性.

若干城市被铁路网连通, 任意指定其中甲乙两座城市, 试求出从甲到乙最近的铁路路线.

把这一实际问题化成图论模型如下:

把这些城市设为顶点, 仅当两城间有一段铁路, 而这段铁路中途无其他火车站, 则在相应二顶点间连一边, 如此构作一个图 G; 对每条边 $e\in E(G)$, 赋予一个"权重"$w(e)$, $w(e)$ 表示 e 的长度, 得到加权连通图 G. 设 $\mathscr{P}(u,v)$ 是 G 中以 u,v 为端点的轨集合, 用 $W(P(u,v))$ 表示轨 $P(u,v)$ 上边权之和, 即

$$W(P(u,v))=\sum_{e\in P(u,v)}w(e).$$

我们的目标是求 $\mathscr{P}(u,v)$ 中的一条轨道 $P_0(u,v)$, 使得

$$W(P_0(u,v))=\min_{P(u,v)\in\mathscr{P}(u,v)}\{W(P(u,v))\},$$

且把

$$\min_{P(u,v)\in\mathscr{P}(u,v)}\{W(P(u,v))\}$$

称为顶点 u 与 v 的距离, 记成 $d(u,v)$.

有许多实际问题, 其数学模型与上述最短轨问题的模型一致. 1959 年, 荷兰著名计算机专家 Dijkstra 给出了求解最短轨问题的一个好算法. 所谓好算法, 就是完

成算法所耗用的时间不超过事先给定的以图的顶数与边数为变量的一个多项式 $P(\nu, \varepsilon)$. 好算法也称有效算法, 有好算法的问题称为 P 类问题.

Dijkstra 算法:

(1) u, v 不相邻时, 取 $w(uv) = \infty$.

(2) 令 $l(u_0) = 0$; $l(v) = \infty$, $v \neq u_0$; $S_0 = \{u_0\}$, $i = 0$.

(3) 对每个 $v \notin S_i$, 用

$$\min\{l(v), l(u_i) + w(u_i v)\}$$

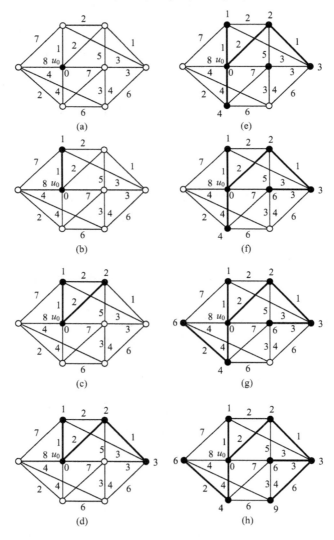

图 1.18

替代 $l(v)$；设 u_{i+1} 是使 $l(v)$ 取最小值的 $V(G)-S_i$ 中的顶，令 $S_{i+1}=S_i\bigcup \{u_{i+1}\}$.

(4) $i=\nu-1$，止；若 $i<\nu-1$，用 $i+1$ 代替 i，转(3).

容易看出，算法中的 $l(u)$ 就是 u_0 到 u 的距离.由于 G 是有限图，故有限步骤之后，可以逐次得出 u_0 到每个顶的距离，即求得顶 u_0 到各顶的最短轨之长，而且还可以在算法的执行中标志出从 u_0 到各顶的一条最短轨，见图 1.18 中的粗实线.

Dijkstra 算法的耗时为 $O(|\nu|^2)$，是有效算法.

图 1.18(h)中各顶处的数字是 $l(v)$，各边旁数字是 $w(e)$，粗实线给出从 u_0 去各顶的一条最短轨，顶标 $l(v)$ 是 v 到 u_0 的距离.图 1.18(a)～(h)显示了 Dijkstra 算法对这个具体加权图的实施过程.

*1.6 图 上 博 弈

1.6.1 完全图上的星博弈

星是指只有一个次数大于 1 的顶 v_0，其余顶的次数皆为 1 的连通图，图 1.19 中画的是星 $K_{1,n}$，v_0 称为星心.

甲乙二人在完全图 K_p 上博弈：首先甲用绿色把 K_p 的一条边上色，接着乙用红色染 K_p 的另一条无色边，如此甲乙交替地对 K_p 的无色边进行着色，甲用绿色，乙用红色.若甲只染了 n 条边，便得到一个绿星 $K_{1,n}$，甲赢，否则甲输乙赢.甲能取胜的最小值 $p=p(n)$ 称为 $K_{1,n}$ 的成功数，记之为 $A(K_{1,n})$.成功数显然是存在的，例如 $p=2n$ 时，甲从 K_{2n} 上选一顶 v_0 作为他欲成功的星心，不论乙如何破坏（把一些边染红）也阻止不了甲从与 v_0 关联的 $2n-1$ 条边中染绿 n 条边.如果甲不选定星心，p 的最小值还可能更小些.

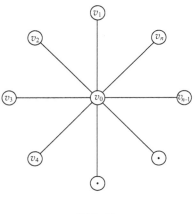

图 1.19

公式 1 $A(K_{1,n})=2n-1$ $(n\geqslant 2)$.

证 甲首先染出绿边 uv，设乙第一次染出红边为 $e_\beta^{(1)}$，不妨设 u 不与 $e_\beta^{(1)}$ 关联，即 $e_\beta^{(1)}$ 的端点中没有 u.事实上 $e_\beta^{(1)}\neq uv$，$e_\beta^{(1)}$ 的两个端点中至少一个不是 u 也不是 v.由于在 K_{2n-1} 中 $d(u)=2n-2$，甲取 u 为星心，他可以继续染出 $n-1$ 条绿边，与第一条绿边一起，甲获得了一个绿色 $K_{1,n}$.

在 K_{2n-2} 中，乙可阻止甲染出绿色 $K_{1,n}$，证明如下：

　　任取 $v \in V(K_{2n-2})$，由于 K_{2n-2} 中，$d(v) = 2n-3$，乙故意使 $e_\beta^{(1)}$ 与 uv 相邻，即两边有一公共顶，不妨设 $e_\beta^{(1)} = vw$，这时与 v 关联的无色边尚有 $(2n-3)-2 = 2n-5$ 条. 接下去乙采用"甲染一条与 v 或 u 关联的边，乙随即染一条与 v 或 u 关联的边"的对应破坏策略，这样，甲至多再染出与 v 关联的 $n-2$ 条绿边. 所以甲不能以 v 为星心得到绿色 $K_{1,n}$；若甲选 u 为星心，在甲第二次染色前，与 u 关联的无色边为 $(2n-3)-1 = 2n-4$ 条，甲最多再染绿其中 $n-2$ 条，亦不能获得绿色 $K_{1,n}$. 甲为了只染 n 条边，只能选 u 或 v 为星心，可见在 K_{2n-2} 上甲在乙的破坏之下已不能成功一个绿色 $K_{1,n}$. 至此知 $A(K_{1,n}) = 2n-1 (n \geqslant 2)$. 证毕.

　　如果不限制甲染的边数，甲在 K_p 上能染成 $K_{1,n}$ 时 p 的最小值记成 $a(K_{1,n})$，显然 $a(K_{1,n}) \leqslant A(K_{1,n})$. 例如

$$a(K_{1,1}) = 2 = A(K_{1,1}), \quad a(K_{1,2}) = 3 = A(K_{1,2}),$$

$$a(K_{1,3}) = 5 = A(K_{1,3}).$$

然而存在 $a(K_{1,n}) < A(K_{1,n})$ 的现象，例如 $A(K_{1,4}) = 8-1 = 7$，但有

公式 2　$a(K_{1,4}) = 6$.

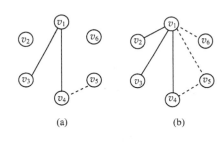

图 1.20

　　证　甲可使 K_6 上经甲两次染色，乙一次染色后出现一条长 3 的彩色轨，不妨设它是 $v_3 v_1 v_4 v_5$. 图 1.20(a) 中实线为绿色，虚线为红色；这时乙必然选与 v_1 关联的一条无色边，把它染红，不然甲则会以 v_1 为星心而成功一个绿色 $K_{1,4}$；但甲三个动作乙三个动作之后，甲可使出现图 1.20(b) 的形式. 之后，甲把边 $v_2 v_3$ 染绿，使 v_2 与 v_3 处各与两条绿边关联而不与红边关联. 这时，不论乙如何行动，甲可以继而在 v_2 或 v_3 处造成只与三条绿边关联但不与红边关联的形势，这时，不论乙怎么办，甲都可以在 v_2 或 v_3 处三条绿边的基础上再染出第四条绿边与之关联而得到绿色 $K_{1,4}$.

　　在 K_5 上，甲乙各三个动作之后，乙总会使 K_5 的每顶处出现至少一条红色与之关联，从而甲无成功 $K_{1,4}$ 的希望. 故知 $a(K_{1,4}) = 6$. 证毕.

　　$a(K_{1,5}) = ?$　　$a(K_{1,6}) = ?$ 等等，请读者思考之.

1.6.2　完全二分图上的星博弈

　　把 1.6.1 中的 K_p 换成 $K_{p,p}$，考虑甲乙的相似的博弈，且把 $a(K_{1,n})$ 与 $A(K_{1,n})$ 分别写成 $a_2(K_{1,n})$ 与 $A_2(K_{1,n})$，脚标 2 表示在完全二分图上的博弈.

　　公式 3　$A_2(K_{1,n}) = 2n-2$　　$(n \geqslant 2)$.

证 设甲在 $K_{2n-2,2n-2}$ 上第一次染出绿边 uv，乙第一次染出红边 $e_\beta^{(1)}$，不妨设 u 不与 $e_\beta^{(1)}$ 相关联．于是甲确定 u 为星心，在 $K_{2n-2,2n-2}$ 中 $d(u)=2n-2$，故甲可以继续染出 $1+\left[\dfrac{2n-2-1}{2}\right]=n-1$ 条绿色边与 u 相关联，成功了一个绿色 $K_{1,n}$．

在 $K_{2n-3,2n-3}$ 上，甲第一次染出绿边 uv，乙使第一条红边 $e_\beta^{(1)}$ 与 v 相关联，设 $e_\beta^{(1)}=vw$，这时，与 v 关联的无色边只剩下 $(2n-3)-2=2n-5$ 条，与 u 关联的无色边为 $2n-4$ 条．下面乙执行"甲染一条与 v 或 u 相关联的无色边时，乙随即也染一条与 v 或 u 相关联的无色边"之对策，这样甲最多再染出与 v 或 u 相关联的 $n-2$ 条绿色边，与 uv 合起来也只有 $n-1$ 条绿边，甲得不到 $K_{1,n}$，又限定甲只能染 n 条绿边，所以 $A_2(K_{1,n})=2n-2$．证毕．

公式 4 $a_2(K_{1,4})=5$．

证 如图 1.21，在 $K_{5,5}$ 上，甲连续染绿了 y_1x_1,y_1x_2,y_1x_3 这三条边，乙相继染红的三条边中必然有两条与 y_1 关联，不然甲可染出绿色 $K_{1,4}$，以 y_1 为星心．于是当乙染完第三条红边之后，出现两个顶，这两个顶都无红边与之关联，而各与一条绿边关联．不妨设这两个顶是 x_1,x_2，这时 $Y=\{y_1,y_2,y_3,y_4,y_5\}$ 中尚有三个无色顶，不妨设它们是 y_2,y_3,y_4，接着甲把 x_1y_2 染绿，乙随即不得不染红一条与 x_1 关联的边，下面甲染绿 x_2y_2，使 x_2,y_2 两顶都不与红边关联，只各与两绿边相关联，乙只能破坏 x_2 与 y_2 两顶之一，使其不仅仅与绿边关联．最后甲利用另一个只与两绿边关联的顶为星心，那里还有三条无色边与之关联，甲是"先手"，可以抢到两条无色边，使之染成绿色，而成功一个绿色 $K_{1,4}$．

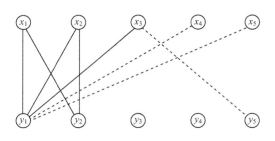

图 1.21

在 $K_{4,4}$ 上，显然乙有破坏甲的策略，故得 $a_2(K_{1,4})=5$，证毕．

$a_2(K_{1,5})=?$ $a_2(K_{1,6})=?$ 等等，请读者思考．

公式 5 $a_2(K_{1,10})=16$．

证

在 $K_{16,16}$ 中，$X=\{x_1,x_2,\cdots,x_{16}\}$，$Y=\{y_1,y_2,\cdots,y_{16}\}$．甲染出第一条绿色边，乙染出第一条红色边之后，甲选一个与绿边相关联而不与红边关联的顶，不妨设它

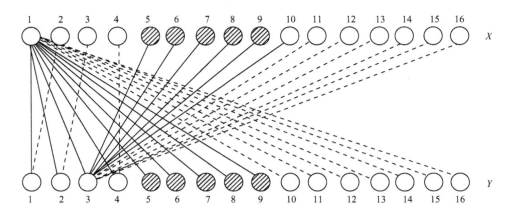

图 1.22

是 x_1，甲采用持续染与 x_1 关联的无色边成绿边的策略，直至 x_1 关联的无色边耗尽为止．于是 x_1 与 9 条绿色边 7 条红色边相关联；在 Y 中，至少有 7 个只与一条绿边关联而不与红边关联的顶，且这时又轮到甲行动，甲选一个 Y 中的只与一条绿边关联的而不与红边关联的顶，不妨设它为 y_3．甲持续染与 y_3 关联的无色边，甲可使 X 与 Y 中各有 5 个顶，只与一条绿边关联而不与红边关联，且又轮到甲行动；在有色子图中，这 10 个顶都不相邻；由于 $a_2(K_{1,4})=5$，在这 10 个顶为顶的无色子图 $K_{5,5}$ 中甲可以成功一个绿色 $K_{1,4}$，不妨设此 $K_{1,4}$ 之中心 $v\in X$，这时 $K_{16,16}$ 中已出现 $K_{1,5}$．当甲在无色子图 $K_{5,5}$ 中实现绿色 $K_{1,4}$ 时，若乙从上述 $K_{5,5}$ 的一个顶 u 向上述 $K_{5,5}$ 之外的一顶染一条红边时，甲随即从 u 向此 $K_{5,5}$ 之外染一绿边与之相伴．于是甲可继得到绿色 $K_{1,5}$ 之后再画出与 v 关联的 $\left[\dfrac{16-5}{2}\right]=5$ 条绿边，于是构成了绿色 $K_{1,10}$．

　　下面证明 $K_{15,15}$ 中乙有破坏策略，使甲不能染成 $K_{1,10}$．若甲仍能完成绿色 $K_{1,10}$，则甲先期在 $K_{15,15}$ 中画出过某个 $K_{1,4}$，设此 $K_{1,4}$ 中心为 v，且最后获得的 $K_{1,10}$ 的中心也在 v；当甲画出中心在 v 的绿色 $K_{1,4}$ 后，乙画一条与 v 关联的红边，从而与 v 关联的无色边至多 $15-5=10$ 条；此后，乙坚持只染与 v 关联的无色边，则甲至多能继 v 为中心的 $K_{1,4}$ 之后再染出与 v 关联的 5 条绿边，与 $K_{1,4}$ 合并，得不到绿色 $K_{1,10}$，与甲能成功 $K_{1,10}$ 相违，至此证出 $a_2(K_{1,10})=16$．证毕．

　　作为本章的结尾，应当提请读者注意的有以下几点：

　　(1) 我们在图论中研究的图，并非几何图形、工程图或美术图画．它表达的仅仅是顶点集合上的一种二元关系，其本质是抽象的，我们之所以画成图示，只是为了直观示意，或者认为是所考虑的图的同构物．所以边的曲直长短，顶点的位置，都没有关心的必要. 它们的几何性质与图的性质并不相关, 即图是一种拓扑性的数学结构.

（2）图论是从七桥问题与哈密顿周游世界等游戏性的问题起家的, 不可不加分析地瞧不起游戏性的数学问题, 它们有时可以成为一门很有生命力的学科的"种子". 当然, 并非一切游戏性的问题的解决都有如此重要的意义. 社会发展与科学技术的需求或曰依赖的程度才是一门学科兴衰的决定因素. 图论前两百年停滞不前, 而近来则高速进展, 道理盖出于此.

（3）本章只是图论的开头, 就冒出这么多术语和定义, 下面各章中的概念与符号有增无减. 这是图论的一个特色, 而且同一个概念中的术语符号往往因作者而有异. 目前看来符号术语统一的可能性不太大, 只好各自为政了, 本书尽可能采用学术界较为流行的一些术语.

图论的概念为数甚多, 未必逐字记忆. 请君多画示意图, 从正反两个方面把它的本质与易于误解的地方搞清楚也就是了.

（4）Euler 公式 $\sum\limits_{v \in V(G)} d(v) = 2\varepsilon$、轨与圈是本章的三个重点内容, 轨与圈也是以后各章讨论的中心话题.

（5）本章给出 Brouwer 不动点定理的图论证明, 显示了图论方法对连续统中的数学问题的解决亦是可以大有作为的, 而且可以解决得甚为直观而不失严格性. 我们应当有试用图论方法解决各种问题的自觉性.

（6）算法是计算机科学的中心, 本章通过 Dijkstra 算法, 展示图论算法的设计和表述方式, 且树立有效性观点. Dijkstra 算法本身就是解决最优化问题的重要工具, 我们应当明了其思路, 而且会用.

（7）本章提供了不少习题, 以后各章也不会少. 大家一定能亲自体会到, 与微积分等分析数学和代数几何的味道不一样, 图论代入公式的机会非常罕见, 每个题目都要求我们动用聪明来酝酿思路, 且进行严密的逻辑论证. 不少题目貌似简朴, 实则相当困难. 要多做习题, 积累经验, 适应它对我们机敏性的高要求.

习　　题

1. 举出两个可以化成图论模型的实际问题.

2. 证明 $|E(G)| \leqslant \binom{\nu}{2}$, 其中 G 是单图.

3. 举例说明 $\nu(G) = \nu(H)$, $\varepsilon(G) = \varepsilon(H)$ 时, 图 G 与 H 未必同构.

4. 画出不同构的一切五顶单图.

5. 若 N 个人的人群中至少有一个人未与每个人握手, 求可能与每个人握手的最多几人?

6. 把 $\{1,2,3,4,5\}$ 任划分成两个子集, 则必有一个子集含两数及其差.

7. 任取 n 个人组成的人群, $n \geqslant 2$, 至少有两位, 他们在此人群中的朋友一样多.

8. 在 $2n(n \geq 2)$ 个人的人群中,每人至少有 n 个朋友,则其中至少四人,使得这 4 人围圆桌而坐时,每人身旁皆他的两个朋友.

9. 证明:图 1.23 中两图与 Perteson 图(单星妖怪)同构.

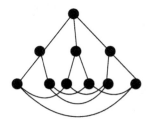 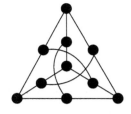

图 1.23

10. $G \cong H$ 当且仅当存在可逆映射.
$$\theta : V(G) \to V(H),$$
使得 $uv \in E(G) \Leftrightarrow \theta(u)\theta(v) \in E(H)$,其中 G 与 H 是单图.

11. 对于单图 G,$\varepsilon(G) = \frac{1}{2}\nu(\nu-1) \Leftrightarrow G \cong K_\nu$.

12. 求证(a)$\varepsilon(K_{m,n}) = mn$,(b)$G$ 是完全二分图,则 $\varepsilon(G) \leq \frac{1}{4}[\nu(G)]^2$.

13. 围棋比赛中任两名棋手至多只赛一盘,证明存在两个棋手,他们下过的盘数一样多.

14. 在第 13 题中,若 n 位选手每人都与其余棋手比赛过,问一共下过几盘棋?

15. 一个旅游团中任 4 位中至少有一位旅客以前见过另外三人,证明任意 4 人中有 1 人他早就见过旅游团中(至少四人)其余的每个人.

16. 求证每顶次数不小于 2 的图中有圈.

17. n 个球队比赛,已赛完 $n+1$ 场,则存在一个球队,它至少参加过 3 场比赛,$n \geq 4$.

18. $V' \subseteq V(G)$,k 是仅一端在 V' 内的边数,且 V' 内奇次顶的个数是偶数,则 k 为偶数,否则 k 为奇数,试证明之.

19. 一些圆盘覆盖了平面上的 $2n$ 个点,已知每个圆盘至少盖住其中 $n+1$ 个点,试证任两点能连接一条曲线,此曲线可被一些圆盘覆盖.

20. 证明每顶皆 2 次的连通图是圈.

21. $\nu \leq 6$ 的每顶皆 2 次的不连通图是否存在?

22. 每顶次数为 2,$\nu=6$ 的单图共有几个?

23. 以分量为 0 或 1 的 k 维向量集为顶集,仅当两向量只一个同位分量相异时,在相应二顶间连一边,所得之图称为 k 维立方体,$k \in \mathbf{N}$,证明 k 维立方体是 2^k 个顶,$k2^{k-1}$ 条边的二分图.

24. K_n^c 与 $K_{m,n}^c$ 是什么样的图?试画它们的图示.

25. 若 $G \cong G^c$,则称 G 为自补图,画出一个自补图,且证明若 G 是自补图,则 $\nu(G)$ 被 4 除余 1 或恰除尽.

26. $\nu=5$ 的自补单图共几个?把它们画出来.

27. 证明每个 n 顶单图与 K_n 的一子图同构.

28. 证明 K_n 的每个导出子图仍是完全图.

29. 证明二分图的子图是二分图.

30. 给出一个二分图,它不与任何 k 维立方体图同构.

31. 已知 G 是 $\nu\geqslant 4$ 的单图,又 $1<n<\nu-1$,且 G 的一切 n 顶导出子图边数相同,则 $G\cong K_\nu$ 或 $G\cong K_\nu^c$,试加证明.

32. 证明 $\delta\leqslant\dfrac{2\varepsilon}{\nu}\leqslant\Delta$.

33. G 是 k 次正则二分图,G 的二分图顶划分为 $V(G)=X\cup Y$,证明 $|X|=|Y|$.

34. 设 $V(G)=\{v_1,v_2,\cdots,v_\nu\}$,则称 $d(v_1),d(v_2),\cdots,d(v_\nu)$ 为 G 的次数序列,求证:$\displaystyle\sum_{i=1}^{\nu}d_i$ 是偶数为非负整数序列 $d_1,d_2,\cdots,d_\nu$ 为图的次数序列的充分必要条件.

35. 证明:(a)$7,6,5,4,3,3,2$ 和 $6,6,5,4,3,3,1$ 不是单图的次数序列.(b)若 $d_1,d_2,\cdots,d_n$ 是单图的次数序列,且 $d_1\geqslant d_2\geqslant\cdots\geqslant d_n$,则 $\displaystyle\sum_{i=1}^{n}d_i$ 是偶数,且对 $1\leqslant k\leqslant n$,

$$\sum_{i=1}^{k}d_i\leqslant k(k-1)+\sum_{i=k+1}^{n}\min\{k,d_i\}.$$

36. 设 $d_1,d_2,\cdots,d_n$ 是非负整数的非增序列,D' 是序列 $d_2-1,d_3-1,\cdots,d_{d_1+1}-1,d_{d_1+2},\cdots,d_n$,证明:

(a) $d_1,d_2,\cdots,d_n$ 是单图次数序列的充要条件是 D' 是单图次数序列.

(b) 写出一个由单图次数序列构作单图的算法.

37. 证明:无环图 G 含二分生成子图 H,使得 $d_H(v)\geqslant\dfrac{1}{2}d_G(v)$ 对每个 $v\in V(G)$ 成立.

38. 证明:任二点相距至少为 1 的平面点集 $\{x_1,x_2,\cdots,x_n\}$ 中,相距恰为 1 的点对少于 $3n$ 个.

39. 证明:G 的边图有 $\varepsilon(G)$ 个顶,$\displaystyle\sum_{v\in V(G)}\binom{d_G(v)}{2}$ 条边,画出 K_6 的边图.

40. 证明:G 是单图,$\delta\geqslant k$,则 G 有长 k 的轨.

41. 证明:G 是连通图当且仅当 $V(G)$ 的每个分成两个非空子集 V_1 与 V_2 的划分,总存在一条边,它的两端分别属于 V_1 与 V_2.

42. 若 G 是单图,$\varepsilon>\dbinom{\nu-1}{2}$,则 G 是连通图.

43. 画一个不连通的单图 G,使得 $\nu(G)>1$,且 $\varepsilon=\dbinom{\nu-1}{2}$.

44. 证明:若 G 是 $\delta>\left[\dfrac{\nu}{2}\right]-1$ 的单图,则 G 是连通图.

45. 证明:(a)若 $e\in E(G)$,则 $\omega(G)\leqslant\omega(G-e)\leqslant\omega(G)+1$.(b) 若 $v\in V(G)$,则 $\omega(G)\leqslant\omega(G-v)\leqslant\omega(G)+1$ 未必成立.试举反例.

46. 证明:若 G 是连通图,且每顶皆偶次,则 $\omega(G-v)\leqslant\dfrac{1}{2}d(v)$.

47. 证明：连通图若有两条最长轨，则二最长轨有公共顶点．

48. 证明：$d(u,v)+d(v,w) \geqslant d(u,w)$，其中 $u,v,w \in V(G)$（规定 u 与 v 不连通时，$d(u,v)=\infty$）．

49. 证明 $d(G)>3$，则 $d(G^c)<3$．

50. 证明：若 G 是单图，$d(G)=2$，$\Delta=\nu-2$，则 $\varepsilon \geqslant 2\nu-4$．

51. 若 G 是连通单图，G 不是完全图，证明 G 中有三顶 u,v,w，使得 $uv \in E(G)$，$vw \in E(G)$，但 $uw \notin E(G)$．

52. 证明：若 $e \in E(G)$，且 e 在 G 的一个闭行迹上，则 e 在一个圈上．

53. 证明：$\delta \geqslant 2$ 的单图中有圈．

54. 证明：若 G 是单图，$\delta \geqslant 2$，则 G 中存在其长至少为 $\delta+1$ 的圈．

55. 试证：围长为 4 的 k 次正则图至少有 $2k$ 个顶；若此图恰有 $2k$ 个顶时，这个图在同构意义下是惟一的．

56. 证明：围长为 5 的 k 次正则图至少有 k^2+1 个顶．

57. 证明：(a)$\varepsilon \geqslant \nu$ 时，图中有圈．(b)$\varepsilon \geqslant \nu+4$ 时，图中有两个无公共边的圈．

58. v_1,v_2,v_3,v_4,v_5,v_6 是 6 个城市，下面矩阵的 (i,j) 号元素是 v_i 到 v_j 的机票票价，试为一个旅行者制作一张由 v_1 到各城去旅游的最便宜的航行路线图．

$$\begin{bmatrix} 0 & 50 & \infty & 40 & 25 & 10 \\ 50 & 0 & 15 & 20 & \infty & 25 \\ \infty & 15 & 0 & 10 & 20 & \infty \\ 40 & 20 & 10 & 0 & 10 & 25 \\ 25 & \infty & 20 & 10 & 0 & 55 \\ 10 & 25 & \infty & 25 & 55 & 0 \end{bmatrix}.$$

59. 船公把狼、羊、菜运过河，每次只能运走一宗，为了安全，不能狼与羊、羊与菜无人看管时在一起，如何运送最为省时？

60. 今有 8 斤酒装满一瓶，另有恰装 5 斤与 3 斤酒的空瓶各一只，试平分这 8 斤酒，且所用时间最少．

61. 证明：Brouwer 不动点定理证明中的 S_0，S_1，S_2 是闭集．

62. 证明：正四面体到自身的连续映射有不动点．

63. 今有 n 个药箱，每两个药箱中有一种相同的药，每种药恰在两个药箱中出现，求一共有多少种药？

64. 证明：$\nu=n$，$\varepsilon=n+1$，则存在 $v \in V(G)$，使得 $d(v) \geqslant 3$．

65. 有 14 人打牌，每个人都与其中 5 个人合作过；规定四人中必须任何两人皆未合作过才准许在一起打一局，这样只打了三局即无法继续玩下去，这时进来一位新人，试证这时有此新人参加，一定可以再打一局．

66. 从 K_n 中删除至少几条边，才能得到不连通图，且有一个连通片含 n' 个顶，$1 \leqslant n' < n$？

67. 证明：在一群人中，每两个相识者皆无共同的熟人，每两个不相识者恰有两个共同的熟人，则每人都有同样数目的熟人．

68. 在一电路中 A,B 两点间连接着一些电阻，问至少要多少电阻，怎样连接，才能使得任意损坏 9 个电阻时,A 点与 B 点的电路仍连通且不短路?

69. 侦察发现,欲使敌区城市 v_1 与 v_2 间的铁路交通完全中断,至少要炸毁其 k 段铁路.有一城市 v_3 与 v_1,v_2 之间各有一段铁路 e_1,e_2 相通,试证明:把 e_1,e_2 炸毁后,至少还要炸坏 $k-1$ 段铁路,才会使 v_1,v_2 之间的铁路交通中断.

70. 证明:长为奇数的回路中含圈.长为偶数的回路中一定含圈吗? 举一个反例.

71. 证明:在 k 次正则图中,$k\nu$ 是偶数.

72. 证明:若 G 是连通图,$\nu \geqslant 2$,$\varepsilon < \nu$,则 G 中至少有两个一次顶.

73. 证明:直径为 d,围长为 $2d+1$ 的图是正则图.

74. 村镇若干,任两个村子之间都修了公路,有的两村之间是 2 级公路,有的两村之间是四级公路,规定汽车只能在 2 级公路上行驶,拖拉机只能在四级公路上行驶,问是否乘汽车或拖拉机中的某辆车,即可达到每个村子? 为什么?

75. 求 $a_2(K_{1,5})=$?

76. 求 $a(K_{1,5})=$?

第二章 树

2.1 树的定义与性质

原始森林中生长着的每一棵树都可以化为统一的图论模型来刻画,它们的数学结构有如下的定义.

定义 2.1 无圈连通图称为树.每个连通片皆为树的不连通图称为森林;树上次数为 1 的顶称为叶;如果一个树 T 是图 G 的生成子图,则称 T 是 G 的生成树,$G-E(T)$ 称为树余.

树这一数学概念在不同的领域有着广泛的应用.在图论中,如果对一个一般的图的猜想不知是否成立,往往用树来验证它.树是图论中最简单的图,也是图的骨架.

图 2.1 中画的是由 23 棵 8 顶树形成的森林.画全只有 9 个顶的所有树也不是一件容易的事,往往会画重或漏画一些树,读者不妨一试!

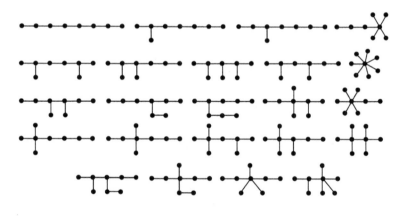

图 2.1

为了全面认识树的特征,我们建立树的等价命题,所称 G 是一个单图.

命题 A G 是树.

命题 B G 中任二顶间恰有一条轨.

命题 C G 中无圈,$\varepsilon = \nu - 1$.

命题 D G 是连通图,$\varepsilon = \nu - 1$.

命题 E　G 是连通图,$G-e$ 不连通,其中 e 是 G 的任意一条边.

命题 F　G 无圈,$G+e$ 恰含一个圈,其中 e 是任一不在 $E(G)$ 中的以 $V(G)$ 中的顶为端点的边.

定理 2.1　命题 A,B,C,D,E,F 是等价的.

证　我们来证明 A⇒B⇒C⇒D⇒E⇒F⇒A.

(1) A⇒B:由于 G 是树,图 G 是连通图,即 $\forall u,v \in V(G)$. G 中存在轨 $P(u,v)$,如果 G 中从 u 到 v 还有另一条轨 $P'(u,v)$,从 u 向 v 看,第一个不是 u 的 P 与 P' 的公共顶记成 w,则 $P(u,v)$ 上的子轨 $P(u,w)$ 与 $P'(u,v)$ 上的子轨 $P'(u,w)$ 围成一个圈,与 G 是树,应无圈矛盾.可见 u 与 v 之间仅一条轨,即 A 则 B.

(2) B⇒C:若 G 中有圈 C,则此圈 C 上任二顶 u,v 之间有两条轨,与 B 相违,故 G 中无圈.

下证在 B 的前提下,$\varepsilon = \nu - 1$. 用数学归纳法来证. 对于 $\nu = 2$,显然 $\varepsilon = 1$,$\varepsilon = \nu - 1$ 成立. 假设对于 $\nu \leqslant k$,$\varepsilon = \nu - 1$ 已成立. 考虑 $\nu = k + 1$ 的情形,设 $uv \in E(G)$,考虑 $G' = G - uv$. 由 B,G 中 u 与 v 之间仅一条轨 $P(u,v) = uv$,故 G' 不是连通图,且显然 G' 只有两个连通片 G_1 与 G_2. 由归纳法假设得

$$\varepsilon(G_1) = \nu(G_1) - 1, \quad \varepsilon(G_2) = \nu(G_2) - 1.$$

于是

$$\varepsilon(G) = \varepsilon(G_1) + \varepsilon(G_2) + 1 = [\nu(G_1) - 1] + [\nu(G_2) - 1] + 1$$
$$= \nu(G_1) + \nu(G_2) - 1$$
$$= \nu - 1.$$

至此 C 成立,即 B 则 C.

(3) C⇒D:反证,若 G 不是连通图,$G_1, G_2, \cdots, G_\omega$ 是其连通片,$\omega > 1$,则 $G_i (i = 1, 2, \cdots, \omega)$ 是无圈连通图,它们是树,由 A⇒B⇒C,知 $\varepsilon(G_i) = \nu(G_i) - 1$,$i = 1, 2, \cdots, \omega$. 于是

$$\sum_{i=1}^{\omega} \varepsilon(G_i) = \sum_{i=1}^{\omega} (\nu(G_i) - 1).$$

即

$$\varepsilon(G) = \nu(G) - \omega, \quad \omega > 1,$$

此与 C 中 $\varepsilon = \nu - 1$ 相违.故 G 是连通图,且 $\varepsilon = \nu - 1$,即 C 则 D.

(4) D⇒E:只欠证当 G 是连通图,且 $\varepsilon = \nu - 1$ 时,$G - e$ 不连通,$e \in E(G)$. 由于 $\varepsilon(G - e) = \varepsilon(G) - 1 = \nu - 2$,下面证明 $\varepsilon \geqslant \nu - 1$ 是连通图的必要条件.从而导出 $G - e$ 不连通.

用数学归纳法证明：若 G 是连通图，则 $\varepsilon(G) \geqslant \nu(G) - 1$.

对于 $\nu = 2$，这时 $\varepsilon = 1$，满足 $\varepsilon \geqslant \nu - 1$.

假设 $\nu \leqslant k$ 时，不等式 $\varepsilon(G) \geqslant \nu(G) - 1$ 已成立．考虑 $\nu = k + 1$ 的情形，设 $\nu(G') = k + 1$，令 $G = G' - v$，$v \in V(G')$.

若 $G = G' - v$ 仍连通，由归纳法假设，$\varepsilon(G) = \varepsilon(G' - v) \geqslant k - 1$. 但是

$$\varepsilon(G') \geqslant \varepsilon(G' - v) + 1 \geqslant k = \nu(G') - 1,$$

于是得

$$\varepsilon(G') \geqslant \nu(G') - 1.$$

若 $G = G' - v$ 不连通，$G' - v$ 的全部连通片是 $G_1, G_2, \cdots, G_\omega$，$\omega > 1$，由归纳法假设

$$\varepsilon(G_i) \geqslant \nu(G_i) - 1, \quad i = 1, 2, \cdots, \omega.$$

于是

$$\sum_{i=1}^{\omega} \varepsilon(G_i) \geqslant \sum_{i=1}^{\omega} (\nu(G_i) - 1),$$

$$\varepsilon(G' - v) \geqslant \sum_{i=1}^{\omega} \nu(G_i) - \omega = k - \omega,$$

而

$$\varepsilon(G') \geqslant \varepsilon(G' - v) + \omega,$$

所以

$$\varepsilon(G') \geqslant k = \nu(G') - 1.$$

至此归纳法证明完成，即得 D 则 E．

（5）E⇒F：若 G 中有圈 C，从 C 上删去任一条边后，所得之图仍连通，与 E 相违，故在 E 的前提下，G 中无圈．下证 $G + e$ 恰有一个圈．

事实上，E 已宣告 G 是连通图，上面又证出 G 中无圈，即 A 成立．于是，由 A⇒B，得知 G 中任二顶 u, v 之间恰有一条轨 $P(u, v)$. 于是若 $e = uv \notin E(G)$，则在 $G + e$ 上出现一个圈 $P(u, v) \bigcup uv$. 如果 $G + uv$ 上有两个圈 C_1, C_2，由于 G 中原来无圈，所以 $e = uv$ 出现在 C_1 与 C_2 上．于是 $(G + e) - e$ 仍有一个圈 $C_1 \bigcup C_2 - e$，与 G 中无圈相违．可见 $G + e$ 上恰一个圈，即 E 则 F．

（6）F⇒A：任取 $u, v \in V(G)$，若 $uv \in E(G)$，则两顶 u 与 v 在 G 中连通；若 $uv \notin E(G)$，由 F 知 $G + uv$ 恰有一个圈 C，从而 $(G + uv) - uv = G$ 中存在从 u 到 v 的轨，此轨就是 $C - uv$，即顶 u 与 v 在 G 中连通．由 u 与 v 的任意性，G 是连通图，再由 F 知 G 无圈，所以 G 是树，即 F 则 A．证毕．

推论 2.1　G 是连通图的充分必要条件是 G 有生成树．

证 充分性不足道,下证必要性.若 G 是连通图,T 是 G 的边数最少的连通生成子图,则任取 $e \in E(T)$,$T-e$ 已不连通.由定理 2.1,E $\Leftrightarrow$ A,即 T 是树.从而知连通图 G 有生成树.证毕.

例 2.1 $\nu \geq 2$ 的树 T 至少有两个叶.

证 由于 T 是树,是连通图,所以 T 上无零次顶.如果 T 上没有叶,即没有 1 次顶,由例题 1.9,T 中有圈,与 T 是树矛盾,可见 T 有叶.若 T 只有一个叶,由于 $\varepsilon(T) = \nu(T) - 1$,又 $2\varepsilon(T) = \sum\limits_{v=1}^{\nu} d(v_i) = 2\nu(T) - 2$,其余非叶顶次数之和为 $2\nu(T) - 3$,但其余的 $\nu - 1$ 个非叶顶每顶次数至少为 2,次数和至少为 $2\nu(T) - 2 > 2\nu(T) - 3$,矛盾.证毕.

例 2.2 连通图 G 的无圈子图是 G 的某个生成树的子图.

证 不妨设 G 不是树(如 G 是树,例 2.2 显然成立),则 G 中有圈 C_1.设 T' 是 G 的无圈子图,则在 C_1 上有一条边 e_1 不在 T' 上.于是 $G_1 = G - e_1$ 仍连通,且 T' 是 G_1 的无圈子图.G_1 上的圈数比 G 的圈数少;用 G_1 替代 G 进行上述论证,可使 G_1 的圈数减少而保持连通.但仍以 T' 为子图,如此递推.由于 G 中圈数有限,所以最后会得到一个图 G_{n_0},G_{n_0} 连通无圈,且 T' 是 G_{n_0} 的子图,而 G_{n_0} 是 G 的生成树.于是 T' 是 G 的生成树 G_{n_0} 的子图.证毕.

例 2.3 T_1 与 T_2 是树 T 的子树,T_3 是 T_1 与 T_2 公共边端点形成的顶子集的导出子图,则 T_3 也是树.

证 T_3 中显然无圈,只欠证 T_3 是连通图.任取两点 $u,v \in V(T_3)$,则 $u,v \in V(T_1)$,$u,v \in V(T_2)$,在 T_1 上有惟一的轨 $P_1(u,v)$,在 T_2 上有惟一的轨 $P_2(u,v)$;$P_1(u,v)$ 与 $P_2(u,v)$ 都是 T 上的轨.所以 $P_1(u,v) = P_2(u,v)$,即 $P_1(u,v)$ 上的边亦是 T_2 上的边.从而 $P_1(u,v)$ 是 T_3 的子图,即 T_3 上 u 与 v 两顶连通,由 u 与 v 的任意性知 T_3 连通.证毕.

2.2　生成树的个数

顶点已标志的连通图,除非它本身就是一棵树,否则它的生成树不惟一.一般是很多的,例如一个小小的 K_{10} 竟有一亿棵不同的生成树,这里说的不同是指标志不同,不是指不同构.下面给出 K_n 生成树的个数公式和求生成树个数的"大图化成小图"的递推公式.用 $\tau(G)$ 表示 G 的生成树个数.

定理 2.2(Cayley,1889)　$\tau(K_n) = n^{n-2}$.

证 令 $V(K_n) = \{1,2,3,\cdots,n\}$.于是 $V(K_n)$ 中元素为分量构成的 $n-2$ 个分量的向量共计 n^{n-2} 个.下面建立这 n^{n-2} 个向量与 K_n 的生成树集合间的一一对应.

任取 K_n 的一个生成树 T,设 s_1 是 T 上最小(指此顶所对应的 $\{1,2,\cdots,n\}$ 中的数最小)的叶,t_1 为 s_1 的邻顶,把 s_1 从 T 上删除;设 s_2 是 $T-s_1$ 上最小的叶,t_2 为 s_2 在 $T-s_1$ 中的邻顶.依此类推,即得一个由 $V(K_n)$ 中的数为分量的 $n-2$ 个分量的向量 $(t_1,t_2,\cdots,t_{n-2})$,T 上还剩下一个 K_2,见图 2.2.

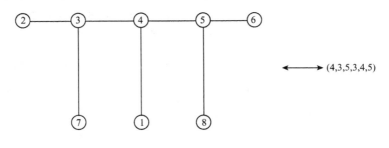

图 2.2

反之,任给定向量 $(t_1,t_2,\cdots,t_{n-2})$,$t_i \in V(K_n)$,$i=1,2,\cdots,n-2$.我们来找出一个与此向量对应的 K_n 的生成树:s_1 是 $V(K_n)$ 中不在 $(t_1,t_2,\cdots,t_{n-2})$ 中的最小顶,把 s_1 与 t_1 之间连一条边;s_2 是不在 $(t_2,t_3,\cdots,t_{n-2})$ 中的 $V(K_n)-\{s_1\}$ 中的最小顶,把 s_2 与 t_2 之间连一边.依此类推,得 $n-2$ 条边 $s_1t_1,s_2t_2,\cdots,s_{n-2}t_{n-2}$.再连接 $V(K_n)-\{s_1,s_2,\cdots,s_{n-2}\}$ 中的两个顶,则得一棵生成树.证毕.

定理 2.3　e 是连通图 G 中的一条边,则

$$\tau(G) = \tau(G-e) + \tau(G \cdot e),$$

其中 $G \cdot e$ 是把边 e 的长度收缩成零,e 的两个端点重合成一个顶形成的图.

证　显然,$\tau(G-e)$ 是 G 中不含边 e 的生成树的个数,而 $\tau(G \cdot e)$ 是 G 中含 e 的生成树的个数.所以我们有公式 $\tau(G)=\tau(G-e)+\tau(G \cdot e)$.证毕.

用定理 2.3,可以求取不太大的图的生成树个数.

例 2.4　设 G 是 K_4-e,求 $\tau(G)=$?

解　见图 2.3.

2.3　求生成树的算法

本节给出两个求生成树的有效算法,一个叫做广度优先搜索法(breadth first search),代号 BFS.一个叫做深度优先搜索法(depth first search),代号 DFS.它们不仅可以求取连通图的生成树,而且其思想方法是其他问题可以借鉴的.它的思路已经渗透到许多图论算法的设计之中.

1) BFS

设 G 是一个连通图,模拟自然界树丛的生长过程,取一顶 $v_1 \in V(G)$,v_1 是树

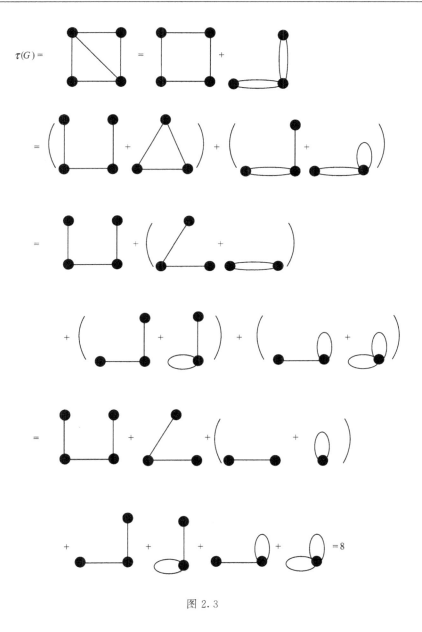

图 2.3

根,把与 v_1 关联的边及其端点皆染成绿色,生长出一个绿色树 T_1;任取 T_1 的一个叶 v_2,把 v_2 关联的边中一端无色的边连同其端点染成绿色,得长大一些的绿色树 T_2. 依此类推,继续生长,直至长出 $n-1$ 条绿色边为止,其中 n 是 G 的顶数,则得到的绿色图为 G 的一棵生成树. 这一过程表述成算法如下.

BFS 算法：

（1）任取 $v \in V(G)$，标号 $l(v)=0$，令 $l=0$.

（2）当所有标号为 l 的顶 u 相关联的边之端点皆已标号，则转（3）. 否则，把与 u 相关联的边之未标号的顶标以 $l+1$，并标志这些边，用 $l+1$ 代替 l 转（2）.

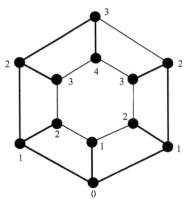

图 2.4

（3）止. 见图 2.4.

图 2.4 顶旁标号是 l，粗实线是 BFS 生成的绿色生成树.

下面证明 BFS 算法终止时，若仍有未标号的顶，则 G 是不连通图；如果每顶皆取得 l 标志，则 G 是连通图，其标志的边导出一棵生成树.

事实上，由 BFS 的执行过程，标号之顶皆与 0 号顶连通. 若使得 G 的每个顶皆取得标号 l，则每顶皆与 0 号顶连通，于是 G 是连通图. 又我们不进行重复标号. 所以得到的由记录下来的边导出的生成子图中无圈，是一棵 G 的生成树. 否则，当算法终止时仍有顶未被标号，说明未标号的顶与取得标号的顶不能连通，G 不是连通图.

2）DFS

古希腊广为流传的一则关于迷宫问题的神话中称：以人为食物的牛身人面魔王米诺托为防备被它吃掉的人的冤魂向它报仇，在意大利的克里特岛修筑了一座地下宫殿，其结构对外人保密. 所有建筑此迷宫的工匠在完工之日已被集体坑杀. 希腊王子忒修斯在公主丽阿特　的协助之下，手持公主编织毛衣的线团，把线的一端栓在迷宫的入口，一路上放线标志哪些是已搜索过的通道，他沿着尚无绒线标志的通路尽可能深远地行进，走到死胡同或已无未标志的路口时则沿来路返回去寻找新的未搜索过的通道. 这位王子如此很快搜索到妖魔米诺托，当场把它处决. 然后迅速有序地撤离现场. 忒修斯每条通道恰右侧通行通过了两次，把这个魔窟的结构搞了个一清二楚，把魔王与小妖一齐斩尽杀绝.

历史上，中外独裁者往往也有自己的迷宫式行宫. 例如 1690 年修造的威廉王的迷宫至今还保留着，其示意图见图 2.5.

受上述迷宫问题的启发，1973 年，Hopcroft 和 Tarjan 设计了探明未知结构的连通图 G 的结构，且生成一棵 G 的生成树的著名

图 2.5

算法 DFS.

DFS 算法：

（1）标志一切边未用过,对每顶 $v \in V(G)$,$k(v) \leftarrow 0$,$i \leftarrow 0$,$v \leftarrow s$.

（2）$i \leftarrow i + 1$,$k(v) \leftarrow i$.

（3）若 v 无未用过的关联边,转（5）.

（4）选一条未用过的与 v 关联的边 $e = uv$,标志边 e"用过",若 $k(u) \neq 0$,转（3）;否则,$f(u) \leftarrow v$,$v \leftarrow u$,转（2）.

（5）若 $k(v) = 1$,止.

（6）$v \leftarrow f(v)$,转（3）.

BFS 与 DFS 的时间复杂度皆为 $O(|E(G)|)$.

图 2.6 给出一个执行 DFS 的实例,顶旁写的是 $k(v)$.

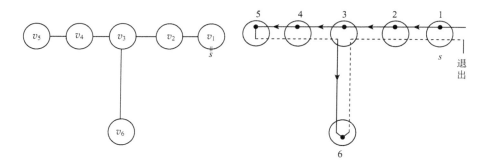

图 2.6

在 DFS 算法中,$k(v)$ 称为顶 v 的 DFS 码,$f(v)$ 称为顶 v 之父,v 称为 $f(v)$ 之子,以父为尾以其子为头的边称为父子边,非父子边叫做返回边.在图 2.6 中,父子边用带箭头的线段表示.s 是 DFS 的出发点,是 DFS 产生的外向生成树的根.

下面我们证明,若 G 是连通图,则 DFS 执行中父子边导出的子图是以 s 为根的外向生成树.

事实上,由 DFS 的过程,父子边导出的子图上,以 s 为头的边数 $d^-(s) = 0$,$v \neq s$ 时,$d^-(v) = 1$.而且父子边导出子图作为无向图而言,是一个无圈连通图,所以是树.对于 $f(v_i) = v_{i+1}$,序列 v_0,v_1,$\cdots$ 中,$v_0 = v \neq s$,因为 $f(s)$ 不存在,故此序列止于 s.从而得到从 s 到 v 的一条有向轨,由 v 的任意性知父子边的导出子图是以 s 为根的外向生成树,见图 2.6.

在 DFS 的搜索过程中,显然每边恰通过两次,不但搞清楚了一个未知图 G 的结构,而且还生成了一棵它的生成树.

在 DFS 的过程中, 若 $e=ab$ 是返回边, 则要么 a 是 b 的祖先, 要么 a 是 b 的后代孙.

事实上, 设 $k(a) < k(b)$, 在 DFS 的活动中心, 即算法中的 v, 只沿着父子边移动. 如果 a 不是 b 的祖先, 由 $k(a) < k(b)$, a 比 b 先"出生", 则活动中心移到 b 之前, 已从 a 移到 a 的某个前辈. 然而, 由 DFS 的过程知, 仅当与 a 关联的边皆被用过后才倒行至其父, 这说明 e 已用过, b 已被发现, $k(b) < k(a)$, 此与 $k(a) < k(b)$ 矛盾, 故 a 是 b 的祖先.

若 $k(b) < k(a)$, 则可证得 a 是 b 的后代孙. 例如, 图 2.7 中, 粗实线有向边是父子边; 而 sv_3 是返回边, s 是 v_3 的祖父, v_3 是 s 的后代孙.

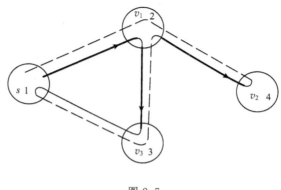

图 2.7

2.4 求最优树的算法

在连通加权图上求一个总权最小的连通生成子图. 显然所求的子图是一个总权最小的生成树. 事实上, 若 G' 是加权连通图 G 的总权最小的连通生成子图, 而且如果 G' 不是生成树, 则 G' 上有圈 C, 从此圈 C 上删去一条边, 仍得连通生成子图 G''. 但 G'' 的总权已比 G' 的小, 与 G' 是总权最小的连通生成子图相违.

许多实际问题, 例如修筑连接 n 个城市的铁路, 已知 i 城与 j 城间的铁路造价为 $w(ij)$, 设计一个筑路图, 使总造价最低, 就可以化成上述求最优生成树的问题. 事实上, 以城市为顶构作一个完全加权图 K_n, $w(ij)$ 是 i 顶与 j 顶之间边的权, 所求筑路图即此加权图 K_n 的最优生成树.

1956 年, Kruskal 设计了一个有效算法, 可求得连通加权图的最优树.

Kruskal 算法:

(1) 从 $E(G)$ 中选一条权最小的边 e_1.

(2) 若 $e_1, e_2, \cdots, e_i$ 已选出, 则从 $E(G) - \{e_1, e_2, \cdots, e_i\}$ 中选 e_{i+1}, 使得

(i) $G[\{e_1, e_2, \cdots, e_i, e_{i+1}\}]$中无圈,

(ii) $w(e_{i+1}) = \min$.

(3) 反复执行上述过程直至选出 $e_{\nu-1}$ 止.

Kruskal 算法的时间复杂度为 $O(\nu^2)$.

定理 2.4 若 $e_1, e_2, \cdots, e_{\nu-1}$ 是 Kruskal 算法选得的边,则 $T^* = G[\{e_1, e_2, \cdots, e_{\nu-1}\}]$ 为 G 的最优生成树.

证 Kruskal 算法得出的子图 T^* 是 G 的生成树.事实上,$\varepsilon(T^*) = \nu(T^*) - 1$,且 T^* 无圈.由定理 2.1,T^* 是树,且是 G 的生成树,因为 $V(T^*) = V(G)$.

下证 T^* 的最优性.反证之,且 T^* 不是 G 的最优树,且 T 是使 $f(T)$ 最大的 G 的最优生成树,$f(T)$ 表示在 $\{e_1, e_2, \cdots, e_{\nu-1}\}$ 中不在 T 上的 e_i 的最小脚标.由于 T^* 不是最优树,所以 $\{e_1, e_2, \cdots, e_{\nu-1}\}$ 中必有不在 $E(T)$ 中的边.设 $f(T) = k$,即 e_1, $e_2, \cdots, e_{k-1}$ 在 $E(T) \bigcap E(T^*)$ 中,而 $e_k \notin E(T)$.于是 $T + e_k$ 中有一个圈 C.设 e'_k 是 $E(T)$ 中而不在 $E(T^*)$ 中的边,且 e'_k 在 C 上,则 $T' = (T + e_k) - e'_k$ 也是 G 的生成树,而 $W(T') = W(T) + w(e_k) - w(e'_k)$.由 Kruskal 算法,$e_k$ 是使 $G[\{e_1, e_2, \cdots, e_k\}]$ 无圈的权最小的边,又 $G[\{e_1, e_2, \cdots, e_{k-1}, e'_k\}]$ 是 T 之子图,则 $w(e'_k) \geqslant w(e_k)$.于是 $W(T') \leqslant W(T)$,即 T' 也是最优树,而 $f(T') > k = f(T)$,与 $f(T)$ 之最大性相违.证毕.

例 2.5 求图 2.5 中的最优树,边旁标注的是两地的距离(以 100km 为单位),L 是伦敦,MC 是墨西哥,NY 是纽约,Pa 是巴黎,Pe 是北京,T 是东京.

解 见图 2.8 中的粗实线,它就是 Kruskal 算法得出的最优生成树的边.

2.5 有序二元树

若 T 是树,把 T 的每边标志一个方向,使得除顶 $v_0 \in V(T)$ 外,每个 $v \in V(T) - \{v_0\}$ 皆存在由 v_0 到 v 的有向轨 $P(v_0, v)$,即从 v_0 出发,沿各边的箭头标志的方向,在 $P(v_0, v)$ 上可以行至 v,则称 T 为以 v_0 为根的外向树(图示中我们省略了箭头,v_0 最高).

在有向图 G 中,$v \in V(G)$,$d^+(v)$ 表示以 v 为尾的边的条数,$d^-(v)$ 表示以 v 为头的边的条数.

$k \in \mathbf{N}$,若 T 是外向树,且任一顶 $v \in V(T)$,$d^+(v) \leqslant k$,则称 T 为 k 元树.$e \in E(T)$,T 是外向树,$e = uv$,则称 u 是 v 之父,v 是 u 之子.图示中父比子高,同父之子称兄弟,兄弟有序(定位)时,称为有序(定位)树.有序(定位)树之序列称为有序林.

我们对有序二元树给顶编码如下:

(i) 根不标码.

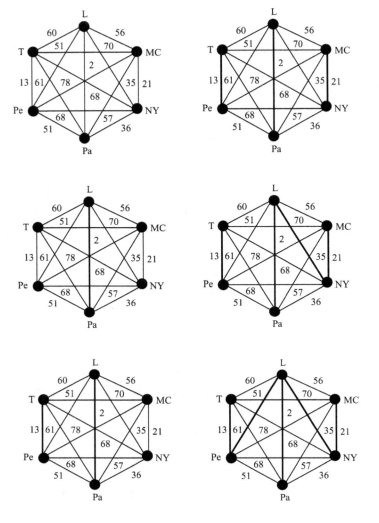

图 2.8

（ii）兄弟有序，左为兄，标 0，右为弟，标 1（编码即定位，0 表示定位在左，1 表示定位在右）.

（iii）从根始到叶的轨上依次抄出各顶之码，写在叶下方，称为该叶的前缀.

（iv）全树的叶从左到右把它们的前缀依次抄出，叫做该树的前缀码，每个叶的前缀后加逗号，最后一个叶的前缀后加句号.

显然有序二元树与前缀码一一对应（有不同前缀码者可能同构，但其定位二元树形象不同）.

例如,0000,0001,001,010,011,100,101,11 这一前缀码对应的有序二元树如图 2.9 所示.

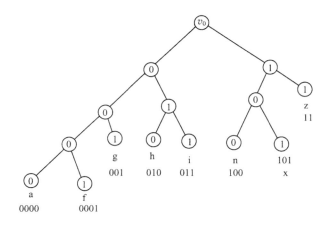

图 2.9

取定一个 26 个叶的有序二元树,把它标出前缀码.再把每个叶上分别写上 26 个英语字母之一,则可以把每个英语单词用 0-1 码抄出.例如,我方收发报员手中皆有图 2.9 这棵有序二元树,又抄收到 0-1 密码

1101 0101 0111 0000 1000 0000 1000 0100 0010 000100,

则可对照密码树(图 2.4)译出

Zhxing A fangan.

执行 A 方案.

为了保密,我们可以用不同的密码树来传递同样的信息.

我们约定"左下方为长子,右下方为弟弟"的结构把一个有序树化成有序二元树.这种转化是可逆的,见图 2.10.

如果把有序林中的根从左到右视为兄弟,则可按上述转化规则把有序林可逆地转化成有序编码二元树,见图 2.11.

有序二元树中最常用的一种叫做 Huffman 树.

定义 2.2 以 v_0 为根,$v_1,v_2,\cdots,v_n$ 为叶的有序二元树 T 中,v_i 代表的事物出现的概率为 p_i,满足 $\sum\limits_{i=1}^{n} p_i = 1$,称轨 $P(v_0,v_i)$ 的长 l_i 为 v_i 的码长,且使得

$$m(T) = \sum_{i=1}^{n} p_i l_i = \min,$$

则称 T 为带权 $p_1,p_2,\cdots,p_n$ 的 Huffman 树,又称最优二元树.

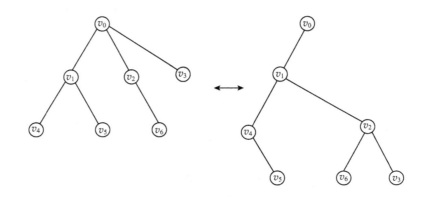

图 2.10

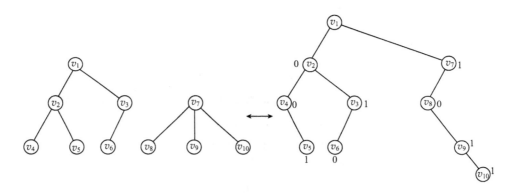

图 2.11

如果在文章中 $a,b,c,\cdots,x,y,z$ 出现的概率分别为 $p_1,p_2,\cdots,p_{26}$，我们用一个 26 个叶的有序二元树可以用 0-1 码抄出任何一篇文章. 显然我们希望总码长越短越好. 字母出现频率小的（例如 z），其对应的叶的前缀长一点还不碍事，字母出现的频率大的（例如 e），对应的叶之前缀不能太大，以便使整个文章总码长最短.

不妨假设 $p_1 \leqslant p_2 \leqslant \cdots \leqslant p_n$，如何设计相应的 Huffman 树？

定理 2.5   若 T 是 Huffman 树，$p_1 \leqslant p_2 \leqslant \cdots \leqslant p_n$，$v_1,v_2,\cdots,v_n$ 为叶，（1）若 v_i 与 v_j 是兄弟，则 $l_i = l_j$；（2）v_1 与 v_2 是兄弟；（3）设 T^+ 是带权 $p_1 + p_2, p_3, \cdots, p_n$ 的 Huffman 树，与 $p_1 + p_2$ 相应的叶子生出两个新叶分别带权 p_1 与 p_2，则得带权 p_1，$p_2,\cdots,p_n$ 的 Huffman 树.

证   （1）由于树上的轨 $P(v_0,v_i)$，$P(v_0,v_j)$ 的惟一性，及 v_0 到 v_i,v_j 的父亲之轨的惟一性，知 $P(v_0,v_i)$ 与 $P(v_0,v_j)$ 等长.

（2）若 Huffman 树仅两个叶 v_1，v_2，由 $m(T)=\min$ 知 $l_1=l_2=1$，v_1 与 v_2 是兄弟.若 T 有三个以上的叶,由于是二元树,所以有的叶码长不小于 2.又

$$m(T) = p_1l_1 + p_2l_2 + \cdots + p_nl_n = \min,$$

不妨设 $l_1 \geqslant l_i$，$i=2,3,\cdots,n$.因为 $p_k=p_1$，而 $l_k>l_1$（$n \geqslant k \geqslant 2$）,我们把 v_1 与 v_k 的足标对换,得一棵同构树,$m(T)$ 不变,而使新树上 v_1 的码长大于 v_k 的码长.若 $p_k>p_1$，而 $l_k>l_1$（$n \geqslant k \geqslant 2$）,把 v_1 与 v_k 带权对换,得到的新树 T' 上

$$m(T') = p_1l_k + p_2l_2 + \cdots + p_kl_1 + \cdots + p_nl_n < m(T),$$

与 $m(T)=\min$ 矛盾.故 l_1 不妨认为有最长的码长,且 $l_1 \geqslant l_2 \geqslant \cdots \geqslant l_n$.若 v_1 无兄弟,则 l_1 还可缩短 1.这与 $m(T)=\min$ 不符,故 v_1 的兄弟是 v_2.

（3）设 T' 是带权 $p_1,p_2,\cdots,p_n$ 的 Huffman 树,只需证明 $m(T) \leqslant m(T')$；由（2）,带权 p_1 与 p_2 的叶在 T' 中是兄弟,令 T'_+ 是 T' 中 p_1 与 p_2 为权的叶删除,其父的权为 p_1+p_2 的树,则

$$m(T') = m(T'_+) + p_1 + p_2,$$

$$m(T) = m(T^+) + p_1 + p_2,$$

其中 T^+ 是带权 $p_1+p_2,p_3,\cdots,p_n$ 的 Huffman 树.故 $m(T'_+) \geqslant m(T^+)$.于是 $m(T) \leqslant m(T')$.证毕.

例 2.6 求带权 $0.2,0.2,0.3,0.3$ 的 Huffman 树.

解

(a)   (b)

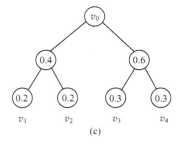

(c)

（c）即为所求的 Huffman 树

图 2.12

2.6　n 顶有序编码二元树的数目

为了求得 n 顶有序编码二元树与 n 顶有序林的个数,我们介绍有趣的 Catalan 数.

我们把"("称为左括号,")"称为右括号,括号列是指由左括号与右括号组成的有限序列.例如

$$\Big(\big((a_1+a_2)+a_3\big)-(a_4+a_5)\Big)\times a_6,$$

把它的括号抄出即得

$$\Big(\big(()\big)()\Big)$$

我们觉得这个括号列是适当的,是在计算中可以出现的括号列.而括号列

$$\Big(\big(()\big)(((\Big)$$

则是不适当的,在计算中不会出现这种括号列,我们称它为坏括号列;括号列有好坏之分.

定义 2.3　好括号列是指:

(1)"空列"(没有括号)规定是好括号列.

(2)若 A 与 B 是好括号列,则把 A 与 B 串联成的括号列 AB 也是好括号列.

(3)若 A 是好括号列,则在括号列 A 之两侧再分别加上左括号与右括号得 (A) 也是好括号列.

除上述括号列之外,无其他好括号列;非好括号列,叫做坏括号列.

下面定理给出好括号列的有效判别法.

定理 2.6　一个括号列是好括号列当且仅当它由一半右括号一半左括号组成,且从左向右看这个括号列时,看到的右括号不超过左括号个数.

证　先证充分性,即往证从左向右看,看到的左括号不比右括号少,且全列左括号占 50%,则此括号列是好括号列.用括号总数的数学归纳法来证.当括号总数为 2 时,命题显然成立,假设 $m<n$ 时由 m 个左括号 m 个右括号组成的括号列命题已成立,考虑 n 个左括号 n 个右括号组成的括号列,这时 $m<n$.若从左向右看时,看见了 $2m$ 个括号后,看到的左括号与右括号一样多.由归纳法假设,看到的子列 A 是好括号列,而右侧尚未看的子列 B 也满足命题条件.由归纳法假设,B 也是好括号列,由好括号列的定义,AB 也是好括号列,这时充分性成立.

若上述非空列 A 不存在,我们从左向右看,看到第一个括号而未看到其他括号时,由命题的条件知,这第一个括号为左括号.到只剩一个括号未看时,已看见的

括号左括号不比右括号少,而左右括号总数相等,故最后一个括号是右括.于是全部括号列形如(C),括号列 C 仍满足命题条件.由归纳法假设,C 是好括号列.故(C)是好括号列,这时充分性亦成立.

下证好括号列的必要条件,即下述命题成立:若是好括号列,则左括号数占 50%,且从左向右看,看到的左括号不比右括号少.

也用数学归纳法证明必要性.若是好括号列,由好括号列的定义,显然其左括号占 50%.若好括号列由两个括号组成,则命题显然成立.假设对由 $2m$ 个括号组成的好括号列命题已成立,考虑 $n>m$,由 $2n$ 个括号组成的好括号列.分两种情形讨论:

(a) 造此好括号列时,最后一步是(3),命题显然成立.

(b) 造此好括号列时,最后一步是(2),即此列形如 AB,A 与 B 都是好括号列.当我们从左向右看时,还没有看见 B 中括号时,由归纳法假设,看到的左括号不比右括号少,看到 A 的最后一个括号时,看到的左右括号一样多;再看下去,即看到 B 的括号,由归纳法假设,对于 B,看见的左括号不比右括号少,看到 B 的最后一个括号时,看到的左括号与右括号一样多.证毕.

下面给出由 n 个左括号组建的好括号列的个数公式.

定理 2.7 由 n 个左括号组成的好括号列的个数为

$$c(n) = \frac{1}{n+1}\binom{2n}{n}$$

($c(n)$ 称为 Catalan 数).

证 n 个左括号 n 个右括号组成的括号列共计 $\binom{2n}{n}$ 个.只要算出 n 个左括号 n 个右括号组成的坏括号列的个数,则可用减法求得 n 个左括组成的好括号列的个数.

设 $a_1 a_2 \cdots a_{2n}$ 是 n 个左括号 n 个右括号组成的坏括号列.由定理 2.6,则存在一个最小的 j,使得 $a_1 a_2 \cdots a_j$ 中右括号比左括号多 1 个.把 $a_{j+1} a_{j+2} \cdots a_{2n}$ 中的左括号变成右括号,右括号变成左括号,这时共有 $n-1$ 个左括,$n+1$ 个右括;上述变化过程是可逆的.故 n 个左括 n 个右括组成的坏括号列与 $n-1$ 个左括 $n+1$ 个右括组成的括号列一一对应,而 $n-1$ 左括 $n+1$ 右括组成的括号列共有 $\binom{2n}{n+1}$ 个.于是由 $2n$ 个括号组成的好括号列的个数为

$$c(n) = \binom{2n}{n} - \binom{2n}{n+1}$$

$$= \frac{1}{n+1} \binom{2n}{n}.$$

证毕.

推论 2.2　n 个字符皆需进入"先入后出"存储器恰一次,再于某时刻出存储器,进入时是有序的,则出存储器的字符列有 $c(n)$ 种可能.

证　有字符进入存储器时画一个左括号,有字符出存储器时即画一个右括号.如此得到一个括号列,由 $2n$ 个括号组成.任何时刻,进入存储器的字符不会比出去的少,即从左向右看画出的括号列时,看到的左括号不比右括号少.由定理 2.6,画出的是好括号列,所以出存储器的字符列共计 $c(n)$ 种可能.

例 2.7　一个出城汽车队行驶时不得超车,但每车都可以进入路过的一个胡同里去加油,再在某时刻退出胡同插队继续开行,共有 n 辆汽车.问可能有几种不同的车队开出城去?

例 2.8　午餐后姊妹去洗碗,洗前已把 n 个不同花色的碗摆成一摞.妹妹把姐姐洗过的碗每次拿一个放入消毒柜,也摆成一摞.由于小妹贪玩,碗被放入消毒柜可能不及时,姐姐则把洗过的碗摆在旁边,问小妹摆起的碗摞可能有几种.

与推论 2.2 相似地可以证明,例 2.7 与例 2.8 的答案皆为 $c(n)$.

下面利用画括号的技术和 Catalan 数来给出 n 顶有序编码二元树与 n 顶有序林的数目.

定理 2.8　n 顶有序林与 n 顶有序编码二元树的数目皆 $c(n)$.

证　把有序林中的每个叶标以( ),当一个顶的儿子们从左到右分别标为 $w_1, w_2, \cdots, w_s$ 时,其父标成 $(w_1 w_2 \cdots w_s)$,最后从左到右根的标为 $x_1, x_2, \cdots, x_r$,则有序林标志成 $x_1 x_2 \cdots x_r$.这种标志与有序林之间是一一对应的,且 $x_1 x_2 \cdots x_r$ 是 $2n$ 个括号组成的好括号列,$2n$ 个括号组成的好括号列与 n 顶有序林之间有一一对应关系,所以由定理 2.7,n 顶有序林的个数是 $c(n)$;而 n 顶有序林与 n 顶有序编码二元树之间一一对应,故 n 顶有序编码二元树的个数为 $c(n)$.证毕.

例如 10 个顶的有序编码二元树的个数为

$$c(10) = \frac{1}{11} \binom{20}{10} = \frac{1}{11} \times \frac{20 \times 19 \times 18 \times 17 \times 16 \times 15 \times 14 \times 13 \times 12 \times 11}{10 \times 9 \times 8 \times 7 \times 6 \times 5 \times 4 \times 3 \times 2 \times 1}$$

$$= 16796.$$

仅仅 10 个顶的很小的有序编码二元树,竟种一万六千多棵.如果是 26 个叶(以便有 26 个英文字母)的有序编码二元树,它们的数目将是非常之巨大的! 由此可知,如果我方用一个 26 叶的有序二元树做密码,对方是很难破译的.

我们把不是叶的顶皆两个儿子的有序二元树称为典型有序二元树.

定理 2.9 n 顶典型有序编码二元树的个数为 $c\left(\dfrac{n-1}{2}\right)(n\geq 3)$.

证 容易看出,典型有序编码二元树 T 的叶数 $l(T)$ 与内点个数 $i(T)$ 满足

$$l(T) = i(T) + 1.$$

因 $n=l(T)+i(T)$,所以 $i(T)=\dfrac{n-1}{2}$. 而 n 顶典型有序编码二元树与 $\dfrac{n-1}{2}$ 个顶的有序编码二元树一一对应. 事实上,把 n 顶典型有序编码二元树之叶全删除,则得 $\dfrac{n-1}{2}$ 个顶的$(n\geq 3)$ 有序编码二元树,且这种变换是可逆的,由定理 2.8 知 n 顶有序编码典型二元树的个数是 $c\left(\dfrac{n-1}{2}\right)$. 证毕.

例如 7 顶有序编码典型二元树的个数是

$$c\left(\dfrac{7-1}{2}\right) = c(3) = 5,$$

先画 3 顶的 5 个有序编码二元树,见图 2.13.

在图 2.13 中在一些顶上长出一些叶,使其成为典型有序编码二元树,见图 2.14,虚线是新长出的边,则得五棵典型 7 顶有序编码二元树.

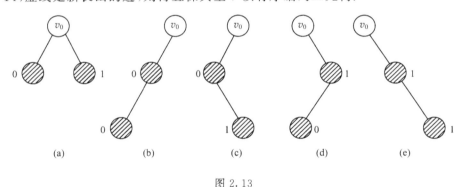

图 2.13

*2.7 最佳追捕问题

逃犯若干,在公路网上流窜,问最少派几名刑警,才能保证把逃犯全部抓获归案?或曰纵横交错的河道网中有大鱼若干条,渔翁最少要准备几张与河面一样宽的鱼网,才能保证把这些大鱼全捞上来?

我们把上述公路网或河道网视为一个无向图 G,所需刑警人数的最小值记成 $h(G)$.

例如 $h(P)=1$,P 是一条轨组成的树. 事实上,这位刑警只需持枪从 P 的一端

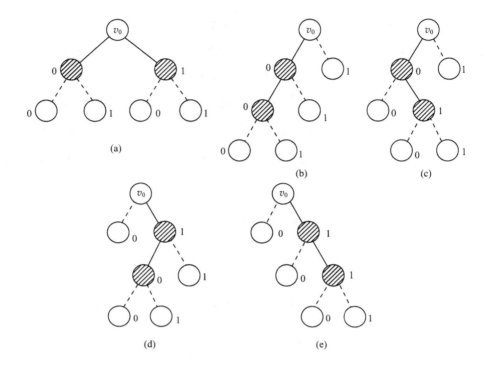

图 2.14

向另一端推进,即可把逃犯们抓获.

　　$h(C)=2$,C 是圈. 事实上,派一名刑警 v_1 在 C 的一顶点 u_1 堵截,另一刑警 v_2 从 u_1 出发沿 C 搜索,即可把逃犯抓获.

　　如果 G 是一个星形图,即仅一个顶 v_0 次数大于 2 的树,则 $h(G)=2$. 事实上,一刑警在 v_0 处堵截,另一刑警对边逐一搜捕即可.

　　为了叙述方便,我们称确知不会有鱼的边称为 0 型边,不知是否有鱼的边称为 1 型边. 与一顶关联的边皆 0 型边时,该顶的鱼网(或堵截的刑警)可以调走,与一顶关联的边中只一条 1 型边时,则可把该顶处的鱼网沿此 1 型边拖至其邻顶.以上两种动作(调走或拖网)称为在该顶"起网".

　　显然 $h(G)\leqslant h(G+e)$,$G+e$ 表示图 G 上添加一条新边 e. 对于 K_n,先从其一顶 v 用 $n-1$ 张网分别沿与之关联的 $n-1$ 条边拖至 v 的各个邻顶,则 v 的这 $n-1$ 个邻顶生成的子图是由 1 型边组成的 K_{n-1},与 v 关联的 $n-1$ 条边成了 0 型边.再拿一张网来逐条地搜索上述 K_{n-1} 的各边即可.可见对于 K_n 有 $h(K_n)\leqslant n$.

　　容易证明
$$\delta(G)\leqslant h(G)\leqslant \nu(G),$$

其中 $\delta(G)$ 是 G 的最小度(次)数,$\nu(G)$ 是 G 的顶数.

下面我们对树 T 给出求 $h(T)$ 的有效算法.

设 $T\not\cong K_2$,则有如下算法:

(1) 把 T 的全部叶删除,得子树 T_1;若 T_1 是一个顶组成的"秃图"或一条轨,止;否则转(2).

(2) 用 T_1 扮演 T 的角色,转(1).

(3) 反复执行(1)与(2),止时,若删去叶的树共 k 棵,则 $h(T)=k+1$.

上述算法耗时 $k\varepsilon$,ε 是 T 的边数,所以是有效算法.

例如图 2.15 中的捕捉过程如下:

第一批删除的叶是 v_2,v_3,v_4,v_6,v_7,v_{10},v_{11},v_{12},v_{13};第二批删除的叶是 v_1,v_5,v_8,v_9;至此得轨 $u_1u_2u_3$,于是 $h(T)=2+1=3$,即只需三张网则可把河中之大鱼全捞出来.

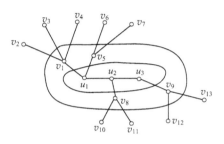

图 2.15

具体操作如下:在 u_1 处截一张网,在 v_1 处截一张网,用第三张网从 v_1 拖至 v_2,再从 v_1 拖至 v_3,再从 v_1 拖至 v_4,则 v_1v_2,v_1v_3,v_1v_4 皆成了 0 型边;再在 v_1 处"起网",即把 v_1 处的网拖到邻顶 u_1;此时在 u_1 处留一张网,第二张网插在 v_5 处,第三张网从 v_5 拖至 v_6,从 v_5 拖至 v_7,v_5v_7 与 v_5v_6 成了 0 型边,把 v_5 处的网起网.至此以 u_1 为根的不含 u_2,u_3 的外向树(方向从 v_1 指向叶)已全为 0 型边.把 u_1 处的网起网,拖至 u_2.继续执行上述操作,把以 u_2 为根不含 u_1,u_3 的外向树的边全变成 0 型边.依此类推,至 T 的全部边皆变成 0 型边而完成任务.

本章我们讨论了树的六种等价的命题,且介绍了求最优树的 Kruskal 算法,它和第一章的 Dijkstra 算法都是最优化问题的著名有效算法.关于 Cruskal 算法,我们不仅看到它的可行性,而且证明了它的正确性.对于一个算法,起码要求三点:可行性、正确性和有效性.Kruskal 算法的时间复杂度是 $O(\nu^2)$,所以是有效算法.由 Cayley 定理知道,求生成树个数 $\tau(G)$ 是没有有效算法的,用公式 $\tau(G)=\tau(G\cdot e)+\tau(G-e)$ 求 $\tau(G)$,只对小图适用.

本章介绍的二元树、Catalan 数、括号列方法、Huffman 树和最佳追捕问题,不但趣味盎然,而且很有实用价值.早在 1857 年,Cayley 就利用树研究有机物的分子结构;1847 年,Kirchhoff 用树研究电路网络.几乎所有的应用图论解决问题的领域,在很大程度上树都在起作用,尤其是生成树(本书后面还要讨论),可以说是图的标架,值得十分重视.

习 题

1. 至少两个顶的树其最长轨的起止顶皆是叶,试证明之.

2. 如果一棵树仅有两个叶,则此树就是一条轨.

3. 证明:若 T 是树,且 $\Delta(T) \geqslant n$,则 T 至少有 n 个叶.

4. 图 G 为林当且仅当 $\varepsilon = \nu - \omega$,$\omega$ 是 G 的连通片个数,$\omega > 1$.

5. 证明:树有一个中心或两个中心,但有两个中心时,此二中心是邻顶.

6. 证明:若 G 是林,且有 $2k$ 个奇次顶,则 G 中有 k 条无公共边的轨,使得 G 的每条边都在这些轨上.

7. 证明:若 $d_1, d_2, \cdots, d_\nu$ 是自然数序列,此序列是树的次数序列当且仅当 $\sum\limits_{i=1}^{\nu} d_i = 2(\nu - 1)$.

8. 证明:设 G 是 $\delta(G) \geqslant k$ 的单图,T 是 $k+1$ 个顶的树,则 G 中有与 T 同构的子图.

9. 碳原子四价,氢原子一价,$C_m H_n$ 是烷烃分子式,价键不呈回路,则对每个自然数 m,仅当 $n = 2m + 2$ 时,$C_m H_n$ 才可能存在.

10. 求 $K_{3,3}$ 生成树的个数.

11. 求 n 条辐条的轮的生成树的数目,所谓轮是一个圈,加上一个新顶,再把圈上的每个顶与此新顶间连一条边(辐条).

12. 证明:$\tau(K_\nu - e) = (\nu - 2)\nu^{-3}$,其中 $e \in E(K_\nu)$.

13. 画出带权 $0.1, 0.1, 0.1, 0.1, 0.2, 0.4$ 的 Huffman 树.

14. 画出带权 $0.2, 0.17, 0.13, 0.1, 0.1, 0.08, 0.06, 0.06, 0.07, 0.03$ 的 Huffman 树.

15. 构作与

$$( )( )( )( )) ((( )( )( )( )))$$

相应的有序林、有序二元树和通过先入后出存储器的排列.

16. 令

$$B(x) = b_0 + b_1 x + b_2 x^2 + \cdots,$$

其中 $b_0 = 1$,b_n 是 n 顶有序二元树的数目,试证:

(a) $b_n = b_0 b_{n-1} + \cdots + b_{n-1} b_0$.

(b) $x B^2(x) - B(x) + 1 = 0$.

(c) 用 $(1 + \alpha)^{\frac{1}{2}}$ 的幂级数展开式证明

$$b_n = c(n),$$

其中 $c(n)$ 是 Catalan 数.

17. 写出求不连通加权图的最小权生成林的算法,且指出其时间复杂度.

18. 求图 2.16 中图的最优树.

19. 试证:在至少三个顶的连通图 G 中,至少有两个顶,从 G 中把这两个顶删除后所得之子图仍连通.

20. 试证:在任何连通图中都会找到一条边或一个顶,把它删除后,所得子图仍连通.

21. 证明:若 G 为连通图,$|V(G)| = \nu$,则 $|E(G)| \geqslant \nu - 1$.

22. $\tau(K_6)=?$ K_6 的生成树中,不同构者有几个?

23. 证明:若 $|V(G)|\leqslant|E(G)|$,则图 G 中有圈.

24. 象棋赛实行单盘淘汰制,有 10 名选手参加,要决出冠军,共需几盘比赛?

25. 平面上有 100 条水平线,100 条竖直线,形成 10000 个方格,问最多擦去多少条方格上的边,还能使剩下的图是连通的?

26. 设 T 是树,有几种方式把它定义成外向树?

27. 把 G 的每边上加 $k-1$ 个($k\geqslant 2$)新顶得图 H,则 $\tau(H)=k^{\varepsilon-\nu+1}\tau(G)$,其中 $\varepsilon=|E(G)|$,$\nu=|V(G)|$.

28. 证明:T 是顶数至少为 2 的树,则 T 是二分图.

29. 证明:若 T 是顶数不小于 3 的树,则 T 的直径是 2 的充分必要条件是 T 是星.

30. 若 G 是加权连通图,且有一个长 m 的圈 C,C 上的边的权相等,是 $E(G)$ 中边权最小值,则 G 中至少有 m 棵不同的最优树,试加证明.

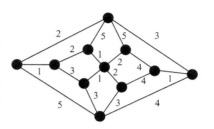

图 2.16

第三章 平 面 图

3.1 平面图及其平面嵌入

相传一位独裁者,临死遗言,把土地分给他的五个儿子;后来这五个儿子在各自的领地上都修建了一座宫殿,他们打算再修一些道路,使得每两座宫殿间有道路直接相通,又要求道路不能交叉,这五位不学无术的王子始终找不出一个筑路的设计图,又想不通不能成功的原因. 1930 年,波兰数学家库拉托夫斯基建立了关于平面图的判定定理,可以推导出上述五位王子修路问题理应无解.

定义 3.1 把一个图 G 的图示画在平面上,使得任何两边除端点外无公共点,则称此种图 G 为平面图,上述图示为平面图 G 的一个平面嵌入.

如果把图 G 的图示画在一个曲面上,使得任二边不在内点相交,则称 G 可以嵌入这个曲面,例如图 3.1 画的是 K_7 的一个环面嵌入的(剖开)图示;图 3.2 画的是 $K_{4,4}$ 在环面上的嵌入的(剖开)图示. 于是 K_6,K_5 作为 K_7 的子图,可以嵌入环面,$K_{3,3},K_{3,4}$ 作为 $K_{4,4}$ 的子图,可以嵌入环面.

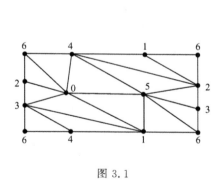

图 3.1　　　　　　　　　　　　图 3.2

一个有趣的问题是能否把 K_5 与 $K_{3,3}$ 嵌入平面? 过一会儿我们就会给出这一问题的答案.

如果把多面体的顶视为一个图的顶点,棱视为此图的边,但它的边已不再是刚性的,可以自由弯曲伸缩,则多面体图皆平面图.

事实上,我们可以把多面体套在一个球面上,使它的各边缩紧而紧紧贴在球面上,形成多面体图的一个球面嵌入.下面我们证明可平面嵌入与可球面嵌入是等价的.

定理 3.1 图 G 可平面嵌入的充分必要条件是 G 可以球面嵌入.

证 考虑图 3.3 所示的球极平面投影,球面 S 与平面 P 相切,过切点的直径的另一端为 Z,定义映射

$$\varphi: S \to P.$$

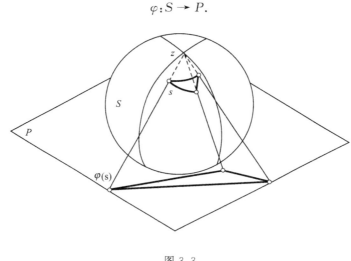

图 3.3

设 p 是平面 P 上的点,s 是球面 S 上的点,仅当 z, s, p 三点共直线时,有 $\varphi(s) = p, \varphi(z) = \infty$. 于是 φ 是可逆映射.

若 G' 是图 G 在 S 上的嵌入,不妨设 Z 不在 G' 的边与顶上,由 φ 的性质,G' 在平面 P 上的像即为 G 在 P 上的嵌入. 反之,若 G'' 是图 G 在平面 P 上的嵌入,则由 φ 的性质,G'' 在 S 上的原像即图 G 在 S 上的嵌入. 证毕.

由定理 3.1,正四面体,正六面体,正八面体,正十二面体和正二十面体皆平面图,它们的平面嵌入见图 3.4.

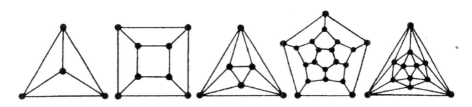

图 3.4

3.2 平面图 Euler 公式

一张鱼网上有多少结点间的线段,可以数一下结点与网孔算出来.一个多面体上有多少条棱,可以数一下顶和面的个数算出来,计算有公式可循,它就是拓扑图论中著名的 Euler 平面图公式,也称为 Euler 多面体公式.

当平面图 G 平面嵌入之后,把平面划分成的闭区域称为 G 的面,其数目用 $\phi(G)$ 表示,其中有一个无界面,称之为外面.

若 $v \in V(G)$ 是平面图 G 的任一顶点,先把 G 嵌入到球面 S 上,使得含北极点 N 的面上有顶点 v,且 N 不在面的边界上,由球极平面射影得到的 G 的平面嵌入,v 就在外面上. 可见一个平面图的平面嵌入方式不是惟一的,可以选取适当的方式,把任意指定的顶点嵌入在外面上.

定理 3.2(Euler,1736) G 是连通平面图,则有公式

$$\nu - \varepsilon + \phi = 2,$$

其中 $\nu = \nu(G)$ 是 G 的顶数,$\varepsilon = \varepsilon(G)$ 是 G 的边数,$\phi = \phi(G)$ 是 G 的面数.

证 对面数进行数学归纳法证明. $\phi = 1$ 时,只有一个无界面,所以此图 G 无圈. 又 G 是连通图,所以 G 是树,$\varepsilon = \nu - 1$,而 $\phi = 1$,故 $\nu - \varepsilon + \phi = 2$. 假设对于 $\phi \leqslant k(k \geqslant 1)$,定理已成立,考虑 $\phi(G) = k + 1$ 的情形,这时 $\phi \geqslant 2,G$ 中有圈 C,取 C 上一边 e,则 $G' = G - e$ 仍是连通图,且 $\nu(G_1) = \nu(G),\varepsilon(G') = \varepsilon(G) - 1$,又在 G 中被 e 分隔的两个面变成了 G' 中的一个面,$\phi(G) - 1 = \phi(G')$;又 $\phi(G') = k$,由归纳法假设,

$$\nu(G') - \varepsilon(G') + \phi(G') = 2,$$
$$\nu(G) - [\varepsilon(G) - 1] + [\phi(G) - 1] = 2,$$
$$\nu(G) - \varepsilon(G) + \phi(G) = 2,$$

即 Euler 公式对 $\phi(G) = k + 1$ 亦成立,归纳法完成. 证毕.

由定理 3.2 可知平面图的面数不因嵌入方式的改变而改变,因为 $\nu(G)$ 与 $\varepsilon(G)$ 是 G 的不变量.

由 $\nu - \varepsilon + \phi = 2$,得 $\phi - 1 = \varepsilon - \nu + 1 = \varepsilon - (\nu - 1)$,而 $\nu - 1$ 是 G 的生成树的边数,所以平面图上有界面的个数恰为生成树之外的边数,或曰有界面数等于余树边数.

例 3.1 证明:除 $n = 7$ 之外,对每个 $n \geqslant 6$,有 n 棱多面体.

证 多面体 G 是连通平面图,且 $\nu(G) \geqslant 4,\phi(G) \geqslant 4$,由 Euler 公式,$\nu - \varepsilon + \phi = 2,\varepsilon = \nu + \phi - 2 \geqslant 4 + 4 - 2$,即 $\varepsilon(G) \geqslant 6$,四面体恰为 $\varepsilon = 6$ 的多面体.

对于 $k \geqslant 4$,以 k 边形为底的棱锥是 $2k$ 条棱的多面体. 把 $k - 1$ 条边的多边形

为底的棱锥底角处切去一个"小尖儿",可得 $2k+1$ 条棱的多面体,可见存在 n 条棱的多面体 $n \geqslant 8$.

是否有七条棱的多面体?若有,因为每个面上至少三条边,所以 $2\varepsilon(G) \geqslant 3\phi(G)$,$\phi \leqslant \frac{14}{3}$,即 $\phi \leqslant 4$,ϕ 不能小于 4. 故 $\phi = 4$,代入 Euler 公式得

$$2 = \nu - 7 + 4 = \nu - 3, \quad \nu = 5.$$

但 $\phi = 4$ 的多面体是惟一的,它有四个顶,与 $\nu = 5$ 矛盾. 故无七棱多面体. 证毕.

例 3.2 设 G 是连通平面图,且它的每个面皆为一个 $n(n \geqslant 3)$ 阶圈,则

$$\varepsilon(G) = \frac{n[\nu(G) - 2]}{n - 2}.$$

证 由于 G 的每个面皆 n 阶圈,G 的每条边在两个面上,且每个面有 n 条边,于是

$$n\phi = 2\varepsilon, \qquad \phi = \frac{2}{n}\varepsilon.$$

由 Euler 公式 $\nu - \varepsilon + \phi = 2$,得 $\nu - \varepsilon + \frac{2}{n}\varepsilon = 2$,解得

$$\varepsilon = \frac{n(\nu - 2)}{n - 2}.$$

证毕.

3.3 极大平面图

如果 G 是平面图,$F(G) = \{f_1, f_2, \cdots, f_\phi\}$ 是它的面集合,f_i 边界上的边之条数记成 $d(f_i)$,$i = 1, 2, \cdots, \phi$. $d(f_i)$ 称为面 f_i 的次数(度数),$d(f_i)$ 是沿面 f_i 的边界行一周时,历经的边的条数. 所以如果有一条边 e 是 G 的桥时(e 使得 $G - e$ 的连通片比 G 的连通片多一个,则称 e 为桥),e 对它所在的面 f_i 的次数之贡献是 2(数了两遍),见图 3.5,$d(f_1) = 6$.

在图 3.5 中,桥 v_2v_3 数了两遍或称走过两次.

和顶次数与边数的公式

$$\sum_{v \in V(G)} d(v) = 2\varepsilon.$$

相似地,有公式

$$\sum_{i=1}^{\phi} d(f_i) = 2\varepsilon. \qquad (3.1)$$

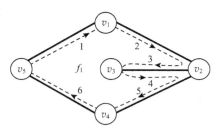

图 3.5

因为每条边对平面图各面的总次数贡献了两次. 由公式(3.1)可以得出下面重要结论：

推论 3.1　若 G 是 $\nu \geqslant 3$ 的连通平面图, 则 $\varepsilon \leqslant 3\nu - 6$.

证　由于 G 是连通平面图, 又 $\nu \geqslant 3$, 显然对每个面 $f \in F(G)$, $d(f) \geqslant 3$, 由公式(3.1)

$$2\varepsilon = \sum_{f \in F(G)} d(f) \geqslant 3\phi,$$

由 Euler 公式 $\nu - \varepsilon + \phi = 2$ 得 $3\nu - 3\varepsilon + 3\phi = 6$, 于是

$$3\nu - 6 = 3\varepsilon - 3\phi \geqslant 3\varepsilon - 2\varepsilon = \varepsilon.$$

证毕.

如果平面图 G 有 ω 个连通片 $G_1, G_2, \cdots, G_\omega$, 由推论 3.1, $\varepsilon(G_i) \leqslant 3\nu(G_i) - 6$, 两边对 i 求 $\sum$ 得

$$\sum_{i=1}^{\omega} \varepsilon(G_i) \leqslant \sum_{i=1}^{\omega} [3\nu(G_i) - 6],$$

$$\varepsilon(G) \leqslant 3 \sum_{i=1}^{\omega} \nu(G_i) - 6\omega = 3\nu - 6\omega,$$

即 $\varepsilon(G) \leqslant 3\nu - 6\omega$.

推论 3.2　平面图 G 的最小顶次数 $\delta \leqslant 5$.

证　不妨设 G 为连通平面图, 由不等式

$$\varepsilon \leqslant 3\nu - 6,$$

得

$$\delta\nu \leqslant \sum_{v \in V(G)} d(v) = 2\varepsilon \leqslant 2(3\nu - 6) \quad (\nu \geqslant 3),$$

$$\delta \leqslant 6 - \frac{12}{\nu}.$$

故 $\delta \leqslant 5$, 对于 $\nu = 1$ 或 2, 显然有 $\delta \leqslant 5$. 证毕.

平面图的边数, 当顶数确定之后, 不会太多. 不然在平面上嵌入不下去. 推论 3.1 与推论 3.2 反映的正是这一事实.

例 3.3　把凸多面体的每一条棱都染成红、黄两色之一, 两边异色的面角称为奇异面角, 某顶点 A 处的奇异面角数称为该顶点的奇异度, 记成 S_A. 求证：总存在两个顶点 B, C, 使得 $S_B + S_C \leqslant 4$.

证　任取一顶 A, 把两边同色的面角皆变成 0° 角, 这时, 在 A 处的棱是红黄交错的. 于是知 S_A 是偶数(同理可证凸多面体每个面上的奇异面角的数目也是偶数, 只需把同色面角变成 180°, 且认为此同色面角是一条棱).

设凸多面体有 ν 个顶点 $A_1, A_2, \cdots, A_\nu$, φ 个面 $f_1, f_2, \cdots, f_\varphi$, ε 条棱, 则

$$\sum_{i=1}^{\varphi} d(f_i) = 2\varepsilon,$$

记 f_i 上的奇异面角数目为 $r(f_i)$，则 $r(f_i) \leqslant 2\left[\dfrac{d(f_i)}{2}\right]$. 又 $d(f_i) \geqslant 3$，故

$$r(f_i) \leqslant 2\left[\frac{d(f_i)}{2}\right] \leqslant 2d(f_i) - 4.$$

所以奇异面角数为

$$\sum_{i=1}^{\nu} S_{A_i} = \sum_{i=1}^{\varphi} r(f_i) \leqslant \sum_{i=1}^{\varphi} (2d(f_i) - 4) = 4\varepsilon - 4\varphi.$$

由 Euler 公式 $\nu - \varepsilon + \varphi = 2, \varepsilon - \varphi = \nu - 2$，故

$$\sum_{i=1}^{\nu} S_{A_i} \leqslant 4\nu - 8.$$

又 S_{A_i} 是偶数，$\{S_{A_i}\}$ 中至少两个不超过 2，即存在两个顶 B 与 C，使得 $S_B + S_C \leqslant 4$. 证毕.

图 3.6 是一个五顶图的平面嵌入，它的每个面皆三角形. 如果再加一条边 $v_2 v_4$，则变成了 $K_5, \varepsilon(K_5) = 10, \nu(K_5) = 5$，

$$3\nu - 6 = 3 \times 5 - 6 = 9 < \varepsilon = 10.$$

由推论 3.1，连通平面图的必要条件是 $\varepsilon \leqslant 3\nu - 6$. 可见 K_5 不是平面图；在此我们看到一个平面图，再添一条边则变成非平面图的现象，对此类现象，我们可以总结出极大平面图的概念.

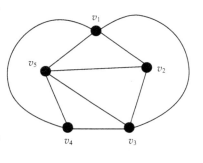

图 3.6

定义 3.2 若 G 是 $\nu \geqslant 3$ 的平面图，当 $u, v \in V(G)$，而 $uv \notin E(G)$ 时，$G + uv$ 不再是平面图，则称 G 是极大平面图.

上面定义中的"极大"二字与"最大"有区别．"最大"是指某个量的值在同类量中已不能再大，而"极大"是指集合包含意义下不能再扩大，即不能在一定范围内原有的基础上再扩大．最大值是惟一的，极大值可以不惟一．这两个词使用时要酌情挑选，不可通用.

定理 3.3 $\nu \geqslant 3$ 的平面图 G 是极大平面图的充分必要条件是 G 的平面嵌入的每个面皆三角形.

证 充分性：若 G' 是 G 的平面嵌入，且 G' 每面皆 3 次，由公式 $\sum\limits_{f \in F(G)} d(f) = 2\varepsilon$. 而今 $d(f) \equiv 3$，故 $3\phi = 2\varepsilon$，代入 Euler 公式 $\nu - \varepsilon + \phi = 2$，得 $3\nu - 3\varepsilon + 3\phi = 6, 3\nu - 3\varepsilon + 2\varepsilon = 6, 3\nu - \varepsilon = 6, \varepsilon = 3\nu - 6$. 推论 3.1 指出，$\nu \geqslant 3$ 的平面图的边数的上界是 $3\nu - 6$，现 G' 的边数已达到上界 $3\nu - 6$，所以 G 是极大平面图.

必要性:G' 是 $\nu \geqslant 3$ 的极大平面图 G 的平面嵌入,往证 G' 的每个面皆三角形. 反证之,若 G' 中有某个面不是三角形,设该面边界为 $v_1 v_2 v_3 \cdots v_k v_1$,$k \geqslant 4$,则在此面内可加上一条对角线,使得 G' 的这个面变成了两个面,得到的仍是一个平面嵌入,与 G 是极大平面图相违. 证毕.

推论 3.3 $\nu \geqslant 3$ 的平面图是极大平面图的充分必要条件是 $\varepsilon = 3\nu - 6$.

定理 3.4 G 是 $\nu \geqslant 4$ 的极大平面图,则 $\delta(G) \geqslant 3$.

证 任取 $v \in V(G)$,由于 G 是平面图,则 $G - v$ 也是平面图. 设 G' 是 G 的平面嵌入,则 v 在 G' 中的位置必在 $G' - v$ 的某个面 f' 的内部. 又 G 是极大平面图,f' 的边界上至少有三个顶点,且这些顶点在 G 中皆与 v 相邻,故在 G 中 $d(v) \geqslant 3$,由 v 的任意性知 $\delta(G) \geqslant 3$. 证毕.

3.4 平面图的充要条件

我们已经证实,K_5 不是平面图,下面证明 $K_{3,3}$ 也不是平面图.

事实上,若 $K_{3,3}$ 是平面图,由于二分图无奇圈,则 $K_{3,3}$ 的平面嵌入每个面的次数至少 4 次. 于是 $2\varepsilon \geqslant 4\phi$,又 $2\varepsilon = 2 \times 9 = 18$,即 $4\phi \leqslant 18$,$\phi \leqslant 4$,把 $\varepsilon = 9$,$\nu = 6$,$\phi \leqslant 4$ 代入 Euler 公式

$$\nu - \varepsilon + \phi = 2$$

得

$$6 - 9 + 4 \geqslant 2, \qquad 1 \geqslant 2.$$

矛盾. 证毕.

由于 K_5 与 $K_{3,3}$ 都不是平面图,把 K_5 与 $K_{3,3}$ 的一些边的内点处添加一些新顶得到的图分别称为 K_5 与 $K_{3,3}$ 的同胚图. 显然 K_5 与 $K_{3,3}$ 的同胚图也是非平面图.

定理 3.5(Kuratowsky,1930) G 是平面图当且仅当 G 中不含与 K_5 和 $K_{3,3}$ 同胚的子图.

定理 3.5 的证明偏长,此处从略. 欲深究的读者,可参考王树禾著《图论及其算法》(中国科学技术大学出版社,1990)第五章.

G 的初等收缩是指若 u,v 是 G 中的邻顶,删去 u 与 v,再添加一个新顶 w,使得 w 与 u 和 v 的每个邻顶相邻. 形象地说,就是把 uv 边的长度收缩成零. 例如单星妖怪(Petersen 图)可以收缩成 K_5.

Kuratowsky 定理可以改写成:G 为平面图的充要条件是 G 中无可收缩成 K_5 或 $K_{3,3}$ 的子图.

单星妖怪不是平面图,双星妖怪也不是平面图. 图 3.7 中 5 个形如 $\{v_1, v_2, v_3,$

v_4, v_5, v_6}的顶子集导出的子图经收缩可以变成 5 个顶 w_1, w_2, w_3, w_4, w_5. 于是出现了以 w_1, w_2, w_3, w_4, w_5 为顶的一个 K_5,它是双星妖怪收缩产生的子图,所以双星妖怪不是平面图.

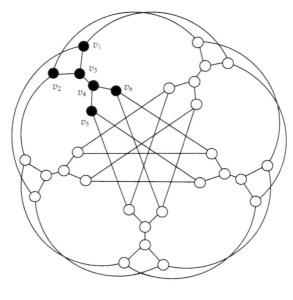

图 3.7

K_5 与 $K_{3,3}$ 不是平面图,它们或它们的同胚图是引起图不能嵌入平面的两种"疙瘩".

如果一个图不是平面图,我们可以把它的边嵌入几个平面,使每个平面上的边不交叉,即把图 G 的边集划分成 $E(G) = \bigcup_{i=1}^{n} E_i$, $E_i \bigcap E_j = \varnothing$, $i \neq j$,且每个边导出子图 $G[E_i]$ ($i = 1, 2, \cdots, n$) 皆平面图. n 的最小值称为图 G 的厚度.

平面图的厚度是 1,非平面图,其厚度最小为 2. 例如单星小妖(Petersen 图)的厚度是 2. 事实上,Petersen 图是非平面图,所以它的厚度至少为 2;在图 3.8 中,实线的边导出的子图是一个平面子图 G_1,虚线边导出的图 G_2 也是平面图. 可见单星妖怪的厚度是 2.

对于一般图,厚度如何求得是一个尚未解决的问题,至今既未给出计算厚度的公式,亦未建立有效算法. 对厚度下界的估计,有下面定理.

定理 3.6 若 $\theta(G)$ 代表图 G 的厚度,则有以下估计式

(i) $\theta(G) \geqslant \left\{\dfrac{\varepsilon}{3\nu - 6}\right\}$, $\nu > 2$, $\{x\}$ 是 x 的整数部分加 1.

(ii) 连通图 G 中无三阶圈,则 $\theta(G) \geqslant \left\{\dfrac{\varepsilon}{2\nu - 4}\right\}$, $\nu > 2$.

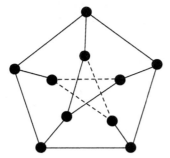

图 3.8

(iii) $\theta(K_\nu) \geqslant \left[\dfrac{\nu+7}{6}\right]$，$\nu \geqslant 3$. $[x]$ 是 x 的整数部分.

证 由推论 3.1，当 $\nu \geqslant 3$ 时

$$0 < \frac{\varepsilon}{3\nu-6} \leqslant 1, \qquad \varepsilon > 0.$$

所以

$$\theta(G) = \left\{\frac{\varepsilon}{3\nu-6}\right\}.$$

(ii) 对于无 3 阶圈的连通平面图 G，$\nu \geqslant 3$ 时，它的平面嵌入每个面的次数至少是 4，由 $\displaystyle\sum_{f \in F(G)} d(f) = 2\varepsilon$，于是 $4\phi \leqslant 2\varepsilon$，$\phi \leqslant \dfrac{\varepsilon}{2}$，由 Euler 公式 $\nu - \varepsilon + \phi = 2$ 得

$$2 = \phi + \nu - \varepsilon \leqslant \frac{\varepsilon}{2} + \nu - \varepsilon = \nu - \frac{\varepsilon}{2},$$

$$\varepsilon \leqslant 2\nu - 4,$$

$$0 < \frac{\varepsilon}{2\nu-4} \leqslant 1, \qquad \nu > 2.$$

所以

$$\theta(G) \geqslant \left\{\frac{\varepsilon}{2\nu-4}\right\}, \qquad \nu > 2.$$

(iii) 由于 $\theta(G) \geqslant \left\{\dfrac{\varepsilon}{3\nu-6}\right\}$，$\nu > 2$，所以对于 $G = K_\nu$ 有

$$\theta(K_\nu) \geqslant \left\{\frac{\frac{1}{2}\nu(\nu-1)}{3\nu-6}\right\}.$$

而当 $\nu \geqslant 3$ 时，$1 - \dfrac{1}{3\nu-6} \in (0,1)$，所以

$$\theta(K_\nu) \geqslant \left[\frac{\frac{1}{2}\nu(\nu-1)}{3\nu-6} + (1 - \frac{1}{3\nu-6})\right]$$

$$= \left[\frac{\nu^2 + 5\nu - 14}{6(\nu-2)}\right] = \left[\frac{\nu+7}{6}\right].$$

证毕.

*3.5 平面嵌入的灌木生长算法

我们难以建立判定一个图 G 中有无 K_5 与 $K_{3,3}$ 的同胚子图的有效算法,所以尽管 Koratowsky 定理给出了平面图的充分必要条件,仍然不能把这一定理用于图的平面性判别.1966 年,Lempel,Even 和 Cederbaum 给出一个所谓"灌木生长算法",算法经有限步骤终止时,实现了平面嵌入者则为平面图,否则为非平面图,此法一箭双雕,是平面图者,可以实现直线段平面嵌入,还可以判定图是否为平面图.

对于图 G,若 $v \in V(G)$,$G v$ 连通片的个数比 G 的连通片个数多,则称 v 是 G 的割顶,无割顶的连通图叫做块.G 中成块的极大子图叫做 G 的块.

一个图 G 是平面图的充要条件是 G 的每个块皆平面图,所以下面我们讨论的图 G 不妨假设是块.

定义 3.3 若图 G 是块,边 $e = st \in E(G)$,存在映射 g,

$$g : V(G) \to \{1, 2, 3, \cdots, \nu\},$$

其中 $\nu = |V(G)|$,且使得

(i) $g(s) = 1$;

(ii) $g(t) = \nu$;

(iii) $v \in V(G) - \{s, t\}$,则存在 v 的两个邻顶 u, w,成立 $g(u) < g(v) < g(w)$,则称映射 g 为图 G 的 st 编码.

对于任意的块 G,如何进行其 st 编码?为此首先建立一个所谓寻路算法,其代号为 PFA(path finding algorithm).

PFA 算法:

(0) 对 G 执行 DFS,且取 $k(t) = 1, k(s) = 2$,(s 是 t 的儿子,t 是 DFS 的出发点),把 s, t 及边 ts 标成"老的",其余的边和顶皆标成"新的".

(1) 若 $v \in V(G)$,存在新的返回边 $e = vw(k(w) \leqslant k(v))$,则标 e 为老的,得路 vw,止.

(2) 若存在新的父子边 $e = vw(k(w) > k(v))$,从 e 开始,追踪定义 $l(w)$ 的路(沿父子边前进,通过一条返回边在一顶 u 处结束,其中 $k(u) = l(w)$). 把此路上的一切顶与边标成老的,止.

(3) 若存在新的返回边 $e = wv(k(w) > k(v))$,则从 e 及父子边逆行直至一个老顶,此路上的一切顶与边标以老的,止.

(4) 一切与 v 关联的边皆老的,产生空路,止.

PFA 算法的时间复杂度为 $O(|E(G)|)$.

引理 3.1 PFA 算法总是从老顶开始,$v \neq t$,则老顶之祖先也是老的.

证　事实上,若 $v=s,s$ 之祖先是 t,t 是老的,上述命题成立;假设已进行了 p 次寻路,每次皆从老顶出发,且老顶之祖先皆老顶. 考虑 $p+1$ 次寻路之后,从寻路的四个步骤可以看出,其中任何一个步骤执行时,命题结论仍成立,由归纳法原理,引理 3.1 成立.证毕.

引理 3.2　G 是块,从老顶 v 出发($v\neq t$)寻路,则每次产生一个过新边新顶的路,此路止于另一个老顶,或是与 v 关联的一切边皆为老的,产生空路.

证　只欠考查寻路算法中的(2). 由于 G 是块,v 不是割顶,则 $l(w)<k(v)$. 故(2)之终止点 u 是 v 的祖先. 由于 v 是老的,由引理 3.1,所以 u 也是老的. 证毕.

st 编码算法:

(1) $i\leftarrow 1,s,t\in S,s$ 在 t 之上方.

(2) 若 v 在 S 之顶部,把 v 从 S 中移出;若 $v=t$, $g(t)\leftarrow i$,止.

(3) 若 $v\neq t$,对 v 执行 PFA 算法,若从 v 开始寻到的是空路,则 $g(v)\leftarrow i$,$i\leftarrow i+1$,转(2).

(4) 若得的路非空,设它是 $vu_1u_2\cdots u_lw$,按 $u_l,u_{l-1},\cdots,u_2,u_1,v$ 的顺序把它们放入 S,转(2).

st 编码算法的时间复杂度是 $O(|E(G)|)$.

下面证明 st 编码算法给出一个 st 编码.

事实上,从 st 编码算法看出,下面三个命题成立:

(i) 没有任何顶同时出现在 S 的两个或更多的位置上.

(ii) 若 v 出现在 S 中,S 中在 v 下方的顶直到 v 得到编码前是不会得到编码的.

(iii) 仅当与 v 关联的边皆"老的"时,此顶才从 S 中移出,不再进入 S.

我们来证 t 移出 S 前,每个顶都会放入 S. 事实上,开始时 t 与 s 已在 S 中,只需考虑 $v\neq s,v\neq t$;由于 G 是块,则从 s 到 v 有一条不过 t 的轨. 设此轨为 $su_2u_3\cdots u_{l-1}v$,这里 $s=u_1,v=u_l$,设 u_m 是未放入 S 的第一个顶. 因 u_{m-1} 放入了 S,由(ii),t 只能在 u_{m-1} 之后移出;由(iii),u_{m-1} 被移出,只能在与之关联的一切边皆老之后,所以 u_m 必于 t 被移出前放入 S.

现证明算法得到了 st 编码:

因为每顶放入 S 后,终于会被移出,所以每顶皆获得一个编码 $g(v)$,且 $g(s)=1$. 因 s 是第一个被移出者,以后的赋值是递增的,故 $g(t)=\nu$. 其他顶第一次放入 S 时,是作为一路之内顶,故在 S 中. 此顶下方还有一个在 G 中相邻的顶,上方也有一顶是此顶在 G 中的邻顶. 由(ii),此顶上方的那个顶的编号小,此顶下方的那个顶的编号大,故 g 是一个 st 编码.证毕.

设 G 是块,已被 st 编码,以下用每顶的 st 编码来称呼该顶,$V(G)=\{1,$

$2,\cdots,\nu$}. 我们把 G 定向成有向图, 使得每条有向边尾小头大. 于是

(1) $d^-(1)=0$, 1 是惟一的"源", 只出不入.

(2) $d^+(\nu)=0$, ν 是惟一的"汇", 只入不出.

(3) $v\in\{2,3,\cdots,\nu-1\}$, 则 $d^+(v)$ 与 $d^-(v)$ 皆非零, 有进有出.

记 G' 是块状平面图 G 之平面嵌入, $G_k=G[\{1,2,\cdots,k\}]$, 即 G_k 是由顶子集 $\{1,2,\cdots,k\}$ 导出的子图.

引理 3.3 设 G'_k 是含于 G' 中的 G_k 之平面嵌入, 则 $G'-V(G'_k)$ 的一切顶与边皆嵌在 G'_k 的一个面内部, 其中 $k<\nu$.

证 由于 $G'-V(G'_k)$ 的顶集不空, 而 $V(G'-V(G'_k))\bigcap V(G'_k)=\varnothing$, 所以存在 G'_k 的一个面 f, f 内部含 $G'-V(G'_k)$ 的顶. 又因 f 的边界上的顶皆小于 f 内部的顶(f 内之顶是 $V(G'-V(G'_k))$ 中的, 都比 k 大), 于是 f 内最大的顶必为汇. 不然, 有一边以它为尾, 此边之头比尾更大, 此头不在 f 内, 必在 f 的边界上, 而 f 上的顶属于 G'_k, 都不大于 k, 矛盾. 又 G 只有一个汇, 所以 f 内部含有 $G'-V(G'_k)$ 的一切顶与边. 不然, 在 G'_k 的另一个面 f' 内仍有 $G'-V(G'_k)$ 的顶, 于是同理得知 f' 内亦有汇, 与汇的惟一性矛盾. 证毕.

由引理 3.3 可知, 我们可以把 $G'-V(G'_k)$ 的边与顶嵌在 G'_k 的外面内.

平面嵌入的"灌木生长法"思路如下:

把 G_k 的顶按 st 号码放在从第一层到第 ν 层的水平线上, 画上边, 实现 G_k 的平面嵌入 G'_k, 再从 G'_k 的顶出发不交叉地画出进入 $V(G)-V(G_k)$ 的一切边, 这些边的头画在最高层水平线上, 其中两条边有同一个头时, 也画成两个头, 再把这些头标志以在 G 中的 st 编码. 这样可能有几个在最高层的顶有相同的号码, 它们在 G 中本来是一个顶, 我们称最高层顶为虚拟顶, 以它们为头的边称为虚拟边. 这样得到的一个嵌入图形叫做灌木 B_k.

例如, 图 3.9 中的图 G, 顶旁标的是 st 编码. 考虑 G_3, 它是由 $\{1,2,3\}$ 导出的子图, 是一个三角形, 可平面嵌入成 G'_3. 见图 3.10, 进入 $V(G)-V(G_3)$ 的边有 16, 14, 24, 25, 35, 36. 图 3.10 画的是关于图 3.9 的灌木 B_3.

若 B_k 的 $k+1$ 号虚拟顶贯连地出现在第 ν 层, 我们把这些 $k+1$ 号虚拟顶重合成一个顶, 保持其关联边不交叉, 且把此顶从第 ν 层降到第 $k+1$ 层; 进而把从 $k+1$ 号顶出发的虚拟边与虚拟顶画好, 得灌木 B_{k+1}. 这一过程若可继续进行, 则可得灌木 B_ν, 从而完成 G 的平面嵌入. 例如图 3.9 中的图 G, B_4 见图 3.11. B_5 见图 3.12. $B_6=G'$ 见图 3.13. B_6 就是图3.9 中图 G 的平面嵌入.

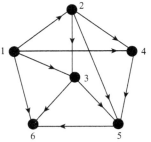

图 3.9

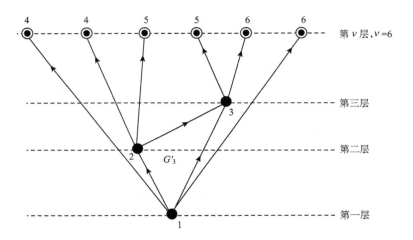

图 3.10

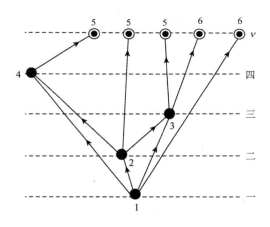

图 3.11　B_4

我们看到,我们完成了一个直线段边的平面嵌入.

还剩一个问题是怎么解决第 ν 层上同一号码不连贯出现的情形.

为了讨论这个剩下的问题,我们引入图的"元件"概念.

在图 $G-v$ 中 $(v \in V(G))$,若 G_i 是 $G-v$ 的一个连通片,则称 $G[V(G_i) \bigcup \{v\}]$ 为 G 的关于 v 的一个元件.

引理 3.4 设 v 是 B_k 的一个割顶,$v > 1$,则恰有一个关于 v 的元件,其上含比 v 小的顶.

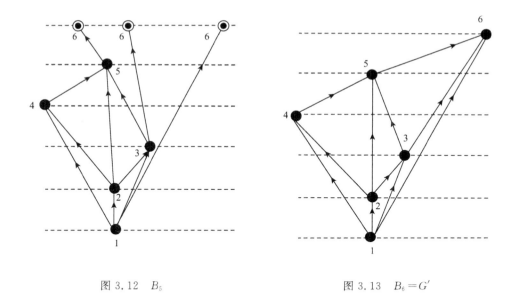

图 3.12 B_5 图 3.13 $B_6=G'$

证 由 st 编码，$\forall u\in V(B_k)$，$1\leqslant u<v$，不妨设 $u>1$，存在 $u_1<u$，$u_1u\in E(B_k)$；存在 $u_2<u_1$，$u_2u_1\in E(B_k)$，…. 于是找到了一条从 1 到 u 但不超过 v 的道路，即一切比 v 小的顶在 B_k-v 的同一个连通片上. 于是 $v>1$ 时，恰有一个元件含比 v 小的顶. 证毕.

引理 3.4 指出，若 v 是 B_k 的割顶，除去含 1 的那个关于 v 的元件，在关于 v 的其他元件中，v 都是最小的顶；而这些以 v 为最小顶的每个元件又是以 v 为根的子灌木，每个子灌木可以以 v 为根翻转 $180°$（根在下方）或者把同根的子灌木的位置进行置换，以便 $k+1$ 号虚拟顶在最高层连贯出现. 例如图 3.14 中画的是 B_7，我们可以把 1 与 8 导出的元件和 1 与 9 导出的元件置换，再把 1，4，5，8，9 导出的元件翻转，再置换到最右侧，则在最高层出现 9，9，9，8，8，8，9，于是 8 连贯地在最高层出现，可以重合成一个 8 号顶.

引理 3.5 设 H 是 B_k 的块，$\{y_1,y_2,\cdots,y_m\}\subseteq V(H)$，$y_1,y_2,\cdots,y_m$ 又是 $B_k-E(H)$ 的边之端点，则所有的 $y_1,y_2,\cdots,y_m$ 在 B_k 的每一种平面嵌入形成的灌木 B'_k 中都在 H 的平面嵌入 H' 的外面边界上，且顺序相同（可以是顺时针也可以是逆时针排列）.

证 设在 B'_k 中 H 的平面嵌入为 H'，则 $y_1,y_2,\cdots,y_m$ 是 $B'_k-E(H')$ 的边之端点. 所以 $y_1,y_2,\cdots,y_m$ 在 H' 的外面边界上.

设 B'_k 与 B''_k 是 G 的两个不同方式画出的灌木，H 是其中的块，H 的平面嵌入分别为 H' 与 H''. 若 $y_i，y_j$ 在 H' 的外边界上相邻，但在 H'' 的外边界上不相邻，

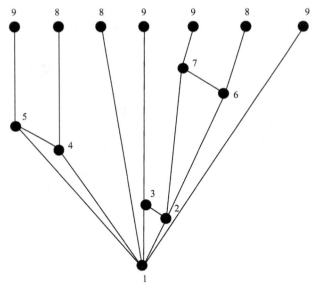

图 3.14

则 H'' 的外边界上存在另两个顶 y_k 与 y_l，它们隔离了 y_i 与 y_j. 在 H' 中有两条轨 $P_1(y_i, y_j)$ 与 $P_2(y_k, y_l)$，它们无公共顶点，但在 H'' 中这样的两条轨不存在，矛盾. 所以 B_k 不同的画法不影响 $y_1, y_2, \cdots, y_m$ 在 H 的嵌入中在外边界上的相邻关系. 证毕.

引理 3.6 设 B'_k 与 B''_k 是 G_k 的两个灌木，则存在有限次的 B'_k 的元件的翻转与置换，使得 B'_k 变成 B'''_k，且 B'''_k 与 B''_k 中虚拟顶出现的次序一致.

证 若 B'_k 与 B''_k 只有两个顶，引理 3.6 显然成立. 假设对于顶数不超过 $l-1$ 的灌木 B'_k 与 B''_k 引理 3.6 已成立，考虑顶数为 l 的两个灌木 B'_k 与 B''_k，设 $v=1$ 是它们的根.

（i）若 v 是 B'_k 与 B''_k 的割顶，我们把关于 v 的元件（子灌木）排列得顺序一致，由归纳法假设，B'_k 中的每个以 v 为根的子灌木可以通过有限次元件的翻转与置换而使其虚拟顶的排列与 B''_k 中相应的子灌木一致，从而定理成立.

（ii）若 v 不是 B'_k 与 B''_k 的割顶，设 H 是含 v 的块，在 B'_k 与 B''_k 中，H 的嵌入分别是 H' 与 H''；设 $\{y_1, y_2, \cdots, y_m\}$ 是 H 顶集的子集，且 $y_1, y_2, \cdots, y_m$ 皆为 $E(B_k)-E(H')$ 中边之端点. 由引理 3.5，$y_1, y_2, \cdots, y_m$ 都出现在 H' 与 H'' 的外面边界上；若绕行顺序相反，则可把 B'_k 翻转而使 $y_1, y_2, \cdots, y_m$ 按同一绕行方向在 H' 与 H'' 的外边界上顺序一致. 由引理 3.4，每个 $y_i(i=1,2,\cdots,m)$ 皆为某个子灌木的根，且这些子灌木在 B'_k 与 B''_k 中的出现次序，由引理 3.5 可以经置换变

得一致. 又由归纳法假设,每个上述子灌木可经有限次翻转与置换,使相应的子灌木上虚拟顶出现的次序一致,进而 B'_k 与 B''_k 的虚拟顶出现的次序一致. 证毕.

　　由上述引理和 st 码的性质易知,我们能得到一个灌木 B_k,使其 $k+1$ 号虚拟顶在最高层连贯地出现. 依此最后可得 G 的平面嵌入 G'. 而且我们得到的是边呈直线段的平面嵌入.

　　平面图在工程技术上的广泛应用和在拓扑图论中的理论意义,加之 4CC 也产自平面图,使它成了图论中十分活跃的课题;从图论的历史上看,正是 Kuratowsky 定理的建立和证明打破了图论发展的沉闷局面,该定理是图论振兴的转折点.

　　本章介绍的 Euler 多面体(平面图)公式是数学史上最漂亮、最有用的公式之一. 而通过灌木生长逐次地完成平面图的直线段平面嵌入技术则是现代图论算法中十分直观、十分精彩的算法之一,而与之配套的 BFS 与 DFS 则是图论中最具基础性质的算法. 它的"走一步是一步,得进且进,行不通时再后退"的摸索精神是图论许多算法的设计乃至做科学研究可以借鉴的思想.

习　　题

　　1. 证明 K_5 与 $K_{3,3}$ 删去一条边皆是平面图.

　　2. 把 K_7 嵌入环面可能吗? 若能,试画其示意图.

　　3. 试写出五面体的顶数、边数和棱数.

　　4. 证明:一个图是平面图当且仅当它的每个块皆平面图.

　　5. 称 G^* 是平面图 G 的对偶图,G^* 如下构作:G 的平面嵌入 G' 的面集 F 是 G^* 的顶集,仅当 G' 中两个面有公共边时,在 G^* 中相应的两顶相邻,若 e 是 G' 的桥,即 $G'-e$ 不连通;则在 G^* 上画一个环,此环与 e 所在的面对应的 G^* 之顶相关联. 若平面图 G 与其对偶图同构,则称 G 为自对偶图,证明:

　　(1) 若 G 为自对偶图,则 $\varepsilon(G)=2\nu(G)-2$.

　　(2) 对于 $\forall n\in\mathbf{N}, n\geqslant4$,构作一个 n 项自对偶图.

　　6. 若 G 是极大平面图,则 G 的对偶图 G^* 有下列性质:每顶皆三次(三次正则图),且至少删除两条边才能使 G^* 不连通.

　　7. 若 G 的顶数不少于 11 个,则 G^c 不是平面图.

　　8. $S=\{x_1, x_2, \cdots, x_n\}$ 是平面上的点组成的集合,$n\geqslant3$,S 中任二点距离至少为 1,则距离恰为 1 的顶对在 S 中最多 $3n-6$ 对.

　　9. 画出正十二面体与正六面体的对偶图.

　　10. 画出正四面体、正八面体与正二十面体的对偶图.

　　11. 设 ω 是平面图 G 的连通片个数,则

$$\nu(G)-\varepsilon(G)+\phi(G)=\omega+1.$$

　　12. 试证正多面体只有五种,且算出它们的顶数、棱数和面数.

13. 若多面体两个面的公共棱至多一个,证明它至少有两个面边数相同.

14. 地图上每两个地区都相邻,问最多是几个地区?

15. 证明图 3.15 不是平面图.

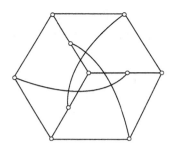

图 3.15

16. 证明在 $\nu \geqslant 7$ 的连通平面图上可选取不超过 5 个顶,把它们删除后得到的图不连通.

17. 用灌木生长算法验证 K_5 不是平面图.

18. 用灌木生长算法把图 3.16 进行直边平面嵌入.

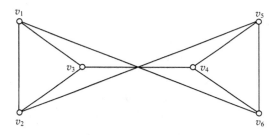

图 3.16

第四章 匹配理论及其应用

4.1 匹配与许配

  m 家高科技公司到科技大学的研究生院招聘经理,每家公司只招收一名,只要是该校研究院毕业生他们都满意.但毕业生们每人心目中有自己可以接受的公司的一个清单,不是任何公司他们都会应聘的.设有 n 名毕业研究生,问是否每位毕业研究生都可能得到他可以接受的工作岗位? 如果不可能(这种情况有,例如 $m < n$ 或有三名毕业生,他们可以接受的公司的清单是一样的,都只有两个公司,等等),最多可能有多少位毕业生满意?

  从诸如上述实际问题当中我们抽象出下列概念.

  定义 4.1 M 是图 G 的边子集,且 M 中任二边在 G 中不相邻,则称 M 是 G 中的一个匹配或称对儿集;M 中的每条边的两个端点称为在 M 中相配;M 中每边的端点称为被 M 许配;G 中每个顶点皆被 M 许配时,称 M 为 G 的一个完备匹配;G 中边数最多的匹配称为 G 的最大匹配.

  例如 $K_{3,3}$ 中有完备匹配,且不止一个.例如粗实线边组成一个完备匹配 M_1,虚线边组成另一完备匹配 M_2,细实线边组成第三组完备匹配 M_3,且 $M_1 \cap M_2 = M_2 \cap M_3 = M_3 \cap M_1 = \varnothing$,见图 4.1.而在 K_5 中每个最大匹配只含两条边,无完备匹配.

  数学史上一个著名的问题是 Bernoulli-Euler 错插信笺问题:

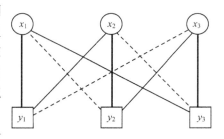

图 4.1

  给 n 位同学各写好一封信的信笺,又写好了给这 n 位同学的信封,问有多少种可能把信笺都插错了信封?

  如果用 $b(n)$ 表示所求的答数,则显然 $b(1) = 0, b(2) = 1$,见图 4.2(x_1 信笺插入 y_1 信封内,x_2 信笺插入 y_2 信封内才是没有插错).$b(3) = 2$,见图 4.3(给第 i 位同学的信笺是 x_i,正确信封是 y_i)第一种可能用粗实线表示,第二种可能用细实线表示.插错信笺的每种可能对应着图 G 的一种完备匹配,图 G 是把 $K_{n,n}$ 中把边子集 $\{x_i y_i \mid i = 1, 2, \cdots, n\}$ 删除后所得的图.图 4.4 表示 G,我们只画了 $K_{n,n}$ 中被删除的边(用虚线),每顶处关联的 $n-1$ 条边没有画出,G 是 $n-1$ 次正则的二分图.

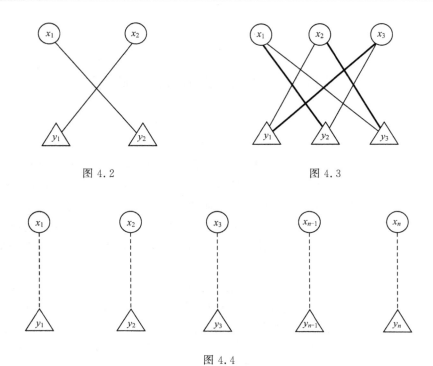

图 4.2   图 4.3

图 4.4

如果信笺 x_1 错插入 y_2 信封，则 $b(n)=e(n-1)$，其中 $e(n-1)$ 是 $G-x_1-y_2$ 中完备匹配的个数；在 $G-x_1-y_2$ 中，若 x_2 与 y_1 相配，则其完备匹配的个数为 $b(n-2)$，若 x_2 不与 y_1 相配，则其完备匹配的个数为 $b(n-1)$，所以 $e(n-1)=b(n-1)+b(n-2)$，即如果信笺 x_1 错插入 y_2 信封时，

(i) x_2 错插入 y_1，则可能的 G 中完备匹配之个数为 $b(n-2)$.

(ii) x_2 不错插入 y_1，则可能的 G 中完备匹配的个数为 $b(n-1)$.

所以 x_1 错插入 y_2 时，G 中共计有 $b(n-1)+b(n-2)$ 种不同的完备匹配，而 x_1 错插的可能有 $n-1$ 种，即 $x_1y_2,x_1y_3,\cdots,x_1y_n$ 分别是错插相应的边. 所以 Bernoulli-Euler 错插信笺问题之解 $b(n)$ 满足线性递推方程的初值问题

$$\begin{cases} b(n) = (n-1)[b(n-1)+b(n-2)], & n \geqslant 3, & (1) \\ b(1) = 0, & & (2) \\ b(2) = 1. & & (3) \end{cases}$$

由此可推出：

$$b(3) = (3-1)[b(2)+b(1)] = 2 \times [1+0] = 2,$$

$$b(4) = (4-1)[b(3)+b(2)] = 3 \times [2+1] = 9,$$

$$b(5) = (5-1)[b(4)+b(3)] = 4 \times [9+2] = 44,$$

$$b(6) = (6-1)[b(5)+b(4)] = 5 \times [44+9] = 265,$$

$$b(7) = (7-1)[b(6)+b(5)] = 6 \times [265+44] = 1854,$$

$$b(8) = (8-1)[b(7)+b(6)] = 7 \times [1854+265] = 14833,$$

$$b(9) = (9-1)[b(8)+b(7)] = 8 \times [14833+1854] = 133496,$$

$$b(10) = (10-1)[b(9)+b(8)] = 9 \times [133496+14833] = 1334961,$$

……

10 封信发生每信皆错的可能性竟有 100 多万种,正确的方式只有一种可能,错误的方式几乎不可胜数!

一个图 G 中的匹配若不是最大的,有可能把它改造成更大的(边更多的)匹配. 例如图 4.5 中的匹配 $M = \{v_2 v_3\}$,考虑轨道 $v_1 v_2 v_3 v_4$,这条轨上的边在 M 外与 M 内交替出现,且起止顶 v_1 与 v_4 皆未被 M 许配. 如果把此轨上的 $v_1 v_2$ 与 $v_3 v_4$ 放入 M,而把原来在 M 中的 $v_2 v_3$ 从 M 中删除,则 M 被改造成比原来多一条边的更大的匹配 M'. 于是我们产生了下面的定义.

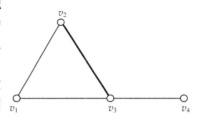

图 4.5

定义 4.2 设 M 是图 G 中的一个匹配,G 中的一条轨 $P(u,v)$ 上,u 与 v 未被 M 许配,但 $P(u,v)$ 上的边交替地不在 M 中出现与在 M 中出现,则称 $P(u,v)$ 为 M 的可增广轨.

从图 4.5 我们已经看到,如果找到一条可增广轨,则可以把原匹配改造成多一条边的较大匹配,如此继续逐次寻找可增广轨,可以指望把一个初始匹配改造成最大匹配.

4.2 匹 配 定 理

本节介绍 Berge,Hall,Kønig 和 Tutte 关于匹配理论的四个基本定理. 需要用到符号 $A \ominus B$,定义 $A \ominus B = (A \cup B) - (A \cap B)$,其中 A 与 B 是集合,称 $A \ominus B$ 为 A 与 B 的对称差,因为 $A \ominus B = B \ominus A$,有对称性;有时把 $A \ominus B$ 写成 $A \oplus B$.

定理 4.1(Berge,1957) M 是图 G 中的一个最大匹配当且仅当 G 中无 M 的可增广轨.

证 若 G 中无 M 的可增广轨,但 M 不是 G 的最大匹配,即 G 中有另一匹配 M',M' 的边数比 M 的边数多,考虑 G 的子图

$$G' = G[M \ominus M'].$$

由于 M 与 M' 是匹配，M 中的边两两无公共端点，M' 亦然，所以 G' 中顶的次数不是 1 就是 2. 于是 G' 的连通片必为其边在 M 与 M' 中交替出现的圈，不然就是边在 M 与 M' 中交替出现的轨；又 M' 与 M 的边数不同，$|M'| > |M|$，由 $\ominus$ 的定义，G' 中来自 M' 的边比来自 M 的边多. 于是 G' 的某个连通片必为以 M' 中的边为起止边的轨 $P(u,v)$，$P(u,v)$ 是 M 的可增广轨，与假设 G 中无 M 可增广轨矛盾，至此证得 M 是 G 的最大匹配.

反之，若 M 是 G 的最大匹配，显然 G 中无 M 可增广轨，不然 M 还可改造成边数更多的匹配，与 M 是最大匹配相违. 证毕.

定理 4.2（Hall，1935）　设 G 是二分图，顶集的二分图划分为 X 与 Y，即 $V(G)=X \bigcup Y, X \bigcap Y=\varnothing$，$X$ 中无邻顶对，Y 中亦然；存在把 X 中顶皆许配的匹配的充要条件是 $\forall S \subseteq X, |N(S)| \geqslant |S|$，其中 $N(S)$ 是 S 中每个顶的邻顶组成的所谓 S 的邻集.

证　若 $\forall S \subseteq X$，皆有 $|N(S)| \geqslant |S|$，但 G 中无把 X 中顶皆许配的匹配，见图 4.6. 设 M' 是 G 的一个最大匹配，当然 M' 也不能把 X 中顶皆许配，设 v 是一个未被 M' 许配的 X 中顶，令 A 是被 M' 的交错轨与 v 连通的集合. 由定理 4.1，v 是 A 中惟一的未被 M' 许配的顶，不然 M' 中有可增广轨，与 M' 是最大匹配相违. 令

$$S = A \bigcap X,$$

于是 $N(S)=A \bigcap Y$，且 $|N(S)| = |S|-1$，与假设 $\forall S \subseteq X$，皆有 $|N(S)| \geqslant |S|$ 相违，至此证出充分性.

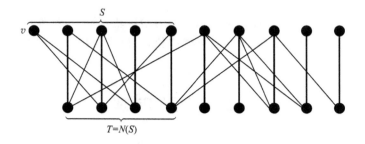

图 4.6

必要性的证明：设有把 X 中顶皆许配的匹配，$\forall S \subseteq X$，则 S 的顶亦皆被许配，与 S 中顶相配的顶的个数是 $|S|$，又与 S 中顶相配的顶皆在 S 的邻集中，故 $|N(S)| \geqslant |S|$. 证毕.

定理 4.2 就是图论中著名的 Hall 婚配定理.

1935 年，有人向 Hall 提出如下问题：城中每位小伙子都结识 k 位姑娘，每位

姑娘都结识 k 位小伙子,$k \geqslant 1$. 问这些未婚青年是否皆可与自己的意中人结婚?

Hall 把上述问题化成下面的图论模型:令小伙子集合为 X,姑娘集合为 Y,仅当甲小伙子与乙姑娘结识时,在甲与乙两顶间连一边,构成一个 k 次正则二分图,k 次($k \geqslant 1$)正则 2 分图中存在完备匹配吗?

Hall 由定理 4.2 推导出下面推论,从而肯定地回答了上述"与意中人结婚"的问题.

推论 4.1 k 次正则 2 分图有完备匹配,$k > 0$.

证 设 X 与 Y 是 k 次正则 2 分图 G 的顶划分,X 中无邻顶对,Y 中亦然,则

$$\varepsilon(G) = k \mid X \mid = k \mid Y \mid, \qquad k > 0.$$

从而 $\mid X \mid = \mid Y \mid$. $\forall S \subseteq X$,$S \neq \varnothing$,显然 $k \mid S \mid \leqslant k \mid N(S) \mid$. 因为与 S 中的顶关联的每条边有一个端点在 $N(S)$ 中,于是得 $\mid S \mid \leqslant \mid N(S) \mid$;由定理 4.2 知 G 中有把 X 中顶皆许配的匹配,又 $\mid X \mid = \mid Y \mid$,所以 G 中有完备匹配. 证毕.

例 4.1 动物运动会进行龟兔 $100\text{m} \times 2$ 赛跑,每只乌龟认识 10 只兔子,每只兔子认识 10 只乌龟. 龟兔们都要求和自己的朋友(相识者)组队(每队一龟一兔)参赛,问是否能如愿?若能如愿,这种比赛能进行几轮,使得每轮比赛每只龟兔都去参赛,且每对龟兔至多只许参赛一次.

解 以兔组成 X 集,龟组成 Y 集. 仅当龟兔相识时,在相应的顶间连一条边,构成一个 10 次正则二分图. 由推论 4.1,G 中有完备匹配 M_1,按 M_1 的匹配方式组队进行第一轮比赛. 把 M_1 的边从 G 中删除,得 9 次正则图 G_1,同理可组织第二轮比赛. 依此类推,可组织 10 轮比赛,每对龟兔朋友都合作过恰一次.

1931 年,Kønig 发现二分图中的最大匹配中边的条数与图的另一个图常数关系密切,这个图常数就是所谓覆盖数.

定义 4.3 设 $B \subset V(G)$,G 的每条边皆与 B 中的顶相关联,则称 B 是 G 的一个覆盖集;若 B 是 G 的一个覆盖集,但 $\forall v \in B$,$B - \{v\}$ 不再是 G 的覆盖集,则称 B 是 G 的极小覆盖;若 B 是 G 的顶数最小的覆盖集,则称 B 为 G 的最小覆盖,最小覆盖中顶的数目称为 G 的覆盖数,记成 $\beta(G)$.

例如,图 4.7 中图 G 的覆盖数 $\beta(G) = 4$,$\{v_1, v_2, v_3, v_4\}$ 是一个最小覆盖集. 事实上,三个顶是不能组成一个覆盖集的,因为欲覆盖外面边界上的 5 条边,至少需要五边形 $v_1 v_6 v_3 v_4 v_5 v_1$ 上的三个顶,这时与 v_2 关联的五条边还有两条未被覆盖,而如图 4.7 所示,4 个顶可构成一个覆盖集,所以最小覆盖中有 4 个顶.

定理 4.3(Kønig,1931) 若 G 是二分图,则其最大匹配的边数为 $\beta(G)$.

证 设 M 是二分图 G 的最大匹配,X 与 Y 是二分图的顶划分. 若 M 把 X 中一切顶皆许配,则 $\mid M \mid = \mid X \mid$. 这时 X 显然是 G 的一个最小覆盖,因为覆盖住 M 中的边至少用 $\mid M \mid$ 个顶. 故这种情况下,成立 $\mid M \mid = \mid X \mid = \beta(G)$.

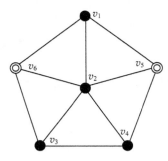

图 4.7

若 M 未把 X 中顶皆许配,设 X' 是 X 中未被 M 许配的顶组成的集合,见图4.8.令 Z 是由 M 的交错轨与 X' 中顶连通的顶之集合,记

$$S = Z \cap X, \qquad T = Z \cap Y,$$

则 $N(S) = T$. 取

$$B = (X - S) \cup T,$$

B 由图 4.8 中"黑顶"✚们组成,则 B 是 G 的一个覆盖集.事实上,如果 B 不是 G 的覆盖集,则至少存在一条边 $e \in E(G)$, e 的一端在 S 中,另一端在 $Y - T$ 中,即 e 的两个端点皆"白顶"○,此与 $N(S) = T$ 矛盾.又 $|M| = |B|$,而 G 中任一匹配 M',皆有 $|M'| \leqslant \beta(G)$,故 $|M| \leqslant \beta(G)$,即 $|B| \leqslant \beta(G)$,故 B 是 G 的最小覆盖,至此证出最大匹配中边的条数等于 $\beta(G)$.证毕.

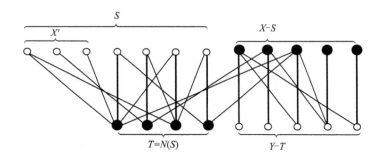

图 4.8

1947 年,Tutte 研究了一般图(不一定是二分图)存在完备匹配的充分必要条件.例如图 4.9 中的图 G,它不会有完备匹配.事实上,若有完备匹配 M,由于 G 的对称性,不妨设 $v_1 v_4 \in M$,则 $v_1 v_2 \notin M$.进而推断 $v_2 v_5$ 与 $v_2 v_8$ 恰有一条在 M 中.不妨设 $v_2 v_5 \in M$,这时对于 v_6, v_7, v_8 三个顶,欲把它们皆被 M 许配出去,只能利用△ $v_6 v_7 v_8$ 上的三条边参加 M,但这不能把 v_6, v_7, v_8 全许配出去了!在图 4.9 中,$G - v_1$ 有三个奇数顶的连通片,这每个连通片作为一个图都不会有完备匹配,每个连通片上至少剩下一个顶未被许配,这剩下的顶只能与删除的顶 v_1 在 G 中配对儿,删除的顶只有一个,不够;一般地,删除一些顶,得到若干奇数个顶的连通片时,删除的顶数不能比奇数顶连通片的个数少才有指望使 G 有完备匹配.

定理 4.4(Tutte,1947)   图 G 有完备匹配当且仅当 $\forall S \subset V(G)$, ○ $(G - S) \leqslant$

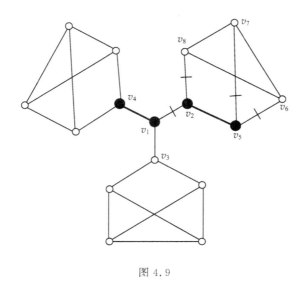

图 4.9

$|S|$,其中$\bigcirc(G-S)$是$G-S$中奇数个顶的连通片的个数.

  *证 设$\forall S\subset V(G)$,$\bigcirc(G-S)\leqslant|S|$,而$G$中无完备匹配,令$G'$是有如下性质的图：

  （i）G是G'的生成子图；

  （ii）G'是无完备匹配而边数最多的单图.

于是$G-S$是$G'-S$的生成子图,因而

$$\bigcirc(G'-S)\leqslant\bigcirc(G-S)\leqslant|S|.$$

令$S=\varnothing$,则$\bigcirc(G')\leqslant0$,即$\bigcirc(G')=0$,从而G'的顶数是偶数.

  令U是G'中$\nu(G')-1$次顶之集合.由G'之定义,$U\neq\varnothing$.若$U=V(G')$,则G'中有完备匹配,这不可能.所以U是$V(G')$的真子集.下面证明$G'-U$是不相交的完全图之并.反证之,若$G'-U$的某连通片不是完全图,则在该连通片中,存在顶x, y, z,使得$xy,yz\in E(G')$,而$xz\notin E(G')$.又$y\notin U$,所以存在$w\in V(G'-U)$,使得$yw\notin E(G')$.由于G'是没有完备匹配的$|V(G)|$个顶的边数最多的图,故$\forall e\notin E(G')$,$G'+e$中有完备匹配.令M_1与M_2分别是$G'+xz$与$G'+yw$中的完备匹配,又令H为$M_1\oplus M_2$在$G'+xz+yw$中的导出子图,则H的每顶皆2次,H是一些无公共边的偶圈之并.这是由于其上M_1与M_2的边交替出现,见图4.10,其中粗实线是M_1的边,虚线是M_2的边.

  （1）xz与yw在H的不同连通片内.若yw在H的圈C_1上,那么M_1在C_1上的边与M_2不在C_1上的边构成G'的完备匹配,与G'之定义矛盾,见图4.10.

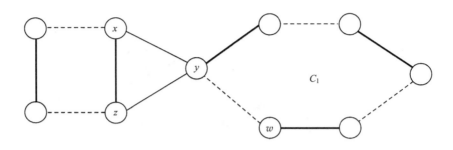

图 4.10

（2）xz 与 yw 在 H 的同一个圈 C_2 上，见图 4.11，这时在 C_2 上 $yw{\cdots}z$ 部分上 M_1 的边与 yz 以及 M_2 不在 $yw{\cdots}z$ 部分的边构成 G' 的一个完备匹配，矛盾.

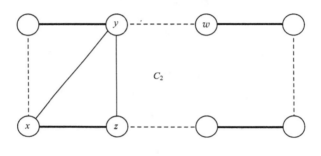

图 4.11

由（1）与（2）知 $G'-U$ 是不相交的完全图之并.

由于 $\circ(G'-U) \leqslant |U|$，$G'-U$ 中的奇数个顶的连通片至多 $|U|$ 个，但 G' 中有了完备匹配 M，见图 4.12.

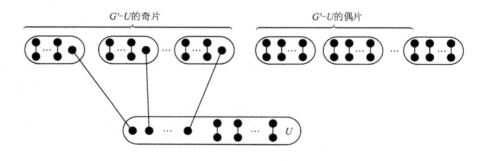

图 4.12

这个匹配 M 把 $G'-U$ 的每个奇数顶的连通片中的一个顶许配给 U 的一个顶,U 与 $G'-U$ 的连通片中其余的顶与 U 中或本连通片中其余的顶相配,注意 $G'-U$ 的每个连通片皆完全图. 而这与 G' 中无完备匹配矛盾. 证毕.

定理 4.5 无桥三次正则图有完备匹配(所谓桥是一条边 $e \in E(G)$,使得 $G-e$ 的连通片增加).

证 设 G 是无桥的三次正则图,$S \subset V(G)$,$G-S$ 的奇数顶的连通片为 G_1,$G_2,\cdots,G_n$,令 m_i 是一个端点在 S 中另一个端点在 G_i 中的边之条数,见图4.13,又 $d(v) \equiv 3$,则

$$\sum_{v \in V(G_i)} d(v) = 3\nu(G_i),$$

$$\sum_{v \in S} d(v) = 3 \mid S \mid.$$

于是

$$m_i = \sum_{v \in V(G_i)} d(v) - 2 \mid E(G_i) \mid = 3 \mid V(G_i) \mid - 2 \mid E(G_i) \mid.$$

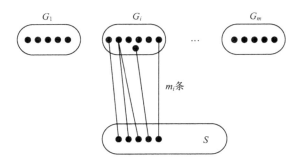

图 4.13

由于 $|V(G_i)|$ 是奇数,所以 $3|V(G_i)|$ 是奇数. 从而 m_i 是奇数,又 G 中无桥,所以 $m_i \neq 1, m_i \geq 3, i=1,2,\cdots,n$. 至此可得

$$\bigcirc(G-S) = n \leq \frac{1}{3}\sum_{i=1}^{n} m_i \leq \frac{1}{3}\sum_{v \in S} d(v) = \mid S \mid.$$

由定理 4.4 知 G 中有完备匹配. 证毕.

我们看到单星妖怪与双星妖怪皆三次正则无桥图,所以它们都有完备匹配. 图 4.14 中的粗实线给出单星妖怪的一个完备匹配.

图 4.9 中的图 G,使得 $\bigcirc(G-\{v_1\})=3$,$\{v_1\}$ 扮定理

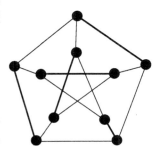

图 4.14

4.4 中 S 的角色,由定理 4.4,它理应无完备匹配,因为这里 $|S|=|\{v_1\}|=1$,从而 $\bigcirc(G-\{v_1\})=3>|S|$,与定理 4.4 的完备匹配存在的充要条件相违.

4.3　匹配的应用

　　回顾本章开头提出的毕业生应聘问题,设 n 名毕业生为 $v_1,v_2,\cdots,v_n$,m 家招聘公司为 $u_1,u_2,\cdots,u_m$. 我们造一个二分图 $G,V(E)=X\bigcup Y,X,Y$ 是 G 的二分图顶划分,其中

$$X=\{v_1,v_2,\cdots,v_n\},\qquad Y=\{u_1,u_2,\cdots,u_m\},$$

仅当 v_i 可以接受的公司为 u_j 时,在顶 v_i 与 u_j 之间连一条边,如此构成一个应聘图 G. 我们欲给出一个有效算法,求得上述二分图 G 中的最大匹配.

　　与此问题相似的问题很多,例如某城市有 n 名姑娘,m 名小伙子都到了结婚年龄,其中一些异性年轻人互相已有友情,但姑娘们不愿轻率处理自己的终身大事,她们排除了一些小伙子做自己的终生伴侣,这样她们实际上手头(心头)有一份可嫁的名单. 问最多有多少位姑娘可以嫁给她如意的人选?

　　为解决诸如此类的问题,1965 年匈牙利著名数学家埃德蒙兹(Edmonds)为之设计了一种命名为“匈牙利算法”的有效算法.

　　匈牙利(Hungarian)算法:

　　(1) 设 G 是连通的二分图,在 G 中任取初始匹配 M.

　　(2) 若 M 把 X 中顶皆许配,止,M 即为 G 的最大匹配;否则取 X 中未被 M 许配的顶 u,令 $S=\{u\},T=\varnothing$.

　　(3) 若 $N(S)=T$,止,G 中无完备匹配;否则取 $y\in N(S)-T$.

　　(4) 若 y 被 M 许配,设 $yz\in M$,$S\leftarrow S\bigcup\{z\}$,$T\leftarrow T\bigcup\{y\}$,转(3);否则取可增广轨 $P(u,y)$,令 $M\leftarrow M\oplus E(P)$,转(2).

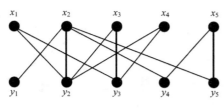

图 4.15

　　显然 Hungarian 算法是根据定理 4.1 (Berge 定理)设计出来的,通过可增广轨把一个小匹配逐次增广而得最大匹配乃至完备匹配(如果存在的话). 例如图 4.15 中初始匹配为 $M=\{x_2y_2,x_3y_3,x_5y_5\}$,取未被 M 许配的顶 $x_1\in X$,取 $y_1\in Y$,y_1 未被 M 许配,得可增广轨 $x_1y_2x_2y_1$. 令 $M_1=M\oplus$

$E(x_1y_2x_2y_1)=\{x_1y_2,x_2y_1,x_3y_3,x_5y_5\}$. 搜索可增广轨的具体过程如图 4.16 所示,它显示了图 4.15 中 x_1 为根的外向交错树(树上从 x_1 出发的轨皆 M 的交错轨,即一个非匹配边,一个匹配边交替出现)的生长过程,最后得到了可增广轨

$x_1y_2x_2y_1$,即图 4.16 右侧最高那一条轨.

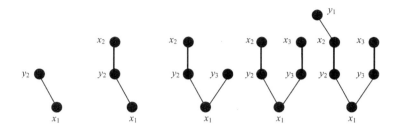

图 4.16

图 4.17 显示了未被 M_1 许配的 x_4 为根生长外向交错树的过程,最后得不到可增广轨,算法终止. 得到的 M_1 是图 4.18 所示的一个最大匹配,无完备匹配.

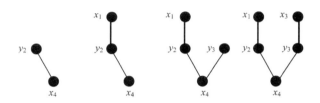

图 4.17

下面讲所谓最佳匹配问题.

某公司有 n 名工作人员 $v_1,v_2,\cdots,v_n$,他们每人承担 $u_1,u_2,\cdots,u_n$ 这 n 项工作中的一项,公司领导根据每个人的特长合理分工,使得这 n 位工作人员对公司创造的总价值最大.

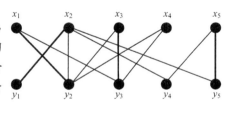

图 4.18

这个问题的图论模型是:对完全二分图 $G=K_{n,n}$ 的每条边 e,加权 $w(e)\geqslant 0$,在此加权完全二分图 G 上求总权最大的完备匹配. $x\in X,y\in Y$ 时,权 $w(x,y)$ 代表 x 去做工作 y 时对公司的贡献量. 称上述总权最大的完备匹配为最佳匹配.

Kuhn 和 Munkras 设计了求最佳匹配的有效算法,他们把求最佳匹配的问题转化为可用匈牙利算法求另一个图的完备匹配的问题. 为此他们对加权二分图 $K_{n,n}$ 每顶 v 给一个顶标 $l(v)$,当 $x\in X$, $y\in Y,l(x)+l(y)\geqslant w(xy)$ 时,称此种顶标为正常顶标.

正常顶标是存在的,例如

$$l(x) = \max_{y \in Y} w(xy), \qquad x \in X,$$

$$l(y) = 0, \qquad y \in Y,$$

显然就是一种正常顶标.

定理 4.6　设 $K_{n,n} = G$ 是具有正常顶标 l 的加权图,取 G 的边子集

$$E_l = \{xy \mid xy \in E(G), l(x) + l(y) = w(xy)\}.$$

令 G_l 是以 E_l 为边集的 G 的生成子图,如果 G_l 有完备匹配 M,则 M 即为 G 的最佳匹配.

证　设 G_l 有完备匹配 M,由于 G_l 是 G 的生成子图,M 也是 $K_{n,n}$ 的完备匹配. 于是由 G_l 的定义,

$$W(M) = \sum_{e \in M} w(e) = \sum_{v \in V(K_{n,n})} l(v). \qquad (甲)$$

若 M' 是 G 的另一完备匹配,由正常顶标的定义,

$$W(M') = \sum_{e \in M'} w(e) \leqslant \sum_{v \in V(K_{n,n})} l(v), \qquad (乙)$$

由(甲)与(乙)得

$$W(M') \leqslant W(M),$$

即 M 是 G 中最佳匹配. 证毕.

根据定理 4.6,为了求最佳匹配,只需用 Hungarian 算法求 G_l 上的一个完备匹配.

如果 G_l 上无完备匹配,Kuhn 与 Munkras 给出算法,逐次修正正常顶标,有限次之后则可使得 G_l 上存在完备匹配,进而求得最佳匹配,他们的有效算法(代号 KM 算法)如下.

KM 算法:

(1) 选定初始正常顶标 l,构作图 G_l,在 G_l 中取定初始匹配 M.

(2) 若 X 中顶皆被 M 许配,止,M 即为所求的最佳匹配;否则取 G_l 中未被 M 许配的顶 u,令 $S = \{u\}$,$T = \varnothing$.

(3) 若 $N_{G_l}(S) \supset T$,转(4),若 $N_{G_l}(S) = T$,取

$$\alpha_l = \min_{x \in S, y \notin T} \{l(x) + l(y) - w(xy)\},$$

$$\bar{l} = \begin{cases} l(v) - \alpha_l, & v \in S, \\ l(v) + \alpha_l, & v \in T, \\ l(v), & \text{其他}, \end{cases}$$

$l \leftarrow \bar{l}, G_l \leftarrow G_{\bar{l}}.$

(4) 选 $N_{G_l}(S)-T$ 中一顶 y,若 y 已被 M 许配,且 $yz\in M$,则 $S\leftarrow S\cup\{z\}$, $T\leftarrow T\cup\{y\}$,转(3);否则,取 G_l 中一个 M 可增广轨 $P(u,y)$,令 $M\leftarrow M\oplus E(P)$, 转(2).

不难看出:$\alpha_l>0$;修改后的顶标 l 仍为可行顶标;G_l 中仍含 G_l 的匹配 M;G_l 中至少会出现一条不属于 M 的边,所以会造成 M 的逐渐增广.

例如 $K_{5,5}$ 的权矩阵为 W,W 的元素 $w_{ij}=w(x_iy_j)$,$1\leqslant i\leqslant 5$,$1\leqslant j\leqslant 5$.

$$W=\begin{pmatrix} 3 & 5 & 5 & 4 & 1 \\ 2 & 2 & 0 & 2 & 2 \\ 2 & 4 & 4 & 1 & 0 \\ 0 & 1 & 1 & 0 & 0 \\ 1 & 2 & 1 & 3 & 3 \end{pmatrix},$$

取正常初始顶标:

$$l(y_i)=0,\quad i=1,2,3,4,5,$$

$$l(x_1)=\max_{1\leqslant j\leqslant 5}\{w_{1j}\}=\max\{3,5,5,4,1\}=5,$$

$$l(x_2)=\max_{1\leqslant j\leqslant 5}\{w_{2j}\}=\max\{2,2,0,2,2\}=2,$$

$$l(x_3)=\max_{1\leqslant j\leqslant 5}\{w_{3j}\}=\max\{2,4,4,1,0\}=4,$$

$$l(x_4)=\max_{1\leqslant j\leqslant 5}\{w_{4j}\}=\max\{0,1,1,0,0\}=1,$$

$$l(x_5)=\max_{1\leqslant j\leqslant 5}\{w_{5j}\}=\max\{1,2,1,3,3\}=3.$$

构作 G_l 如图 4.19. 图 4.19 上的粗实线是 G_l 上的最大匹配 M(图 4.19 就是图 4.18),G_l 无完备匹配,其顶标需要修改.

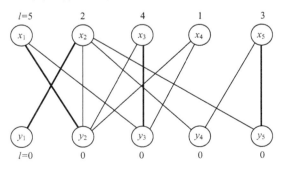

图 4.19

取未被 M 许配的顶 x_4，$S=\{x_4,x_3,x_1\}$，$T=\{y_3,y_2\}$，这时 $N_{G_l}(S)=T$，取

$$\alpha_l = \min_{x\in S,\,y\notin T} \{l(x)+l(y)-w(xy)\} = 1.$$

修改后的顶标为 $\bar{l}(x_1)=4,\bar{l}(x_2)=2,\bar{l}(x_3)=3,\bar{l}(x_4)=0,\bar{l}(x_5)=3,\bar{l}(y_1)=0,$
$\bar{l}(y_2)=1,\bar{l}(y_3)=1,\bar{l}(y_4)=0,\bar{l}(y_5)=0.$

对于 $\bar{l}$，得 $G_{\bar{l}}$ 如图 4.20 所示，其上的粗实线是 $G_{\bar{l}}$ 上的完备匹配. 从而由定理 4.6，我们已找到加权图 $K_{5,5}$ 上的一个最佳匹配 $M=\{x_1y_4,x_2y_1,x_3y_3,x_4y_2,$ $x_5y_5\}$.

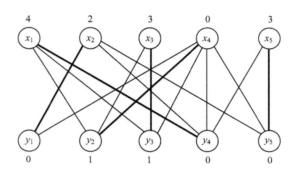

图 4.20

4.4　图的因子分解

如果对于给定的图 G，把它分解成若干两两无公共边的生成子图 $G_1,G_2,\cdots,$ G_n，且预先要求 G_i，$i=1,2,\cdots,n$ 具有某种性质，即 $V(G_i)=V(G)$，$i=1,2,\cdots,n$，且 $\bigcup_{i=1}^{n}E(G_i)=E(G)$，$E(G_i)\bigcap E(G_j)=\varnothing\,(i\neq j)$，并且要求 G_i 有性质 p_i，$i=1,$ $2,\cdots,n$. 称 $G_i(i=1,2,\cdots,n)$ 为 G 的因子. 从 G 求出 G_i 的过程称为 G 的因子分解. 1 个因子是 m 次正则图时，则称此因子是图 G 的 m 因子；若 G 的因子全是 m 次正则图时，则称 G 是可以 m 因子分解的.

设图 G 是可以 1 因子分解的，即 G 有若干个两两无公共边的完备匹配 $M_1,$ $M_2,\cdots,M_m$，使得 $\bigcup_{i=1}^{m}M_i=E(G)$. 例如图 4.21 画出了 K_6 的一个 1 因子分解. 图 4. 22 画出了 K_7 的一个 2 因子分解.

有完备匹配的图未必可 1 因子分解.

每个 k 次正则二分图 $(k\geqslant1)$ 是可 1 因子分解的.

定理 4.7　K_{2n} 是可以 1 因子分解的，$n\geqslant1$.

证　设 K_{2n} 的顶集为 $\{v_1,v_2,\cdots,v_{2n}\}$，令

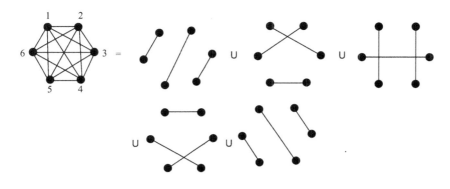

图 4.21

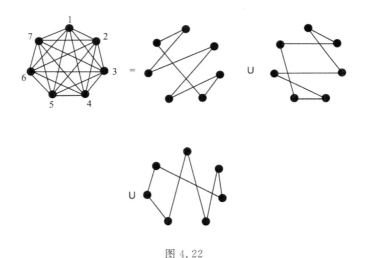

图 4.22

$$E_i = \{v_i v_{2n}\} \bigcup \{v_{i-j} v_{i+j} \mid j = 1,2,\cdots,n-1\}, \quad i = 1,2,\cdots,2n-1,$$

其中脚标 $i-j$ 与 $i+j$ 是 $1,2,\cdots,(2n-1)$ 在模 $(2n-1)(\mathrm{mod}(2n-1))$ 中的数,记 E_i 的导出子图为 G_i,则 G_i 是 K_{2n} 的一个 1 因子,即得 K_{2n} 的一种 1 因子分解

$$K_{2n} = \bigcup_{i=1}^{2n-1} G_i, \text{且} E(G_i) \bigcap E(G_j) = \varnothing, \quad i \neq j.$$

证毕.

定理 4.8 K_{2n+1} 存在每个因子皆生成圈的 2 因子分解,共计 n 个生成圈.

证 设 K_{2n+1} 的顶按顺时针方向依次为 $v_1, v_2, \cdots, v_{2n+1}$,取 n 条轨 $P_i = v_i v_{i-1}$ $v_{i+1} v_{i-2} \cdots v_{i-n} v_{i+n}$. 于是 P_i 的第 j 顶点是 v_k,$k = i + (-1)^{j+1} \left[\dfrac{j}{2}\right]$,这里所有脚标

取为整数 $1,2,\cdots,2n(\mathrm{mod}2n)$. 再把 P_i 上的两个端点与 v_{2n+1} 间加上边,则得两两无公共边的 n 个生成圈,且这 n 个生成圈的并恰为 K_{2n+1}. 证毕.

习　　题

1. 求 K_{2n} 和 $K_{n,n}$ 中不同的完备匹配的数目.

2. 树上是否可能有两个不同的完备匹配? 为什么?

3. k 次$(k\geqslant1)$正则图是否皆有完备匹配?

4. 甲乙二人在图 G 上交替占用不同的顶点 $v_0,v_1,v_2,\cdots,i>0$ 时,v_i 与 v_{i-1} 相邻,直至无顶可占用时为止,规定得到最后一个可占用的顶者为胜,问第一个选顶者可取胜的充分必要条件是什么? 且给出他可能取胜时的取胜策略.

5. 证明 $K_{n,n}(n\geqslant1)$ 可 1 因子分解.

6. 证明单星妖怪不可 1 因子分解.

7. 国际象棋盘上剪掉对角线端点的两个小方格后,能否用 1×2 的长方形纸片单层覆盖? 假设每个小方格边长为 1.

8. 图 G 中有完备匹配当且仅当 $\forall S\subseteq V(G),|N(S)|\geqslant|S|$. 这一判断是否正确? 对二分图是否正确? 为什么?

9. 每个 $2k(k\geqslant1)$ 次正则图是否可以 2 因子分解? 为什么?

10. 对 K_8 进行 1 因子分解.

11. 矩阵的行或列称为矩阵的"线",证明:0-1 矩阵中含所有 1 的线集合的最小阶数(集合元素个数)等于没有两个在同一线上 1 的最大个数.

12. 用图论方法证明:0-1 矩阵 $A=(a_{ij})_{m\times n}(m\leqslant n)$ 中, 每行有 k 个 1,每列 1 的个数不超过 k 个,则 A 可以写成 $A=\sum\limits_{i=1}^{k}P_i$,其中 P_i 也是 0-1 $m\times n$ 矩阵,且每行恰 1 个 1,每列 1 的个数不超过 1.

13. 设 M 是二分图 G 的最大匹配,则 $|M|=|X|-\max\limits_{S\subseteq X}\{|S|-|N(S)|\}$,$X$ 与 Y 是 G 的二分图顶划分.

14. 用 Kønig 定理来证明 Hall 定理.

15. 用 Tutte 定理来证明 Hall 定理.

16. 设 G 是 k 次正则图,顶数是偶数,又至少删除不少于 $k-1$ 条边才可能使 G 的连通片数目增多,试证 G 中有完备匹配.

17. 写出树有完备匹配的充要条件且加以证明.

18. 把 54 张扑克牌毁掉一张,剩下的牌中会有一张没有对儿;再把牌随机地分给甲乙二人,令二人把手中的对儿都抛出来,如何判断毁掉的那张牌的对儿在谁手中? 为什么?

19. $n\times n$ 方阵中两两不同行不同列的 n 个元素的集合称为一个对角线,对角线的权指它的 n 个元素之和,试求下列矩阵 A 的最小权的对角线:

$$\begin{pmatrix} 4 & 5 & 8 & 10 & 11 \\ 7 & 6 & 5 & 7 & 4 \\ 8 & 5 & 12 & 9 & 6 \\ 6 & 6 & 13 & 10 & 7 \\ 4 & 5 & 7 & 9 & 8 \end{pmatrix}.$$

20. 设 $A_1, A_2, \cdots, A_m$ 是集合 S 的子集，$(A_1, A_2, \cdots, A_m)$ 的不同代表系是指 S 的一个子集 $\{a_1, a_2, \cdots, a_m\}$，其中 $a_i \in A_i$，$i = 1, 2, \cdots, m$，且 $i \neq j$ 时，$a_i \neq a_j$．求证：$(A_1, A_2, \cdots, A_m)$ 有不同代表系的充要条件是对 $\{1, 2, \cdots, m\}$ 的任意子集 J，$\left| \bigcup_{i \in J} A_i \right| \geqslant |J|$．

21. 从国际象棋盘上选出 16 个格子，使得每行每列含有其中两个格，求证：把 8 个白子和 8 个黑子放在所选的格子上，每格一子，可使每行每列恰有一个白子，一个黑子．

第五章 着色理论

5.1 图的边着色

定义 5.1 把单图 G 的边集划分成 m 个非空子集, 即 $E(G) = \bigcup_{i=1}^{m} E_i, E_i \cap E_j = \varnothing, i \neq j; E_i \neq \varnothing, i, j = 1, 2, \cdots, m$, 把 E_i 中的边用第 i 种颜色上色, 则称对 G 的边进行了一个 m 边着色, 记成 $C = (E_1, E_2, \cdots, E_m)$. 若每个 $E_i (i = 1, 2, \cdots, m)$ 皆 G 的一个匹配, 则称 C 是 G 的 m 边正常着色; 当 G 可以 m 边正常着色而不能 $m-1$ 边正常着色时, 称 m 为 G 的边色数, 记之为 $\chi'(G) = m$.

由定义 5.1 知, 所谓正常边着色就是邻边异色的着色, 所用的最少颜色数就是边色数. 显然 $\chi'(G) \geqslant \Delta(G)$, 因为 $\chi'(G) \leqslant |E(G)|$, 所以对任何有边图, $\chi'(G)$ 皆存在.

例 5.1 单星妖怪的边色数是 4.

证 图 5.1 已经用 4 种颜色对单星小妖的边正常着色, 所以 $\chi'(单星小妖) \leqslant 4$. 下证 $\chi'(单星小妖) \geqslant 4$. 只欠证对它用 3 种颜色完不成边正常着色. 我们把单星小妖画成图 5.2 的样子, 设图 5.2 可以用 3 种颜色对其边正常着色, 由其对称性, 不妨设与 v_{10} 关联的边已用 1 色, 2 色与 3 色染好. 则 $v_1 v_5$ 与 $v_4 v_5$ 分别用 2 色与 3 色或 3 色与 2 色上色; $v_2 v_7$ 与 $v_7 v_9$ 分别用 1 色与 3 色或 3 色与 1 色上色; $v_3 v_8$ 与 $v_6 v_8$ 分别用 1 色与 2 色或 2 色与 1 色上色. 于是这 6 条边的着色有 $2 \times 2 \times 2 = 8$ 种可能的方式需加以考虑. 其中之一在图 5.2 中标出, 我们来证明标出的这种方式行不通, 同理可以论证其余的 7 种方式也行不通, 于是可知仅用 3 种颜色完不成对单星妖怪的正常边着色.

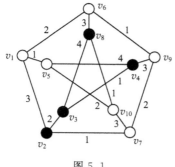

图 5.1

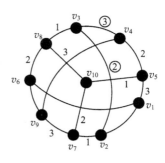

图 5.2

事实上，v_3v_4 只能选 3 色，这时，v_3v_2 只能选 2 色，进而 v_2v_1 的邻边已占用了 1 色、2 色和 3 色，v_2v_1 已无色可用了！

至此得证 χ'（单星妖怪）$=4$. 证毕.

例 5.1 中用了穷举法来确定一个图的边色数，是否存在一种有效的算法来确定一般图的边色数呢？目前尚未设计出这种计算法，可以避免穷举之苦. 至于是否根本就不存在求得任意图边色数的有效算法（非穷举的方法），它正是图论当中最困难的命题之一.

例 5.2 设 n 是正整数，且 $A_1,A_2,\cdots,A_{2n+1}$ 是某集合 B 的子集，又设

（a）每个 A_i 恰含 $2n$ 个元素；

（b）每个 $A_i\bigcap A_j(1\leqslant i<j\leqslant 2n+1)$ 恰含一个元素；

（c）B 中的每个元素属于至少两个子集 A_i，问对怎样的 n，可以对 B 中每个元素贴一张写有 0 或 1 的标签，使得每个 A_i 中恰含 n 个贴了 0 标签的元素？

解 以 $\{A_1,A_2\cdots,A_{2n+1}\}$ 为顶集构作一图，当且仅当 A_i 与 A_j 有公共元素 $b_k\in B$ 时，在 A_i 与 A_j 之间连一条边，此边之端点为 A_i 与 A_j 中的 b_k. 由条件（b），我们得到了完全图 K_{2n+1}，且由（a）（b）（c）知，B 中每个元素 b 皆对应着上述 K_{2n+1} 的一条边. 我们约定，标 0 的元素染成红色，标 1 的元素染成绿色，连接两红元素的边也染成红色，连接两绿色元素的边则染成绿色. 于是问题化成把 K_{2n+1} 的边们用红绿两种颜色上色，使得每顶 A_i 皆与 n 条红边相关联. K_{2n+1} 共计 $\frac{1}{2}(2n+1)2n=n(2n+1)$ 条边，当 n 为奇数时，$n(2n+1)$ 也是奇数，但欲使本题有解. 只能是红边占半数，所以 n 为奇数时此题无解.

对于 n 为偶数的情形，我们用数学归纳法证明此题有解.

归纳法起步：$n=2$ 时，$K_{2n+1}=K_5$，每个 A_i 有 4 个元素，这时有解. 见图（α），虚线代表红色边，实线代表绿色边.

归纳法假设：设 $n=2k$ 时问题有解.

下证 $n=2(k+1)$ 时，问题仍有解. 图（β）左侧 $A_1,\cdots,A_{4k+1}$ 为 K_{4k+1} 中的顶，由归纳法假设，每顶关联的边中红边占半数，对于 $n=2(k+1)$，又增加了 4 个顶，画在图（β）的右侧. 在 K_{4k+5} 中，新增的边如图（β）所示，但其子图 K_{4k+1} 中的边没画出. $A_1,A_2\cdots,A_{2k}$

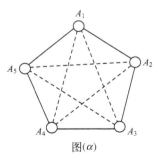

图（α）

这 $2k$ 个顶每个向 A_{4k+2} 与 A_{4k+3} 各连一条绿边，向 A_{4k+4} 与 A_{4k+5} 各连一条红边（虚线），$A_{2k+1},A_{2k+2},\cdots,A_{4k}$ 这 $2k$ 个顶每个向 A_{4k+2} 与 A_{4k+3} 各连一条红边，向 K_{4k+4} 与 A_{4k+5} 各连一条绿边；A_{4k+1} 这个顶向 A_{4k+2} 与 A_{4k+5} 各连一条绿边，向 A_{4k+3} 与 A_{4k+4} 各连一条红边. A_{4k+2} A_{4k+3}，$A_{4k+3}A_{4k+4}$，$A_{4k+4}A_{4k+5}$ 皆为绿边，A_{4k+2} A_{4k+5}，

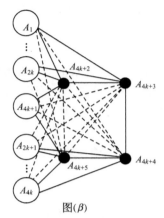

图(β)

$A_{4k+3}A_{4k+5}$，$A_{4k+2}A_{4k+4}$ 皆为红边，如此可知 K_{4k+5} 中，每顶关联着半数红边，半数绿边.

下面讨论 $\chi'(G)$ 的取值问题.

引理 5.1　设 G 是连通图，不是奇圈，则存在一种二边着色，使所用的两种颜色在每个次数不小于 2 的顶所关联的边中出现.

证　对于连通图 G，若 G 是偶阶圈，则只需用两种颜色沿此圈交替地去染每条边即可使得每顶关联的两条边异色，即引理 5.1 成立. 若 G 虽不是圈，但它每顶的次数是偶数，由于 G 是连通图，每顶至少 2 次. 它不是树，因为树有叶，于是 G 中至少有一个圈 C_1，把 C_1 的边从 G 中删除，剩下的边使图 $G-E(C_1)$ 仍然是每顶皆偶次，又 G 不是圈. 所以 $G-E(C_1)$ 中一个连通片上（相似的道理）也有一个圈 C_2. 依此类推，直至把 G 中的边通过删除圈上边的过程而全删掉，可见 G 是一条由以上各圈并成的回路 C_0，在 C_0 上取一顶 v_0，沿此回路行进，交替地对边染上两种颜色，则使得每顶处关联了两种颜色的边.

若 G 中有一些奇次顶，这些奇次顶的数目是偶数，这时添加一个新顶 v_0^*，再在 v_0^* 与每个奇次顶之间加一条新边，把 G 变成 G'，G' 具有前面所论的图的性质. 于是 G' 中每顶处皆能关联两种颜色的边，在 G 中顶的次数不小于 2 的顶，至少有两条老边是异色的. 证毕.

定义 5.2　若 C_1 与 C_2 是对图 G 的两种 k 边着色，且满足 $\sum_{v\in V(G)} c_1(v) < \sum_{v\in V(G)} c_2(v)$，其中 $c_1(v)$ 是 C_1 着色时，顶 v 关联的边中的颜色数，$c_2(v)$ 是 C_2 着色时，顶 v 关联的边中的颜色数，则称 C_2 是对 C_1 的一种改善，不能改善的 k 边着色称为最佳 k 边着色.

引理 5.2　设 $C=(E_1,E_2,\cdots,E_k)$ 是 G 的一个最佳 k 边着色. 如果有一个顶 v_0，又存在两种颜色 i 与 j，使得 i 色在 v_0 顶关联的边中不出现，而 j 色在 v_0 关联的边中至少出现两次，则由 $E_i\bigcup E_j$ 导出的子图中含 v_0 的连通片是一个奇圈.

证　设 G_0 是 $G[E_i\bigcup E_j]$ 中含 v_0 的连通片，而 G_0 不是奇圈. 由引理 5.1，存在 G_0 的一个 2 边着色，在 G_0 的次数至少为 2 的顶关联的边中两种颜色都出现. 我们用 i,j 两种颜色对 G_0 重新着色，对 G 得到一个新的 k 边着色 C'，这时 i,j 两色在 v_0 关联的边中都出现（注意 $d(v_0)\geqslant 2$，因为已知 j 色在 v_0 关联的边中至少出现过两次）. 于是 $c'(v_0)=c(v_0)+1$，而 $v\neq v_0$ 时，$c'(v)\geqslant c(v)$. 从而

$$\sum_{v \in V(G)} c'(v) > \sum_{v \in V(G)} c(v)$$

此与 C 是最佳 k 边着色相违,可见引理 5.2 成立.证毕.

求二分图的边色数是一个平凡的问题,可由下面定理有效地解决.

定理 5.1　二分图的边色数等于图顶的最大次数.

证　令 Δ 是二分图 G 顶的最大次数,设 C 是 G 的一个最佳 Δ 边着色,设 $C = (E_1, E_2, \cdots, E_\Delta)$,若 $c(v) < d(v)$,则 v 满足引理 5.2 的条件,于是由引理 5.2,G 中有奇圈,此与 G 是二分图,理应无奇圈相违,故对每个顶 $c(v) \geqslant d(v)$,即 $c(v) = d(v)$,亦即 C 是正常 Δ 边着色,故 $\chi'(G) \leqslant \Delta$;另一方面显然 $\chi'(G) \geqslant \Delta(G)$,所以知二分图边色数恰为其最大次数.证毕.

由引理 5.2 可以证明出一般单图 G 的边色数不是 $\Delta(G)$ 就是 $\Delta(G) + 1$.

定理 5.2(Vizing,1964)　若 G 是单图,则 $\chi'(G) \in \{\Delta(G), \Delta(G) + 1\}$.

证　对于单图 G.显然 $\chi'(G) \geqslant \Delta(G)$.下面我们证明 $\chi'(G) \leqslant \Delta + 1$.用反证法,假设 $\chi'(G) > \Delta(G) + 1$.

取 $C = (E_1, E_2, \cdots, E_{\Delta+1})$ 是 G 的最佳 $\Delta + 1$ 边着色,u 是使得 $c(u) < d(u)$ 的顶,则存在两种颜色 i_0 与 i_1,i_0 在 u 关联的边中不出现,而 i_1 在 u 关联的边中至少出现两次.设 uv_1 是 i_1 色的,又 $d(v_1) < \Delta + 1$,i_2 色在 v_1 关联的边中不出现,在 u 关联的边中出现(图 5.3),否则用 i_2 对 uv_1 重新着色,得到对 C 的改善,与 C 是最佳 $\Delta + 1$ 边着色相违.故某边 uv_2 是 i_2 色的.又 $d(v_2) < \Delta + 1$,某色 i_3 不在 v_2 关联的边中出现.i_3 在 u 关联的边中出现.不然用 i_2 对 uv_1,用 i_3 对 uv_2 重新上色,得到对 C 的改善,这也与 C 的最佳性相违.故有某边 uv_3 是 i_3 色的.依此类推,我们得到顶序列 $v_1, v_2, \cdots$,色序列 $i_1, i_2, \cdots$,满足

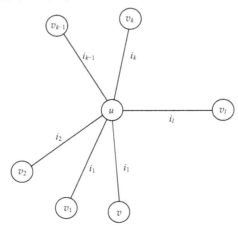

图 5.3

(i) uv_j 是 i_j 色；

(ii) i_{j+1} 不在 v_j 关联的边中出现；

由于 u 的次数有限，故有一个最小自然数 l，使得对某个 $k < l$，成立

(iii) $i_{l+1} = i_k$.

我们对 G 的边重新着色：对于 $1 \leqslant j \leqslant k-1$，$uv_j$ 改上 i_{j+1} 色，得到 $\Delta+1$ 边着色 $C' = (E'_1, E'_2, \cdots, E'_{\Delta+1})$，见图 5.4. 不难看出，$\forall v \in V(G)$，$c'(v) \geqslant c(v)$，$C'$ 是 G 的一个最佳 $\Delta+1$ 边着色. 由引理 5.2，$G[E'_{i_0} \cup E'_{i_k}]$ 的含 u 的连通片 H' 是奇圈.

现用 $i_{j+1} (k \leqslant j \leqslant l-1)$ 重新对边 uv_j 上色，在 uv_l 上的颜色是 i_k，得到 $\Delta+1$ 边着色 $C'' = (E''_1, E''_2, \cdots, E''_{\Delta+1})$，见图 5.5. 不难看到，$\forall v \in V(G)$，$c''(v) \geqslant c(v)$，且 $G[E''_{i_0} \cup E''_{i_k}]$ 含 u 的连通片 H'' 是奇圈，但在 H' 中，v_k 是 2 次顶，在 H'' 中 v_k 是一次顶，矛盾. 证毕.

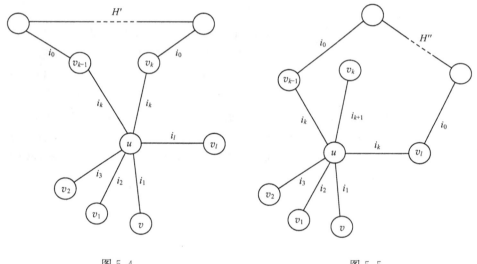

图 5.4　　　　　　　　　　　　　　　　　　图 5.5

我们称满足 $\chi'(G) = \Delta$ 的图为第一类图，否则为第二类图. 二分图属于第一类，妖怪属于第二类（$\chi'(G) = \Delta+1$），至于如何判定任给的图是哪一类，至今尚无有效的算法，这等价于尚无有效算法解决求边色数的问题. 这个问题的难度不可等闲视之.

下面讲一个与边色数有关的所谓"课程表问题".

本校有 m 位教师 $x_1, x_2, \cdots, x_m$ 和 n 个班级 $y_1, y_2, \cdots, y_n$，x_i 老师为 y_j 班每日授课 p_{ij} 学时，试安排一个授课表，使学校上课的时间最少.

令 $X = \{x_1, x_2, \cdots, x_m\}$，$Y = \{y_1, y_2, \cdots, y_n\}$，顶 x_i 与 y_j 之间有 p_{ij} 条边相连，

形成一个有重边的二分图 G. 每一学时,每位老师最多为一个班上课,每个班至多接受一个老师授课. 于是我们的问题就是求 $\chi'(G)$. 又 $\chi'(G)=\Delta(G)$, 可见若没有授课多于 p 节的老师,也没有上课多于 p 节的班级,则可编出一个至多 p 节课的时间表;如果只有指定的几间教室可用,全校一天最少只排几节课?

设共计 l 门功课,编成每天 p 节课的课表,每节课平均开 $\dfrac{l}{p}$ 门功课,至少要 $\left\{\dfrac{l}{p}\right\}$ 间教室,为了分析这一问题,我们为之建立引理和定理.

引理 5.3 M 与 N 是图 G 的无公共边的匹配,且 $|M|>|N|$,则存在无公共边的匹配 M' 与 N',使得

$$|M'|=|M|-1, \quad |N'|=|N|+1, \quad M'\bigcup N'=M\bigcup N.$$

证 考虑 $H=G[M\bigcup N]$,如 Berge 定理之证明,H 的每个连通片要么是边在 M 与 N 中交替出现的圈,要么是边在 M 与 N 中交替出现的轨. 又因 $|M|>|N|$,H 的某一轨型连通片的始边与终边皆在 M 内,令此一轨为

$$P = v_0 e_1 v_1 \cdots e_{2n+1} v_{2n+1},$$

取

$$M' = (M-\{e_1,e_3,\cdots,e_{2n+1}\})\bigcup\{e_2,e_4,\cdots,e_{2n}\},$$

$$N' = (N-\{e_2,e_4,\cdots,e_{2n}\})\bigcup\{e_1,e_3,\cdots,e_{2n+1}\}.$$

则 M' 与 N' 亦为 G 中匹配,且满足引理 5.3 的要求. 证毕.

定理 5.3 G 是二分图,$\Delta\leqslant p$,则 G 内存在 p 个无公共边的匹配 $M_1,M_2,\cdots,M_p$,使得

$$E(G)=\bigcup_{i=1}^{p} M_i,$$

且对 $1\leqslant i\leqslant p$,

$$\left[\frac{\varepsilon(G)}{p}\right]\leqslant|M_i|\leqslant\left\{\frac{\varepsilon(G)}{p}\right\}.$$

证 由于 G 是二分图,$\chi'(G)=\Delta$,$E(G)$ 可以划分成 Δ 个匹配 $M'_1,M'_2,\cdots,M'_\Delta$,故对于 $p\geqslant\Delta$,存在无公共边的匹配 $M'_1,M'_2,\cdots,M'_p$(当 $i>\Delta$ 时,$M'_i=\varnothing$),使得

$$E(G)=\bigcup_{i=1}^{p} M'_i.$$

反复运用引理 5.3 于那些边数差大于 1 的每对匹配,我们可得到 p 个两两无公共边的匹配 $M_1,M_2,\cdots,M_p$,满足定理 5.3 的要求,证毕.

例 5.3 四名教师,五个班级,教学要求如下:

$$A = \begin{array}{c} \\ x_1 \\ x_2 \\ x_3 \\ x_4 \end{array} \begin{array}{ccccc} y_1 & y_2 & y_3 & y_4 & y_5 \\ \left(\begin{array}{ccccc} 2 & 0 & 1 & 1 & 0 \\ 0 & 1 & 0 & 1 & 0 \\ 0 & 1 & 1 & 1 & 0 \\ 0 & 0 & 0 & 1 & 1 \end{array} \right) \end{array}.$$

试排出四间教室、三间教室和两间教室的课程表.

解　以 $X = \{x_1, x_2, x_3, x_4\}$，$Y = \{y_1, y_2, y_3, y_4, y_5\}$ 为二分图的顶集划分构作一个二分图 G，A 矩阵的 i, j 号元素为 a_{ij} 时，在 x_i 与 y_j 之间连有 a_{ij} 条边. 于是 $\Delta(G) = 4$，$\varepsilon(G) = 11$，安排 4 节课，$\left[\dfrac{\varepsilon}{4} \right] = 2$，$\left\{ \dfrac{\varepsilon}{4} \right\} = 3$，由定理 5.3，可安排 3 个教室 4 节课的课表，若用两个教室，由于 $\left\{ \dfrac{11}{6} \right\} = 2$，$\left[\dfrac{11}{6} \right] = 1$，则可编排 6 节课的课表，见图 5.6.

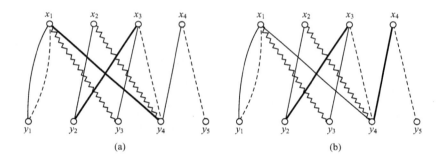

图 5.6

图 5.6(a) 相应的课表为

教师 ＼ 节	1	2	3	4	5	6
x_1	y_1	y_1	y_3	y_4	—	—
x_2	y_2	—	y_4	—	—	—
x_3	y_3	y_4	—	y_2	—	—
x_4	y_4	y_5	—	—	—	—

共用四间教室，因为第一节 y_1, y_2, y_3, y_4 四个班都在上课，图 5.6 中细实线表示第一节课教师与班级的匹配，虚线表示第二节课，波纹线表示第三节课，粗实线表示

第四节课教师与班级的匹配.

我们把图 5.6(a) 中轨 $y_1 x_1 y_4 x_4$ 的粗细实线易位,得图 5.6(b). 它对应的课表为

节 教师	1	2	3	4	5	6
x_1	y_4	y_1	y_3	y_1	—	—
x_2	y_2	—	y_4	—	—	—
x_3	y_3	y_4		y_2	—	—
x_4	—	y_5		y_4		

每节最多三个班在上课,只需三间教室.

用引理 5.3 和定理 5.3,我们把图 5.6(b) 中的匹配调整成 6 个两两不相交的匹配,可得六节课的课表.

节 教师	1	2	3	4	5	6
x_1	y_4	y_3	y_1	—	y_1	
x_2	y_2	y_4				
x_3	—	—	y_4	y_3	y_2	—
x_4	—	—		y_4		y_5

只用两间教室.

5.2 图的顶着色

在图 5.7 中,我们把这个图的每个顶用 1 色与 2 色两种颜色之一上了色,且使邻顶异色,但仅用一种颜色当然做不到邻顶异色,对于这个"梯子图",在要求邻顶异色之下,所需的颜色数的最小值是 2.

一般而言,对一个图顶的着色有下面定义.

定义 5.3 如果使用 n 种颜色把图 G 的每顶皆分配一种颜色,且使得邻顶异色,则称此为对 G 的顶的正常 n 着色. 图 G 的顶的正常着色中所需颜色数的最小值称为 G 的顶色数,简称色数,记之为 $\chi(G)$,色数为 k 的图称为 k 色图.

例如,图 5.7 中的图 G,$\chi(G) = 2$.

显然下面命题为真:

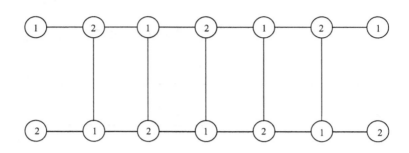

图 5.7

(1) G 是有边二分图的充要条件是 $\chi(G)=2$.

(2) G 是无边图当且仅当 $\chi(G)=1$.

(3) G 是完全图当且仅当 $\chi(G)=|V(G)|$.

(4) $\chi(\text{轮})=\begin{cases}3, & \text{轮的顶数是奇数,} \\ 4, & \text{轮的顶数是偶数.}\end{cases}$

(5) $\chi(G)\leqslant\Delta(G)+1$.

(1)(2)(3)(4)的证明不足道,对于(5),考虑完全图 G,$\chi(G)=\Delta(G)+1$;而从完全图上删去一些边不会使正常顶着色所需的颜色数变大.事实上,原来对完全图的正常着色不用改变,则是删边所得子图的一种正常顶着色,所以对任何图 G,$\chi(G)\leqslant\Delta(G)+1$.

可以利用色数来考虑的问题非常之多,例如所谓"安全装箱问题",即有的货物装在一个箱子里不安全,问对给定的一些货物,最少需准备几只箱子来盛这些货物? 我们以每种货物为一个顶,仅当两种货物放在一只箱子里不安全时,在这两种货物对应的顶之间连一边,构成图 G.如果求得 $\chi(G)$,对 G 用 $\chi(G)$ 种颜色正常顶着色时,同色的顶对应的货物可以放入同一只箱子,即所需箱子的最小数目为 $\chi(G)$.

与"安全装箱问题"有相同图论模型的问题有很多,例如"考试安排问题". 学校期末考试安排各门课的考试时间时,不能把同一位学生选修的两门课安排在同一个时间考试,问学校考试最少要进行多长时间?

这个问题与"安全装箱问题"的解法一样,只是把功课替代货物,把两门课同一个学生选修替代两种货物放在一个箱子里不安全.

在无线电传输当中,有一个十分重要的问题称为"信道分配问题",发射台所用频率从小到大编号为 $1,2,\cdots$,称为信道.用同一信道的两个台站相距不得少于一个常数 $d>0$,问各台至少需同时使用几个不同的信道?

以发射台为顶,仅当两台相距小于 d 时,则在两台对应的顶之间连一边,构造

图 G，$\chi(G)$ 即为所求.

读者将来在科学工作当中很可能会碰到某些实际问题,可以化成色数来研究.

著名的地图着色问题,可以化成色数问题.事实上,令每个国家的首都为顶,仅当两国有一段公共国界线时,在两国首都相应的顶之间加一边,得到一个图 G^*，$\chi(G^*)$ 即为地图染色问题所需的颜色数.为此,我们引入对偶图与面色数的概念.

定义 5.4 设 G 是平面图,G' 是 G 的平面嵌入,我们造一个图 G^*，使得 G' 的面集合 $F(G')$ 是 G^* 的顶集,当且仅当 $f_i,f_j\in F(G')$ 有公共边时,f_i 与 f_j 相应的 G^* 中的二顶相邻.称 G^* 为 G 的对偶图.$\chi(G^*)$ 称为图 G 的面色数.

4CC 可以写成:任何平面图的面色数不大于 4.由于 G^* 也是平面图,所以 4CC 也可以转化成:

$$\chi(平面图)\leqslant 4.$$

例 5.4 空间中若干点,其中任四点不共面,某些点对间有线段相连,构成一个图,证明对任意的自然数 n，都存在一个不含三角形的 n 色图.

证 对 n 进行数学归纳法证明.

$n=2$ 时,K_2 即为二色图,且不含三角形.

假设 $n=k-1$ 时,命题已成立,即存在图 G_{k-1}，使得 $\chi(G_{k-1})=k-1$，且 G_{k-1} 中无三角形.下面考虑 $n=k$ 的情形(图(α)中 G_3 与 G_4 分别为 3 色图与 4 色图,且皆无三角形,顶中写的是颜色号码).我们构作图 G_k 如下:对 G_{k-1} 的每个顶 v_1，$v_2,\cdots,v_m$，添加对应顶 $u_1,u_2,\cdots,u_m$，把 u_i 与 v_i 之邻顶间加上边,再添加一个新顶 w，w 与 u_i 之间加上边,$i=1,2,\cdots,m$，记所得之图为 G_k.

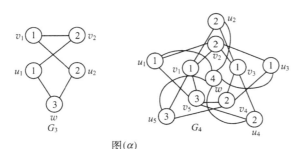

图(α)

由归纳法假设,G_{k-1} 中无三角形,所以 G_{k-1} 中 v_i 的邻顶不相邻.于是 G_k 中无 $\triangle v_iv_jv_l$ 与 $\triangle u_iv_jv_l$.由于 w 不与 v_i 相邻,所以无 $\triangle wv_iv_j$ 与 $\triangle wu_iv_j$.由于 u_1，$u_2,\cdots,u_m$ 两两不邻,所以无 $\triangle wu_iu_j$ 与 $\triangle uu_ju_l$，亦无 $\triangle u_iu_jv_l$ 故 G_k 中无三角形.

下面对 G_k 进行正常顶着色,G_{k-1} 上的顶色保留,且使 u_i 与 v_i 同色,w 着以 G_{k-1} 未用过的颜色,则用了 k 种颜色可完成 G_k 的正常顶着色.

下证用 $k-1$ 种颜色完不成对 G_k 的正常顶着色.

　　由于 $u_1,u_2,\cdots,u_m$ 与 w 相邻,所以在 G_k 中,w 与每个 u_i 异色,若 G_k 仅用 $k-1$ 种颜色即可正常着色,则 $\{u_1,u_2,\cdots,u_m\}$ 中所用的颜色不超过 $k-2$ 种.于是 G_k 中的子图 G_{k-1} 用 $k-1$ 种颜色正常着色后,G_{k-1} 所用的某种颜色在 $\{u_1,u_2,\cdots,u_m\}$ 中不出现.设 v_{j_1} 上的颜色在 $\{u_1,u_2,\cdots,u_m\}$ 中不出现.由于 u_{j_1} 与 v_{j_1} 的邻集相同,而 u_{j_1} 与 v_{j_1} 不相邻,所以把 v_{j_1} 的颜色换成 u_{j_1} 上的颜色 G_k 仍为正常着色;设 G_{k-1} 上与 v_{j_1} 同色的顶为 $v_{j_2},v_{j_3},\cdots,v_{j_l}$,同理把 $v_{j_2},v_{j_3},\cdots,v_{j_l}$ 上的颜色分别换成 $u_{j_2},u_{j_3},\cdots,v_{j_l}$ 上的颜色,G_k 仍为正常着色,这时 G_{k-1} 用了 $k-2$ 种颜色即可正常着色,与 G_{k-1} 是 $k-1$ 色图相违.证毕.

　　定理 5.4(Heawood,1890)　平面图的色数不大于 5.

　　证　设 G 是连通平面图,对 G 的顶数 ν 进行归纳证明.

　　$\nu\leqslant5$ 时,定理显然成立.假设 $\nu\leqslant k-1$ 时定理 5.4 已成立,往证 $\nu=k$ 时定理 5.4 也成立.

　　由于 G 是平面图,由推论 3.2,$\delta(G)\leqslant5$,设 $d(v_0)\leqslant5$.

　　若 $d(v_0)\leqslant4$.由归纳法假设 $\chi(G-v_0)\leqslant5$,$G-v_0$ 已用五色正常顶着色,再把 v_0 用与它在 G 中的邻顶们(不超过 4 个)相异的颜色上色,则得出 $\chi(G)\leqslant5$.

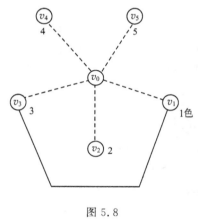

图 5.8

　　若 $d(v_0)=5$,设 v_1,v_2,v_3,v_4,v_5 是 v_0 的邻顶,见图 5.8,不妨设 v_1,v_2,v_3,v_4,v_5 依顺时针排列(不然重新对这五个顶编号).由归纳法假设 $\chi(G-v_0)\leqslant5$,设 $G-v_0$ 已用五种颜色 1,2,3,4,5 正常顶着色,且 v_1,v_2,v_3,v_4,v_5 在 $G-v_0$ 中上的色分别是 1,2,3,4,5.记 $G-v_0$ 中由 i 色顶与 j 色顶的导出子图为 G_{ij}.考虑 G_{13}.

　　(1)若在 G_{13} 中 v_1 与 v_3 分居于两个连通片,在含 v_1 的连通片中,1 色与 3 色互换,在 G 中把 v_0 着以 1 色即得 G 的用 5 种颜色的正常顶着色,所以 $\chi(G)\leqslant5$.

　　(2)若在 G_{13} 中 v_1 与 v_3 在同一个连通片中,则在 $G-v_0$ 中存在轨 $P(v_1,v_3)$,此轨上的顶 1 色与 3 色交替出现.

　　考虑图 G_{24},若 v_2 与 v_4 分属于两个连通片,与上面推理(1)相似地可得 $\chi(G)\leqslant5$.而 v_2 与 v_4 在 G_{24} 中不会在同一个连通片中,不然存在轨 $P(v_2,v_4)$,其上的顶 2 色与 4 色交替出现,但在 G 中,有一个圈 $v_0v_1P(v_1,v_3)v_3v_0$.于是 $P(v_1,v_3)$ 与 $P(v_2,v_4)$ 有公共顶,这个公共顶 $P(v_1,v_3)$ 要求它是 1 色或 3 色,$P(v_2,v_4)$ 要求它是 2 色或 4 色,这是不可能的.证毕.

　　定理 5.4 与 4CC 的结论仅一步之差.但众多数学家为了"5 变 4"这一小步,

一直奋斗一百多年. 四色定理的手写证明仍未得到,人们在冲击它的过程中,研究出许多图论的新成果. 例如颜色多项式等等,4CC 是图论中"一只会下金蛋的鹅". 应当注意的是,执意用手和笔搞 4CC 的证明未必是明智的选择,也许图论尚未发展到那种层次,可以提供写出合理长度的传统证明的理论支持,也许它的证明注定就是超长的,非手工可以胜任. 下节我们扼要介绍 4CC 的机器证明.

*5.3　四色猜想为真的机器证明

1976 年 7 月,美国伊利诺大学的两位数学家 Kenneth Appel 和 Wolfgang Haken 用计算机证明了四色猜想成立,这是数学史上破天荒地用机器证明非平凡数学定理的光辉业绩! 这两位数学家事后在 1978 年《今日数学》《Mathematics Today》上著文《四色问题》,畅谈了他们的思路与工作体会. 他们说,画在纸上的每张地图只用四种颜色就能使具有公共边界的国家染上相异的颜色. 众多数学家花了 100 多年的时间要证明这句听起来似乎十分简单的话,结果都以失败告终,白费了力气,于是乎引起了数学界的重视. Appel 和 Haken(下称 AH)还直言他们的证明的正确性若不借助计算机是无法检验其成立与否的. 他们声称 4CC 是一个有趣的新型定理,虽然不能排除简短的手写证明有朝一日会出现,甚至于不排除出自一位天才的高中生之手. 但估计这种机会十分之少,以至于更倾向于这种手写证明不可能完成.

AH 承认 1879 年英国伦敦的律师和伦敦数学会会员 A. B. Kemple(1849～1922)给出的 4CC 为真的证明虽然有错,但 Kemple 证明中发明的技巧和思想,"包含了一个世纪后终于引到正确证明的绝大部分基本概念."1890 年,P. J. Heawood 指出了 Kemple 证明的破绽,且给出了五色定理的证明,证明的关键技巧继承了 Kemple 的"色交换技术".

在 Heawood 证明出五色定理之后,他又在这个问题上对 4CC 冲击了近几十年之久. 在此期间许多著名数学家和不可胜数的业余数学家在四色猜想上消耗了大量的精力,皆不得正果,研究的动力来自纯数学的兴趣和数学家固执的智力应战习性. 在冲击 4CC 的过程中,人们对图论和网络理论贡献了大量的新概念与新理论. 可以说,4CC 是一只数学园地里会下金蛋的鹅.

AH 警告人们,有理由相信数学中计算与证明单靠人力不能完成的问题可能非常之多. 他们说,如果一个人只使用传统的只能写出较短证明的论证工具(指用手、笔和纸),那么他只能解决用简短证明可以解决的那部分问题,他们主张传统的证明和计算方法应与计算机证明与计算结合起来. AH 指出,他们的成果暗示,传统的纯粹数学方法比某些数学家看到的局限更为严重,1852 年以来到 1976 年在进攻四色问题当中人类花费的巨大努力不能成功,最后还是借用机器完成其证明,颇具历史性的启发作用.

5.3.1   Kemple 的证明

通过对偶图,四色猜想为:每个平面图皆 4 色图.

只需考虑平面三角剖分图(plane triangulations),如图 5.9.事实上,每个平面图皆可加上一些新边而得到三角剖分图.图 5.9 就是图 5.10 加上新边 v_4v_6,v_3v_5,v_5v_7 得到的,而添加新边只能使色数不减,甚至变大.

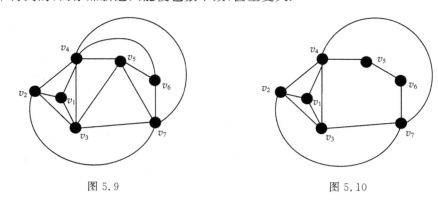

图 5.9   图 5.10

设 T 是 p 个顶 q 条边和 r 个面的极大平面图,且设次数为 k 的顶有 p_k 个,$p_0=p_1=0$.由 Euler 公式,$p-q+r=2$,且

$$p = \sum_k p_k,$$

$$2q = \sum_k kp_k,$$

$$2q = 3r.$$

从而得到

定理 5.5   若在极大平面图 T 中,k 次顶的数目是 p_k 个,则

$$\sum_k (6-k)p_k = 12,$$

即

$$4p_2 + 3p_3 + 2p_4 + p_5 - p_7 - 2p_8 - 3p_9 - \cdots = 12.$$

推论 5.1   极大平面图 T 中,有一个至多 5 次的顶.

从推论 5.1 我们知道 T 中至少含有图 5.11 中所示的四种结构之一.

若四色猜想不成立,我们可以取得一个反例,它具有最少的顶数.如果它不是三角剖分,我们可以加边,使其成为三角剖分 T,而其顶数不变;每个比 T 顶数少的平面图皆四色的,而 T 不是.

如果 T 只含图 5.11 的(a)或(b)这种构造,则删除顶 v 之后,$\chi(T-v) \leqslant 4$.由

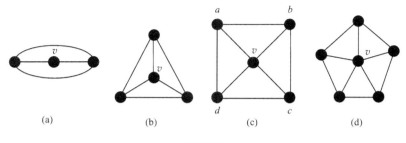

图 5.11

于 v 的邻顶至多 3 个. 所以可以把与 v 相邻的顶相异的第四种颜色给 v 染上,于是 $\chi(T) \leqslant 4$,与 T 是反例相违. 于是 T 中不含结构(a)与(b).

若 T 中含结构(c),我们试图如上地同样来证明,但当 a、b、c、d 的颜色两两相异时,我们遇到了麻烦,这时我们不能立刻对顶 v 染色. 为了克服这一麻烦,Kemple 采用了一种巧妙的证法(现称 Kemple 链证法),证明我们可以对 T-v 的上色进行变更,使得要么 a 与 c 要么 b 与 d 有相同的颜色. 于是对 v 可以上色,使得 T 是四色的,从而得到矛盾. 为了实际得到上述结论,设 a, b, c, d 分别染上红、绿、兰和灰四种颜色,图 T-v 中可能找到从 a 到 c 的轨,其顶仅是红的与蓝的(称为 Kemple 链),也可能找到从 b 到 d 的一条轨,其上的顶不是绿色就是灰色. 但是这两条轨不能同时存在,因为如果同时存在,那么它们的公共点是何种颜色呢? 是红色或蓝色,同时又应是绿色或灰色,这是不可能的. 不失一般性,不妨设不存在从 a 到 c 的红–蓝轨. 这时容易看出,我们可以交换颜色,使 T-v 中 a 顶变成蓝色而 b, c, d 三顶不变色,于是可以对 v 顶着以红色,使得 T 呈 4 色,矛盾.

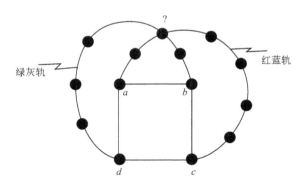

图 5.12

因此 Kemple 证明了 T 不含图 5.11 中(a)(b)(c)的结构. 如果他还能证明 T 不含结构(d),则他的证明则可彻底完成,因为 T 中应含(a)(b)(c)(d)四种结构至少一种.可惜 Kemple 在讨论第四种情形(d)时,出现了证明错误!

1890 年 Heawood 指出了 Kemple 证明的漏洞,Heawood 沿用 Kemple 的证明方法证明出一个较弱的结论,用五种颜色可以对平面图正常顶着色,即 χ(平面图)$\leqslant 5$,称为五色定理.

Kemple 在证明 4CC 时使用的思路中有两个关键思想对 4CC 的机器证明产生了重大作用.

5.3.2　Appel 和 Haken 证明的思路

平面三角剖分的某个圈中的顶导出子图称为一个构形(configuration),包围此构形的圈称为构形围栏,围栏上的顶数称为围栏长.图 5.11 中的四个图中的构形皆由一个顶 v 组成,而其围栏的长分别为 2,3,4,5.图 5.13 中的构件由 7 个顶导出,其围栏长为 12.

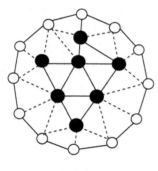

若 U 是一个构形集合,且每个平面三角剖分皆含 U 中至少一个元素,则称 U 为不可避免集(unavoidable set).例如图 5.11 中的四个图构成的集合就是一个不可避免集.

如果一个构形 C 不含于 4CC 的最小(顶数最少)反例之中,则称此构形为可约的.它指出,若存在一个含构形 C 的反例,则我们能找到一个更小的反例.上节我们证明了图 5.11 中的(a)(b)(c)都是可约的,但未证明(d)是可约的.

欲证 4CC 为真,只欠证存在可约构形组成的不可避免集.

图 5.13

Appel 和 Haken 的证明就是用计算机做两件事:

(1) 构造构形的一个不可避免集;

(2) 证明(1)中的构件是可约的.

5.3.3　不可避免集

在图 5.11 中的四个图中的(d)未被证明是可约的,所以尽管它是不可避免组,但尚需寻找另外的不可避免组.1904 年,Wernicke 构作出一个不可避免集,如图 5.14 所示.他把图 5.11 中的(d)用另两个构形取代,其中一个是两个 5 次的相邻顶,另一个是一个 5 次一个 6 次的两个相邻的顶.

图 5.15 是又一组不可避免集.

1913 年,G. D. Birkhoff 又找到一个可约构形如图 5.16 所示,人称这个构形为伯克豪夫钻石.

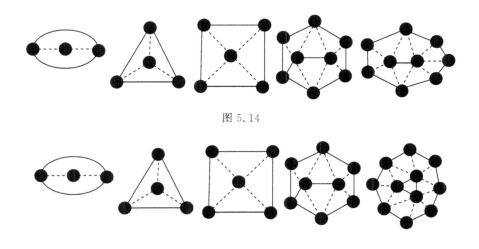

图 5.14

图 5.15

在下面的论证中,我们约定:

(1) 在所述的不可避免集中,省去了图 5.11 中的(a)
(b)(c).

(2) 省去了构形的围栏.

(3) ● 表示构形中 5 次顶,○ 表示构形中 6 次的顶,ⓚ
表示构形中 k 次顶,$k > 6$.

例如图 5.11 中的构形集变成{●}.

图 5.14 中的构形集变成{●-●,●-○}.

图 5.16

图 5.15 中的构形集变成{●-●,  }.

证明一个构形集是不可避免集不是轻松的事.

定理 5.6(Wernicke,1904)　{●-●,●-○}是不可避免集.

证　令 T 是一个不含 2 次、3 次和 4 次顶的三角剖分.我们约定开始时 k 次顶
所带的电荷为 $6-k$,由定理 5.5,T 上各顶总电荷为

$$\sum_k (6-k)p_k = 12,$$

其中 p_k 是 k 次顶的数目,而今 $k \geqslant 5$.

把带 1 个单位正电荷的每个 5 次顶向其每个带负电荷的邻顶输送 $\frac{1}{5}$ 个电荷.

如果不存在 5 次顶与 6 次顶或 5 次顶与 5 次顶相邻的现象,每个 5 次顶必有 5 个
开始时带负电荷的邻顶,即 5 次顶与 7 次以上的顶相邻,最后 5 次顶上的电荷变成零.

考虑 $k \geqslant 7$ 的顶,这种 k 次顶所获电荷最多为 $\dfrac{k}{10}$,使它带的电荷数不大于 $(6-$

$k)+\dfrac{k}{10}<0$. 于是 T 上的总电荷量是负的,不是 12,此矛盾证明 $\{\bullet\!\!-\!\!\bullet, \bullet\!\!-\!\!\circ\}$ 是

不可避免集. 证毕.

用这种电荷输送的技术 Appel 和 Haken 又证明了下面两个定理.

定理 5.7 $\left\{\bullet\!\!-\!\!\bullet\!\!-\!\!\bullet, \begin{array}{c}\triangle\end{array}\right\}$ 是不可避免集.

定理 5.8 $\left\{\circ, \oslash, \oslash, \quad, \quad, \quad\right\}$ 是不可避免集.

5.3.4　可约性

以 Birkhoff 钻石为例来展示如何证明一个构形是可约的.

设 T 是 4CC 的最小反例,设 T 中含 Birkhoff 钻石构形,并且 T' 是 T 上把 Birkhoff 钻石上的内部 4 个顶删除后得到的图. 因为 T 是最小反例,则 T' 是 4 色 的,即 $\chi(T') \leqslant 4$. 为了得到矛盾,我们将证明 T' 的每个四色上色可以扩充为 T 的 一种四色上色. 为此,我们考虑 T' 四色上色的具体情形,在四色上色时,六边形上 顶的色分布如下:

121212	121324√	123143	123412
121213√	121342√	123212√	123413
121232	121343√	123213√	123414√
121234√	123123	123214√	123423
121312√	123124	123232√	123424√

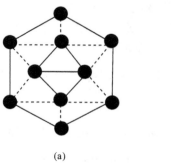

(a)

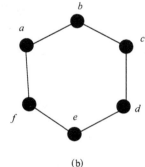

(b)

图 5.17

121313	123132√	123234	123432√
121314	123134	123242	123434√
121323√	123142	123243	

表中 121211 和 121231 未被列入,因为它们对六边形上相邻的顶上了同样的颜色.而 121214 未被列入是因为 121213 与之是同一类型的.当然上述表中并不是一切可能的情形.表中作了√号标志的是六边形的"好着色".例如 121213√,见图5.18,它能扩充到构形 C,C 是 Birkhoff 钻石,故称 121213 是六边形的好着色.如果上述 31 种可能的色分布每一个都是好的,那么 T' 的每个可能的正常着色可以扩充到 T,使 T 成为 4 色的.我们用 Kemple 链方法把上述 31 种色分布中的"坏分布"转换成"好着色".例如容易检验,坏着色 121313 能转换成"好着色"121213

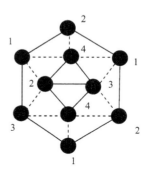

图 5.18

和 121343 中的一个,这只要把 Kemple 链上的 1 与 4 或 2 与 3 互换即可.

5.3.5 机器证明的成功

从 1913 年 Birkhoff 发现 Birkhoff 钻石这种可约构形之后到 20 世纪 60 年代,数学家们发现了数以千计的可约构形,并企图从中用计算机筛选出一组不可避免集.1976 年,Appel 和 Haken 在 Koch 的合作之下,利用计算机,花了 1260 个机时,验证了由 1834 个构形组成的集合是一个可约的不可避免集,从而证明 4CC 成立.

至今人们尚未给出不用可约不可避免集这种计算机证明方法的其他办法来证明 4CC 为真.事实上,其他方法可能是由于需要很强的理论工具,而这种理论工具是什么,甚至它是否已经在数学科学中出现,都是未知的事情.

在快速计算机发展之前受了传统数学教育的数学家们,往往倾向于不把计算机视为一种做数学证明的工具,尤其是其程序太长,不易用手工来检查其正误时,觉得机器证明的结论不那么可靠.对那些证明不太长而理论性强的定理而言,这种传统的证明观是可以理解的,但对于计算性高而且证明超长的定理,拒绝使用计算机则是十分不明智的了.事实上,像 4CC 这种需要大规模计算与分析的非人力所能胜任的问题是非常之多的.当然,即使充分利用计算机,也要与纯数学的理论分析相结合.

5.4 颜色多项式

如果用一色,二色和三色对三个顶树进行顶正常着色,不同的着色方式如图5.19 所示.

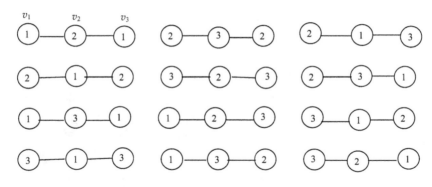

图 5.19

我们看到,对于标志了顶的三顶树,用三种颜色对其顶正常着色的不同方式共有 12 种.所谓两种上色有不同方式,是指至少有一个顶两次的着色不一样.显然,如果图大一些(顶多),所用颜色也多一些,则不同的上色方式会十分之多,穷举法已经行不通.例如一个标志的 9 顶树,用 11 种颜色正常顶着色,竟有 11 亿种,我们是无法在纸上把这些上色方式全画出来了(没有这么多时间和纸张).

如果我们用 $P(G,k)$ 表示对图 G 用 k 种颜色顶正常着色的方式数,并且 G 给定,则 $P(G,k)$ 是 k 的一元函数,其定义域是 $\mathbf{N}$.但 G 不同,这个函数 $P(G,k)$ 未必相同.

由 $P(G,k)$ 的含义我们立即得到以下简单结论:

(i) $\chi(G) \leqslant k$ 的充分必要条件是 $P(G,k) > 0$.

(ii) $P(\text{平面图},4) > 0$ 的充分必要条件是 4CC 成立.

(iii) $P(G,k) = k(k-1)\cdots(k-\nu+1)$ 的充要条件是 $G = K_\nu$.

(iv) $P(G,k) = k^\nu$ 的充分必要条件是 $|E(G)| = 0$.

(v) 若 $G_1, G_2, \cdots, G_\omega$ 是 G 的连通片,则 $P(G,k) = \prod\limits_{i=1}^{\omega} P(G_i, k)$.

(vi) $P(G-e,k) = P(G,k) + P(G \cdot e, k)$,其中 $e \in E(G)$,G 是单图.

事实上,若 $e = uv \in E(G)$,则 $P(G \cdot e, k)$ 是用 k 种颜色对 $G-e$ 进行正常顶着色 u 与 v 同色时上色的方式数;$P(G,k)$ 是用 k 种颜色对 $G-e$ 进行正常顶着色 u 与 v 异色时上色的方式数,所以

$$P(G-e,k) = P(G \cdot e, k) + P(G,k). \tag{P}$$

用公式(P)可以求得一些小图的 $P(G,k)$.例如

$$P(\bullet\!\!-\!\!\bullet\!\!-\!\!\bullet, k) = P(\bullet\!\!-\!\!\bullet \quad \bullet, k) - P(\bullet\!\!-\!\!\bullet, k)$$
$$= [P(\bullet \quad \bullet \quad \bullet, k) - P(\bullet \quad \bullet, k)]$$
$$- [P(\bullet \quad \bullet, k) - P(\bullet, k)]$$

$$= [k^3 - k^2] - [k^2 - k]$$
$$= k(k-1)^2 = k^3 - 2k^2 + k.$$

令 $k=3$,则 $P(\text{●—●—●},3)=3(3-1)^2=3\times4=12$,这就是本节开头图 5.19 画出的情形.

再用公式(P)做一个比较大一些的图的 $P(G,k)$. 我们把 $P(G,k)$ 简写成 G,并以图示之:

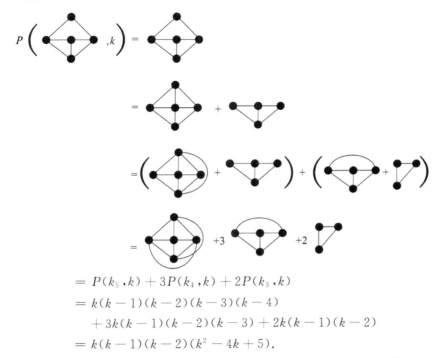

$$= P(k_5,k) + 3P(k_4,k) + 2P(k_3,k)$$
$$= k(k-1)(k-2)(k-3)(k-4)$$
$$\quad + 3k(k-1)(k-2)(k-3) + 2k(k-1)(k-2)$$
$$= k(k-1)(k-2)(k^2 - 4k + 5).$$

从以上两个实例我们看到,求得的 $P(G,k)$ 都是 k 的多项式. 例如三项树的 $P(G,k)=k^3-2k^2+k$ 中首项恰为 k^ν,第二项是 $-\varepsilon k^{\nu-1}$,无常数项,系数正负交替出现. 这种现象不是偶然的,有下面定理做出总结.

定理 5.9 $P(G,k)$ 是 k 的 ν 次多项式,$\nu=|V(G)|$,且按降幂排列时,首项为 k^ν,第二项为 $-\varepsilon k^{\nu-1}$,无常数项,系数为正负交替出现的整数,其中 $\varepsilon=|E(G)|$.

证 对图的边数进行归纳证明,约定 $G \cdot e$ 有重边时,把重边变成单边(不影响顶正常着色).

$\varepsilon=0$ 时,有 $P(G,k)=k^\nu$,定理已成立.

假设 $\varepsilon \leqslant n-1$ 时定理成立,考虑 $\varepsilon=n$ 的情形,则 $G-e$ 与 $G \cdot e$ 的边数为 $n-1$. 由归纳法假设

$$P(G-e,k) = k^\nu - (\varepsilon-1)k^{\nu-1} + a_{\nu-2}k^{\nu-2} - a_{\nu-3}k^{\nu-3}$$

$$+\cdots+(-1)^{\nu-1}a_1k$$

$$P(G\cdot e,k)=k^{\nu-1}-\varepsilon'k^{\nu-2}+b_{\nu-3}k^{\nu-3}-b_{\nu-4}k^{\nu-4}+\cdots$$

$$+(-1)^{\nu-2}b_1k,$$

其中 ε' 是单图 $G\cdot e$ 的边数, $a_i,b_i\geqslant0$. 由公式

$$P(G,k)=P(G-e,k)-P(G\cdot e,k),$$

得

$$P(G,k)=k^{\nu}-\varepsilon k^{\nu-1}+(a_{\nu-2}+\varepsilon')k^{\nu-2}-(a_{\nu-3}+b_{\nu-3})k^{\nu-3}$$

$$+\cdots+(-1)^{\nu-1}(a_1+b_1)k.$$

可见对于 $\varepsilon=n$ 的情形,定理 5.8 仍成立.证毕.

多项式 $P(G,k)$ 称为 G 的颜色多项式.它是 1912 年由美国数学家白克豪夫 (Birkholl)引入的,当时的意图是想从 $P(G,k)$ 的研究来证明 4CC,即证明

$$P(平面图,4)>0.$$

虽然这一目的尚未达到,但由颜色多项式引出了不少令人感兴趣的图论问题. 例如,

(1) 如何判定一个多项式是否某个图的颜色多项式?

(2) 有同一个颜色多项式的图类有什么共同的拓扑性质?

(3) 证明或反驳瑞德(Read)猜想:

$P(G,k)$ 的系数的绝对值形成先单调严格上升转而严格单调下降的单峰序列.

颜色多项式对研究图论的作用有一个局限性就是不同构的图,可以有相同的颜色多项式,下面的定理揭示了它的这种缺憾.

定理 5.10 图 G 的颜色多项式为 $k(k-1)^{\nu-1}$ 当且仅当 G 是 ν 个顶的树.

证 若 $k(k-1)^{\nu-1}$ 是图 G 的颜色多项式,由于此多项式中有一次项 $(-1)^{\nu-1}k$,而若 G 中有连通片 $G_1,G_2,\cdots,G_{\omega},\omega>1$,则 $P(G,k)=\prod\limits_{i=1}^{\omega}P(G_i,k)$. 由定理5.8, $P(G_i,k)$ 无常数项,故当 $\omega>1$ 时, $P(G,k)$ 中应无一次项,与它事实上有一次项 $(-1)^{\nu-1}k$ 矛盾,故 $\omega=1,G$ 是连通图. 又 $k(k-1)^{\nu-1}$ 的 $k^{\nu-1}$ 的系数是 $-C_{\nu-1}^1=-(\nu-1)$. 由定理5.9, $\varepsilon(G)=\nu(G)-1$. 由树的等价命题:连通图 G 的边数等于顶数减 1 当且仅当 G 是树,至此知 G 确是树.

下证 $P(G,k)=k(k-1)^{\nu-1}$ 是 G 为树的必要条件.若 G 为树,对 $\nu(G)$ 进行归纳法证明.事实上,当 $\nu=1$ 时, G 只有一个顶,这时 $P(G,k)=k,\nu=2$ 时, $P(G,k)=k(k-1)$ 成立.

假设当 $\nu\leqslant n-1$ 时,命题已成立,即 $P(G,k)=k(k-1)^{\nu-1}$. 考虑 $\nu=n$ 的树 G, 取 G 一个叶 v_0, 令 $G'=G-v_0,G'$ 也是树.由归纳法假设 $P(G',k)=k(k-1)^{n-2}$, 对

G' 的每一种正常 k 顶着色方式,v_0 在 G 上上色时有 $k-1$ 种选择的可能,使得 G 得到正常 k 顶着色,于是

$$P(G,k) = (k-1)P(G',k)$$
$$= (k-1)k(k-1)^{n-2}$$
$$= k(k-1)^{n-1}.$$

数学归纳法完成. 证毕.

有的多项式,即使满足定理 5.9 的结论,仍可以不是图的颜色多项式. 反例如下:

多项式 $k^4-3k^3+3k^2$ 满足定理 5.9 的结论,如果它是图 G 的颜色多项式. 若 G 是连通图,则 $\nu(G)=4,\varepsilon(G)=3,\varepsilon=\nu-1$. 所以 G 是树,于是

$$P(G,k) = k(k-1)^{\nu-1}$$
$$= k(k-1)^3 = k(k^3-3k^2+3k-1)$$
$$= k^4-3k^3+3k^2-k \neq k^4-3k^3+3k^2.$$

所以 G 不是连通图. 由于 $\nu=4,\varepsilon=3,G$ 只能如图 5.20 所示,其一个连通片是三角形,另一个连通片是一个孤立顶. 于是

$$P(G,k) = k\,k(k-1)(k-2) = k^4-3k^3+2k^2$$
$$\neq k^4-3k^3+3k^2.$$

综上所述,$k^4-3k^3+3k^2$ 不是图的颜色多项式.

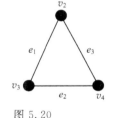

图 5.20

5.5 独 立 集

与图的正常顶着色有血缘关系的一个重要概念是所谓独立集.

定义 5.5 设 $I \subseteq V(G)$,$\forall u,v \in I,u$ 与 v 不相邻,则称 I 是图 G 的一个独立集;如果 I 是独立集,而 $\forall u \in V(G)-I,I \bigcup \{u\}$ 不是 G 的独立集,则称 I 是 G 的一个极大独立集;G 中顶数最多的独立集称为 G 的最大独立集,G 的最大独立集顶的个数叫做 G 的独立数,记之为 $\alpha(G)$.

在图的正常顶着色中,同色顶组成 G 的一个独立集. 利用极大独立集,可以得到一个正常顶着色的算法.

定义 5.6 若把图 G 的顶集 $V(G)$ 划分成 $V_1,V_2,\cdots,V_k$ 这 k 个子集,即 $V(G) = \bigcup_{i=1}^{k} V_i,V_i \bigcap V_j = \varnothing,i \neq j,V_i$ 是 $G - \bigcup_{j=0}^{i-1} V_j$ 的极大独立集,$i=1,2,\cdots,k$,其中 $V_0 = \varnothing$,把 V_i 中的顶染上 i 色,则称这种上色是对图 G 的一种 k 顶规范着色.

显然规范着色是正常着色.

定理 5.11　如果 G 是可以 k 顶正常着色的,则 G 存在 k 顶规范着色.

证　设 G 有正常着色 $C=(V_1,V_2,\cdots,V_k)$,即 $V(G)=\bigcup\limits_{i=1}^{k}V_i$,且 $V_i\bigcap V_j=\varnothing$, $i\neq j$,V_i 中顶着以 i 色,我们来调整 V_i,使得此着色 C 是规范 k 顶着色:

若 V_1 是 G 的极大独立集,则把 V_1 顶上 1 色.不然,V_1 是 G 的一个独立集.从 $V(G)-V_1$ 中调入一些顶进入 V_1,总可以把 V_1 扩张成 G 的极大独立集 $V_1^{(1)}$,这时,$V_2,V_3,\cdots,V_k$ 分别变成 $V_2^{(1)},V_3^{(1)},\cdots,V_k^{(1)}$.考虑图 $G_1=G-V_1^{(1)}$,若 $V_2^{(1)}$ 是 G_1 的极大独立集,则把 $V_2^{(1)}$ 中的顶着以 2 色,不然,从 $G-V_1^{(1)}-V_2^{(1)}$ 中调一些顶进入 $V_2^{(1)}$,使得 $V_2^{(1)}$ 扩张成 G_1 的极大独立集.如此以往,最后便得到规范 k 顶着色.证毕.

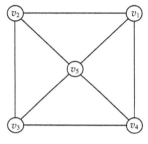

图 5.21

例如图 5.21 中的图 G 中,$V_1=\{v_5\}$ 是 G 的极大独立集,$V_2=\{v_1,v_3\}$ 是 $G-V_1$ 的极大独立集,$V_3=\{v_2,v_4\}$ 是 $G-V_1-V_2$ 的极大独立集,$V_1\bigcup V_2\bigcup V_3=V(G)$.所以把 V_1 着 1 色,V_2 着 2 色,V_3 着 3 色是一种 3 顶规范着色.由于此图只有这一种规范着色,所以 $\chi(G)=3$,即此图是 3 色的.

上述规范着色的思路是,我们用第一种颜色为图 G 上色时,要尽可能多地把一些无色顶上色,直至不能再多染顶为止,工作中一直保持邻顶不同色的规矩;接着对无色顶中的一些顶用第二种颜色尽可能地多上色,坚持邻顶不同色的规矩,直至不能再多染顶为止;如此继续工作下去,最后完成 G 的正常着色.

独立集与覆盖集在一个图 G 中有互补性.

事实上,若 I 是图 G 的独立集,即 I 中任二顶不在 G 中相邻,此即 $E(G)$ 中的每条边至少一端在 $V(G)-I$ 中,即 $V(G)-I$ 是 G 的覆盖集;反之,若 $V(G)-I$ 是 G 的一个覆盖集,即每条边至少一个端点在 $V(G)-I$ 中,则 I 中无邻顶,可见

(1) I 为 G 的独立集的充要条件是 $V(G)-I$ 是 G 的覆盖集.

(2) I 是 G 的极大独立集,则 $V(G)-I$ 是 G 的极小覆盖集.

(3) $\alpha(G)+\beta(G)=|V(G)|$.

下面给出求极小覆盖集或极大独立集的一种算法(并不是有效算法).为此引入逻辑运算:

a 或 b,写成 $a+b$.

a 与 b,写成 ab.

这种逻辑运算除了满足交换律、结合律与分配律之外,还满足所谓吸收律:

$$a+a=a,aa=a,a+ab=a.$$

　　由于覆盖集与独立集的互补性,欲求一个图 G 所有的极大独立集,只需求出它的一切极小覆盖集,再求出它们的补集,即为 G 的所有极大独立集.

　　对于 $\forall v \in V(G)$,为了覆盖住与 v 关联的一切边,或是 v 参加覆盖集,或是 v 的一切邻顶参加覆盖集,这可以写成

$$v + \prod_{u \in N(v)} u.$$

所以所有极小覆盖集由下面的多项式给出:

$$\prod_{v \in V(G)} \left(v + \prod_{u \in N(v)} u \right) \tag{II}$$

(II) 式的展开式之每一项是一个极小覆盖集.

　　例 5.5　求图 5.22 中图 G 的一切极小覆盖集与极大独立集以及 $\alpha(G)$ 与 $\beta(G)$.

　　解　先求极小覆盖集,由公式(II) 得

$$\prod = (a + bd)(b + aceg)$$

$$(c + bdef)(d + aceg)$$

$$(e + bcdf)(f + ceg)$$

$$(g + bdf).$$

把此式去括号展开,利用吸收律得

$$\prod = aceg + bcdeg + bdef + bcdf.$$

于是图 G 的一切极小覆盖集有以下四个:

$$\{a,c,e,g\}, \quad \{b,c,d,e,g\},$$

$$\{b,d,e,f\}, \quad \{b,c,d,f\}.$$

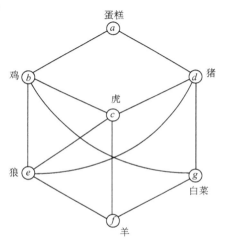

图 5.22

取此四个顶子集的关于 $V(G) = \{a,b,c,d,e,f,g\}$ 的补集,得四个极大独立集:

$$\{b,d,f\}, \{a,f\}, \{a,c,g\}, \{a,e,g\}.$$

此即欲求的 G 的一切极大独立集,且知 $\alpha(G) = 3, \beta(G) = 4$.

　　如果把蛋糕(a)、鸡(b)、虎(c)、猪(d)、狼(e)、羊(f)、白菜(g)中的一些放在一起,而又不会发生"不安全"的事,上面给出的四个极大独立集{鸡、猪、羊},{蛋糕、羊},{蛋糕、虎、白菜},{蛋糕、狼、白菜}就是仅有的四种极大的安全编组方式.不可能把四宗东西放在一起,不然会出现其中的一种吃掉另一种的事情.

　　令人失望的是,这种求极大独立集的方法的运算时间为 $O(2^\nu)$.事实上(II)中有 ν 个形如 $(x + y)$ 的因式,展开时每个括号中有一项参加,有两种选择;全部 ν

个$(x+y)$的乘法方式有 2^{ν} 种，$\nu=|V(G)|$. 可见这种算法的耗时过大，ν 稍大一些就不能在合理的时间内得到答案，而且目前又没有比上述算法更好的有效算法.

还有一个与独立集、覆盖集有密切关系的顶子集叫做支配集.

定义 5.7　$V_1\subseteq V(G)$，$\forall v\in V(G)$，则 $v\in V_1$，不然 v 与 V_1 内一顶相邻，则称 V_1 为图 G 的一个支配集. 如果 V_1 是图 G 的一个支配集，但 V_1 的任何真子集不再是 G 的支配集，则称 V_1 为 G 的极小支配集. 顶数最少的支配集叫做最小支配集，其顶数记成 $\gamma(G)$，$\gamma(G)$称为图 G 的支配数.

由极大独立集与极小支配集的定义，容易看出：任何图 G 的极大独立集必为 G 的极小支配集.

按逻辑运算把下式展开成多项式，则每一项给出 G 的一个极小支配集：

$$\prod_{v\in V(G)}\left(v+\sum_{u\in N(v)}u\right),\tag{$\Pi\Sigma$}$$

事实上，在图 G 中，为了顶点 v 接受“支配”，或者 v 参加极小支配集，或者 v 的某个邻顶参加极小支配集，所以公式(ΠΣ)成立.

例 5.6　求图 5.23 中图 G 的一切极小支配集.

解　由公式(ΠΣ)，

$$\begin{aligned}&(a+b+c+d)(b+a+d)\\&(c+a+d)(d+a+b+e+f)\\&(e+d+f)(f+d+e)\\&=ae+af+d+bce+bcf.\end{aligned}$$

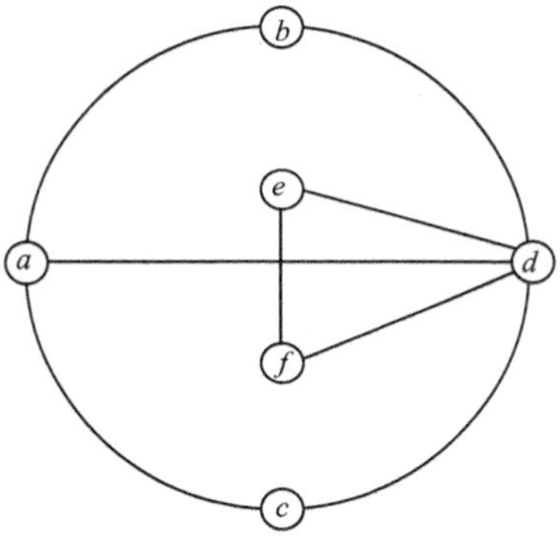

图 5.23

即$\{a,e\}$，$\{a,f\}$，$\{d\}$，$\{b,c,e\}$，$\{b,c,f\}$为 G 的全部极小支配集，$\gamma(G)=1$.

19 世纪，伟大的德国数学家高斯(Gauss C. F, 1777～1855)提出了著名的五皇后问题和八皇后问题：

最少几个“后”，放在哪些方格中，才能吃掉对方任何一个格子上的子儿？

最多几个“后”，放在哪些格子中，使得任一后吃不掉任何其他的“后”？

这两个问题后人分别称其为高斯五皇后问题和高斯八皇后问题.

高斯给出了这两个问题的解，见图 5.24 与图 5.25.

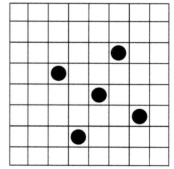

图 5.24

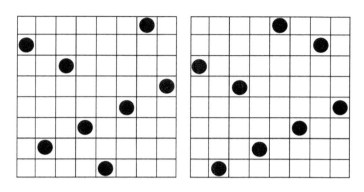

图 5.25

　　用图论的语言而言,我们以 8×8 的棋盘的 64 个方格组成一个所谓"皇后图" G 的顶集合,仅当后在甲格能吃掉乙格的对方一个子儿时,甲乙二格对应的顶在皇后图 G 中相邻. 于是高斯五皇后问题即为求皇后图的最小支配集. 这时 $\gamma(G) = 5$ (验证留给读者);而高斯八皇后问题是求皇后图 G 的最大独立集,可以验证 $\alpha(G) = 8$. 图 5.24 是五皇后的一种解,解不惟一;图 5.25 是八皇后的两组解,还有 90 种其他的解(可参考王树禾著《数学聊斋》,科学出版社).

　　支配集与独立集在网络与信息技术中有重要应用,下面介绍两方面的实例.

　　(1) 中心台站的选址

　　在 $v_1, v_2, \cdots v_n$ 这 n 个城镇之间有一个通信网络. 现在计划在这些城镇中选定几座建立中心台站,这些中心台站必须与其他台站有直通的线路. 为减少造价,中心台站的数目要最少,有时还会提出其他要求,例如在造价最低的条件下,需要造两套以上的中心台站,以备一套出故障时,可以及时启用另一套中心台站.

　　这种问题的数学模型是:以城镇为顶,仅当两城间有直通线路时,相应的两顶间连一边构成一个图 G,此图的最小支配集即为所求. 若建两套,则从 G 的一切极小支配集 $D_1, D_2, \cdots, D_d$ 中选取 D_n 与 D_m,使得

$$D_m \bigcap D_n = \varnothing, \quad |D_m \bigcup D_n| = \min\{|D_i| + |D_j|$$

$$|1 \leqslant i, j \leqslant d, D_i \bigcap D_j = \varnothing\}.$$

　　例如图 5.23 所示的通信网络中,如果挑选一个中心台站,则是 $\{d\}$,若欲建两套中心台站,则应选取 $\{d\}$ 为第一套,$\{a, e\}$ 或 $\{a, f\}$ 为第二套.

　　许多其他实际问题亦可化成求图的极小支配集来解.

　　(2) 独立集在信息论中的一个应用

　　设信息传输中的基本信号集合为

$$S = \{s_1, s_2, \cdots, s_n\}.$$

例如 s_i 是拉丁字母，$i=1,2,\cdots,n$；由统计发现，某个基本信号与某些基本信号易于发生错乱．例如输入 $s_i,i=1,2,3,4,5$，输出应是 s_i^*，但由于发生了错乱，s_1 与 s_2 易于错乱，s_1 还和 s_5 易于错乱等等，见图 5.26．构作一个无向图 G，以 S 为顶集，仅当 s_i 与 s_j 易于错乱时，在顶 s_i 与 s_j 之间连一边．求 G 的最大独立集即可做为无误基本信号集 S'，例如图 5.24 中，图 G 是一个 5 阶圈 $s_1s_2s_3s_4s_5s_1$，其最大独立集是 $\{s_1,s_3\},\{s_1,s_4\},\{s_2,s_4\},\{s_2,s_5\},\{s_3,s_5\}$．这五个最大独立集的每一个都可做为无误基本信号集 S'．

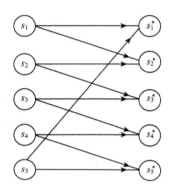 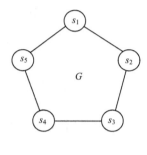

图 5.26

如果用两个以上基本信号组成的词向外传输信息，也有如何排除错乱的问题．为此需要引入图的积的概念．

设已知两图 G_1,G_2，$V(G_1)=\{v_1^{(1)},v_2^{(1)},\cdots,v_{\nu_1}^{(1)}\}$，$V(G_2)=\{v_1^{(2)},v_2^{(2)},\cdots,v_{\nu_2}^{(2)}\}$，我们如下构作一个图 G，使得

$$V(G)=\{(v_i^{(1)},v_j^{(2)})\mid v_i^{(1)}\in V(G_1),v_j^{(2)}\in V(G_2)\},$$

在 G 中顶 $(v_i^{(1)},v_j^{(2)})$ 之邻顶集为

$$N(v_i^{(1)},v_j^{(2)})=\{(v_k^{(1)},v_j^{(2)})\mid v_k^{(1)}$$

$$\in N(v_i^{(1)})\}\bigcup\{(v_i^{(1)},v_l^{(2)})\mid v_l^{(2)}\in N(v_j^{(2)})\}\bigcup$$

$$\{(v_k^{(1)},v_l^{(2)})\mid v_k^{(1)}\in N(v_i^{(1)}),v_l^{(2)}\in N(v_j^{(2)})\}.$$

则称 G 为 G_1 与 G_2 之积，记成 $G=G_1\times G_2=G_2\times G_1$．

例如，$G_1=K_3$，$G_2=K_2$，则 $G_1\times G_2$ 是 K_6，见图 5.27．

在上面讨论过的例子中，若用 $\{s_1,s_2,s_3,s_4,s_5\}$ 中的两个信号组成一个词向外传输信息，最多能用哪几个词才不至于发生错乱？这只需考虑圈 $C=s_1s_2s_3s_4s_5s_1$ 的平方 $C^2=C\times C$ 中的最大独立集中的各顶对儿对应的词，类似地可用 $G^n=$

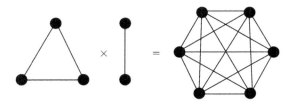

图 5.27

$\underbrace{G \times G \times \cdots \times G}_{n \uparrow G}$ 的最大独立集来确定由 n 个信号组成的词来进行信息传递,以免发生错乱.

5.6 Ramsey 数

在第一章第一节,我们证明出 $r(3,3)=6$,现把 $r(3,3)$ 推广成 $r(k_1,k_2,\cdots,k_m),m\geqslant2,k_i\in\mathbf{N}$.

定义 5.8 对任意取定的 $m\in\mathbf{N},m\geqslant2$,任意取定以 m 个自然数 $k_1,k_2,\cdots,k_m$ 为分量的向量 $(k_1,k_2,\cdots,k_m)$. 如果对 K_n 的边任意进行 m 边着色,一定存在一个同色的子图 $K_{k_i},i\in\{1,2,\cdots,m\},n$ 的最小值称为 m 维 Ramsey(拉姆赛)数,记之为 $r(k_1,k_2,\cdots,k_m)$.

对于 2 维 Ramsey 数 $r(k,l)$,上述定义可以转述成下述等价的形式:

任给自然数 $k,l\in\mathbf{N},r(k,l)$ 是满足下列条件的最小的自然数:在 $r(k,l)$ 个顶的图 G 中,含有 k 个顶的完全子图或者 l 个顶的独立集.

以下把图 G 的 k 个顶的完全子图称为 G 的 k 顶团.

平凡的 Ramsey 数有 $r(1,l)=r(k,1)=1,r(2,l)=l,r(k,2)=k$,而且显然有 $r(k,l)=r(l,k)$. 1930 年,Ramsey 证明了 Ramsey 数的存在惟一性,但确定非平凡的拉姆赛数却成了数学与计算机科学的难以攻克的堡垒! 下面给出 Ramsey 数的一些上下界的估计.

定理 5.12 k 与 l 是不小于 2 的自然数,则
$$r(k,l)\leqslant r(k,l-1)+r(k-1,l),$$
若 $r(k,l-1)$ 与 $r(k-1,l)$ 皆为偶数,则上式中的等号不成立.

证 设 $|V(G)|=r(k,l-1)+r(k-1,l),v\in V(G)$. 由于与 v 相邻的顶数加上与 v 不相邻的顶数等于 $r(k,l-1)+r(k-1,l)-1$,所以下面两种情形必发生一种:

（1）存在一个集合 $S \subset V(G)$，v 与 S 中的每顶皆不相邻，$|S| \geqslant r(k, l-1)$.

（2）存在一个集合 $T \subset V(G)$，v 与 T 中每顶皆相邻，$|T| \geqslant r(k-1, l)$.

（1）成立时，$G[S]$ 中有 k 顶团或 $l-1$ 独立集. 于是 $G[S \cup \{v\}]$ 中有 k 顶团或 l 顶独立集，这时 G 中有 k 顶团或 l 顶独立集.

（2）成立时，$G[T]$ 中有 $k-1$ 顶团或 l 顶独立集. 于是 $G[T \cup \{v\}]$ 中有 k 顶团或 l 顶独立集，这时 G 中有 k 顶团或 l 顶独立集.

由上述结果及 $r(k, l)$ 之定义得

$$r(k, l) \leqslant r(k-1, l) + r(k, l-1).$$

若 $|V(G)| = r(k-1, l) + r(k, l-1) - 1$，其中 $r(k-1, l)$ 与 $r(k, l-1)$ 皆偶数，则存在一个 $u, d(u)$ 是偶数，这是因为 $|V(G)|$ 是奇数，而奇次顶的个数是偶数. 于是 u 不会与 $r(k-1, l) - 1$ 个顶都相邻，与上述证明相似地得

$$r(k, l) \leqslant r(k, l-1) + r(k-1, l) - 1.$$

从而

$$r(k, l) < r(k, l-1) + r(k-1, l).$$

证毕.

由 $r(k, l)$ 的定义知顶数比 $r(k, l)$ 再少就可能既无 k 顶团又无 l 顶独立集的图了；若一个 $r(k, l) - 1$ 个顶的图 G，它既无 k 顶团亦无 l 顶独立集，则称 G 为 (k, l) Ramsey 图.

利用定理 5.12 以及相应的 (k, l)—Ramsey 图可以"手工地"求得一些 Ramsey 数 $r(k, l)$.

验证一个图既无 k 顶团亦无 l 顶独立集，决非易事，较复杂的 Ramsey 图需要用计算机来验证. 下面我们验证图 5.28，图 5.29，图 5.30. 图 5.28 显然既无 3 顶团亦无 3 顶独立集.

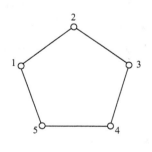

图 5.28

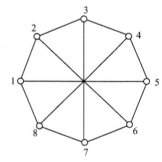

图 5.29

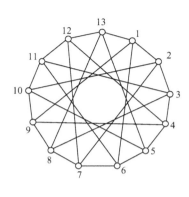

图 5.30

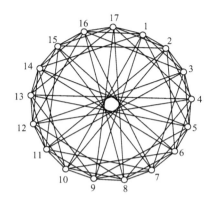

图 5.31

图 5.29 显然可以画成如图 5.32 的形式.

图 5.29 中的图 G 是三次正则图,每顶的三个邻顶构成一个独立集,所以此图中不会有三角形.不然,三角形中一顶有两个邻顶也在此三角形上,此二邻顶也相邻,与任一顶的邻顶形成独立集相左.

由对称性,我们假设 1 号顶参加组建最大独立集,则 2,5,8 三个顶不参加此最大独立集,在 3,4,6,7 四个顶当中,3 与 4 相邻,6 与 7 相邻.所以 3 与 4 只能有一个参加此最大独立集,6 与 7 只能有一个参加此最大独立集.可见

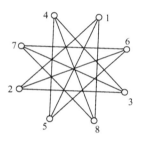

图 5.32

独立数是 3,无 4 顶独立集.至此验证了图 5.29 中的图既无 3 顶团亦无 4 顶独立集.

下面验证图 5.30 中的图既无 3 顶团,亦无 5 顶独立集.

欲证图 5.30 中的图 G 中无三角形,只需证明其任何一边的两个端点无公共邻顶.由 G 的对称性,边有两种,一种是周围正 13 边形上的边,一种是对角线(见图 5.30),显然这两种边中任何一边也不在三角形上,故 G 中无三角形.

下证 G 中的最大独立集由四个顶组成.

事实上,G 的每顶皆 4 次.由于没有三角形,故任一顶的 4 个邻顶构成一个独立集.由此图的对称性,任一顶 v 的邻顶位于顺时针 v 后的第 1,5,8,12 位,假设有 5 顶独立集,我们在它的每个顶上各放一只黑色棋子,其余各顶皆放一只白色棋子.沿多边形看,每两个黑子之间至少一个白子,每两个黑子间先放一个白子后,另外三个白子放在何处? 若此 3 白子在两相邻近的黑子之间,这样,就有一个黑子,顺时针看其后的第五个子儿也是黑的,与黑子们构成独立集相违,见图 5.33.所以存在两个黑子 a 与 b,它们之间恰两个白子,顺时针观察,见图 5.34,如果 b 的邻近

的黑子与 b 之间只一个白子,则出现黑子在 G 中相邻的矛盾.可见 b 后(顺时针看)至少两个白子 b',b'' 连排.但这又出现图 5.35 所示的矛盾.事实上,逆时针方向看,一顶 v 的邻顶也处于其后的第 $1,5,8,12$ 位,所以与前面推理一样地可知,逆时针看 a 后至少连排两个白子 a',a''.这样,另外三个黑子间只能惟一地放上 c 与 d 了.但这又出现两黑子间有边的现象,与黑子们在独立集中矛盾.至此证明 G 中无五个顶组成的独立集.

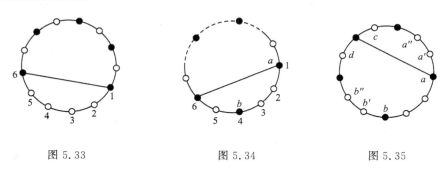

图 5.33   图 5.34   图 5.35

1993 年,关于拉姆赛数的研究获得了重大突破.罗彻斯特理工学院的 S. P. Radziszowski 和澳大利亚国立大学的 B. D. Mckay 用计算机求得 $r(4,5)=25$.他们的证明相当于一台标准电脑 11 年的计算量.由此可以估计,用手和笔来计算 $r(5,5)$ 等更大的 Ramsey 数,恐怕是不明智的一种奢望.

匈牙利大数学家厄尔多斯(Erdøs)曾经用下面的比喻来说明求取拉姆赛数的困难程度:一伙外星强盗入侵地球,威胁人类说,若在一年内求不出 $r(5,5)$ 的值,他们将灭绝人类!面临此种危机,人类的最佳选择是调动地球上所有的计算机、数学家和计算机专家,日以继夜地来计算 $r(5,5)$,以求人类免于灭顶之灾;如果外星人威胁说要求得 $r(6,6)$,那我们已别无选择,只有同仇敌忾,对这批入侵者进行先发制人的打击.

求 $r(4,5)=25$ 时使用的 $(4,5)$Ramsey 图如图 5.36 所示,它是用机器证实不存在 4 顶团亦不存在 5 顶独立集的,人工证明这一点实非易事!

下面利用图 5.28～图 5.31 以及定理 5.12 来确定几个 Ramsey 数.

(1) 由于图 5.28 中无 3 顶团与 3 顶独立集,所以 $r(3,3)\geqslant 6$.由定理 5.12,
$$r(3,3) \leqslant r(3,2) + r(2,3) = 2 \times 3 = 6,$$
所以得到
$$r(3,3) = 6,$$
图 5.28 是 $(3,3)$Ramsey 图.

(2) 由于图 5.29 中既无 3 顶团又无 4 顶独立集,故得 $r(3,4)\geqslant 9$.由定理5.12,

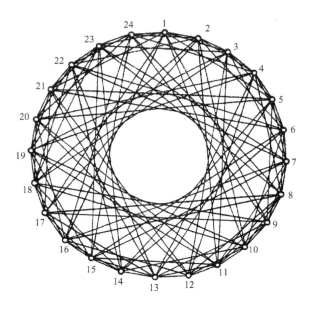

图 5.36

$$r(3,4) \leqslant r(2,4) + r(3,3) - 1$$
$$= 4 + 6 - 1 = 9,$$

所以得到

$$r(3,4) = 9.$$

图 5.29 是 (3,4)Ramsey 图.

(3) 由于图 5.30 中既无 3 顶团亦无 5 顶独立集,故得 $r(3,5) \geqslant 14$. 由定理5.12,

$$r(3,5) \leqslant r(2,5) + r(3,4)$$
$$= 5 + 9 = 14,$$

所以得到

$$r(3,5) = 14.$$

图 5.30 是 (3,5)Ramsey 图.

(4) 由于图 5.31 中既无 4 顶团亦无 4 顶独立集(请读者验证之),所以 $r(4,4) \geqslant 18$. 由定理 5.12,

$$r(4,4) \leqslant r(3,4) + r(4,3)$$
$$= 9 + 9 = 18,$$

所以得到

$$r(4,4) = 18.$$

图 5.31 是 (4,4) Ramsey 图.

经过 70 多年的努力,至今求得的二维非平凡的 Ramsey 数仅仅 9 个,它们是

$$r(3,3) = 6, \quad r(3,4) = 9, \quad r(3,5) = 14, \quad r(3,6) = 18,$$

$$r(3,7) = 23, \quad r(3,8) = 28, \quad r(3,9) = 36, \quad r(4,4) = 18,$$

$$r(4,5) = 25.$$

第十个非平凡的拉姆赛数尚不知何时何地何人给出.

对于较大的 k 与 l,我们难求得 $r(k,l)$,但可对其上下界搞一些估计.

定理 5.13 $r(k,l) \leqslant C_{k+l-2}^{k-1} (k+l > 2)$.

证   对 $k+l$ 的值进行数学归纳法证明.对于 $k+l \leqslant 5$,由于 $r(1,l) = r(k,1) = 1, r(k,2) = k, r(2,l) = l$,显然满足不等式 $r(k,l) \leqslant C_{k+l-2}^{k-1}$.

假设对 $5 \leqslant k+l < m+n, m, n$ 是自然数,定理 5.13 已成立,往证对 $r(m,n)$,定理仍成立.事实上,由定理 5.12,

$$r(m,n) \leqslant r(m,n-1) + r(m-1,n),$$

由归纳法假设,

$$r(m,n-1) \leqslant C_{m+n-3}^{m-1}, r(m-1,n) \leqslant C_{m+n-3}^{m-2}.$$

于是

$$r(m,n) \leqslant C_{m+n-3}^{m-1} + C_{m+n-3}^{m-2}$$

$$= C_{m+n-2}^{m-1}.$$

证毕.

定理 5.13 给的上界并不太好,例如

$$r(3,9) = 36 \leqslant C_{3+9-2}^{3-2} = \frac{10 \times 9}{2} = 45, \text{误差} \frac{45-36}{36} = 25\%,$$

$$r(4,5) = 25 \leqslant C_{4+5-2}^{3} = \frac{7 \times 6 \times 5}{3 \times 2} = 35, \text{误差} \frac{35-25}{25} = 40\%, \text{相对误差偏大}.$$

匈牙利著名数学家厄尔多斯(Erdøs)对 $r(k,k)$ 给出一个下界估计.

定理 5.14 $r(k,k) \geqslant 2^{\frac{k}{2}} (k > 1)$.

证 $k=2$ 时,$2^{\frac{k}{2}} = 2, r(k,k) = r(2,2) = 2$,可见定理 5.14 成立.下面讨论 $k \geqslant 3$ 的情形.

设 G_n 是以 $\{v_1, v_2, \cdots, v_n\}$ 为顶集合的图组成的集合,G_n^k 是 G_n 中有 k 顶团的图组成的 G_n 的子集合.

由于每对顶 v_i, v_j 之间有两种选择的可能：v_i 与 v_j 相邻或 v_i 与 v_j 不相邻，一共有 C_n^2 个顶对，所以 G_n 中图的个数为

$$|G_n| = 2^{C_n^2}. \qquad (甲)$$

G_n 中有某个指定的 k 顶团的图的个数为 $2^{C_n^2 - C_k^2}$. 于是

$$|G_n^k| \leqslant C_n^k 2^{C_n^2 - C_k^2}. \qquad (乙)$$

由(甲)与(乙)得

$$\frac{|G_n^k|}{|G_n|} \leqslant C_n^k 2^{-\frac{1}{2}k(k-1)} < \frac{n^k 2^{-\frac{1}{2}k(k-1)}}{k!}. \qquad (丙)$$

如果 $n < 2^{\frac{k}{2}}$，由(丙)得

$$\frac{|G_n^k|}{|G_n|} \leqslant \frac{2^{\frac{k^2}{2}} 2^{-\frac{k^2}{2} + \frac{k}{2}}}{k!} = \frac{2^{\frac{k}{2}}}{k!} < \frac{1}{2} \quad (k \geqslant 3). \qquad (丁)$$

事实上，当 $k=3$ 时，$\dfrac{2^{\frac{k}{2}}}{k!} = \dfrac{2^{\frac{3}{2}}}{3 \times 2} = \dfrac{1}{3}\sqrt{2} < \dfrac{1}{2}$. 假设 $k=n \geqslant 3$ 时，$\dfrac{2^{\frac{n}{2}}}{n!} < \dfrac{1}{2}$，考虑 $k=n+1$ 的情形，$\dfrac{2^{\frac{k}{2}}}{k!} = \dfrac{2^{\frac{n+1}{2}}}{(n+1)n!} = \dfrac{2^{\frac{n}{2}} \cdot \sqrt{2}}{n!\,(n+1)}$，由归纳法假设，

$$\frac{2^{\frac{n}{2}} \cdot \sqrt{2}}{n!(n+1)} < \frac{\sqrt{2}}{2(n+1)} < \frac{1}{2},$$

即

$$\frac{2^{\frac{n+1}{2}}}{(n+1)!} < \frac{1}{2}.$$

由数学归纳法知对任何自然数 k，成立 $\dfrac{2^{\frac{k}{2}}}{k!} < \dfrac{1}{2}$.

由(丁)，G_n^k 中图的个数小于 G_n 中图的总数之半.

又不难看出

$$G_n = \{G \mid G^c \in G_n\},$$

又图中有团 G' 当且仅当 G' 的顶集是该图补图的独立集，故有 k 顶独立集的图在 G_n 中不过半. 既然 G_n 中有 k 顶团的图与有 k 顶独立集的图都不过半，即图的顶数 n 小于 $2^{\frac{k}{2}}(k \geqslant 3)$ 时，必有一图 $G_0 \in G_n$，G_0 既无 k 顶团亦无 k 顶独立集，所以

$$r(k,k) \geqslant 2^{\frac{k}{2}}.$$

证毕.

由定理 5.14 立即可得估计式

$$r(k,l) \geqslant 2^{\frac{m}{2}}, \tag{戊}$$

其中 $m = \min\{k, l\}, k, l > 1$.

　　例如 $r(4,5) = 25$，而由（戊）得 $r(4,5) \geqslant 2^{\frac{4}{2}} = 4$，此下界 4 与 $r(4,5)$ 的真值 25 相去甚远！定理 5.14 给出的下界偏小. 对于 $r(3,9) = 36$，用定理 5.14 得

$$r(3,9) \geqslant 2^{\frac{3}{2}}, r(3,9) \geqslant 3,$$

$(36-3) \div 36 = 92\%$，相对误差 90% 以上.

　　下面讨论关于高维（阶）Ramsey 数的舒尔（Schur）定理及其应用.

　　定理 5.15　令 $r_n = r(3,3,\cdots,3)$，括号内有 n 个 3，把集合 $\{1,2,3,\cdots,r_n\}$ 划分成 n 个子集 $S_1, S_2, \cdots, S_n$，则存在 $i_0 \in \{1,2,\cdots,n\}$，使得 S_{i_0} 中有方程 $x + y = z$ 的根.

　　证　以 $\{1,2,\cdots,r_n\}$ 为顶集合构作完全图 $G = K_{r_n}$，再用 n 种颜色 $1,2,\cdots,n$ 对图 G 的边进行着色，仅当 $|u - v| \in S_i$ 时，边 $uv \in K_{r_n}$ 着以 i 色. 由 $r_n = r(3,3,\cdots,3)$ 的定义，$G = K_{r_n}$ 中必出现同色三阶圈 $uvwu$，即 $uv, vw, wu \in E(K_{r_n})$，且这三条边同色. 设它们被染成 i_0 色，则 $|u-v|, |v-w|, |w-u| \in S_{i_0}$，不妨设 $u > v, v > w$. 令 $x_0 = u - v, y_0 = v - w, z_0 = u - w$. 于是 $x_0, y_0, z_0 \in S_{i_0}$，且 x_0, y_0, z_0 满足 $x_0 + y_0 = z_0, x_0, y_0, z_0 \in S_{i_0}$ 是方程 $x + y = z$ 的根. 证毕.

　　例 5.7　把 $\{1,2,3,4,5,6\}$ 任意划分成两个集合，则这两个集合之中必有一个集合含有两数及其差.

　　证　$r_2 = r(3,3) = 6$，由 Schur 定理（定理 5.15），在例中所述的两个集合中必有一个集合 S, S 中有三个数 x, y, z，满足 $x + y = z$，即 $x = z - y$. 于是 S 中含有两数 z, y 及其差 x. 证毕.

　　例 5.8　平面上的六个点中任三点皆是一个不等边三角形的三个顶点，则在以这些点为顶点的一切三角形中必有一个三角形，它的最短边是另一个三角形的最长边.

　　证　把题中所述的每个三角形的最短边皆染成红色，剩下的边染成绿色. 由于 $r(3,3) = 6$，所以在以此六个点为顶集的 K_6 中必出现同色三角形. 但每个三角形皆有最短边，它已按规定染成了红色，所以上述同色三角形是红色的，它的最长边也是红色的. 根据规定，此红色最长边由于是另一个三角形的最短边才获得红色的，所以造成一个三角形的最短边是另一个三角形的最长边的现象. 证毕.

　　从上面两个例题中，我们欣赏了 Ramsey 理论是如何简洁有力地把一些偏、难、怪的问题论证得十分严格. 很难想出一个别的证法把上面这两个例题证明得如此干净利落.

　　端庄秀丽的 Ramsey 图、社交活动（相识与否）等实际背景和求 Ramsey 数的非平凡的难度对数学科学与计算机科学的挑战，是 Ramsey 问题之所以成为离散数学当中最受人青睐的原因.

　　英国科学家拉姆赛（Ramsey,1904～1930）本人不仅是数学家，而且是经济学家和哲学家. 1928 年他在伦敦数学会宣读了一篇数学奇文，提出求 Ramsey 数的数学难题, 1930 年因腹部手术失败而谢世，亡年仅仅 26 岁！但他的关于拉姆赛数的理论却永泽数学界. 科学界公认，如果一定要从离散数学中选一项最漂亮的成就，那么我们将会投 Ramsey 理论的票.

　　用两种颜色对完全图的边上色，对一条边上何种颜色，完全是随机的，但是只要这个完全图的顶数不少于 $r(k,k)$，则一定会染成一个同色的 k 顶团. 在上述上色过程中，尽管我们的行为是盲目的，并未为染出一个同色的 K_k 而蓄意去做什么，后果却是必然地要出现同色 K_k，无序无意的行为产生了有规律的后果，这一数学结论中含蓄的哲理太值得耐人寻味了.

　　目前 Ramsey 数中首当其冲的问题是 $r(5,5)=?$

　　着色问题的理论与应用，内容之丰富、之精彩，使它成了图论中最为重要的篇章之一，与之相关联的还有独立集、支配集与覆盖集中的概念、理论与应用. $\alpha(G)$, $\beta(G),\gamma(G)$ 的求得和色数的求得一样地困难，目前皆无有效算法！4CC 为真的手工证明和关于颜色多项式的 Read 猜想等尚待解决，凡是与着色沾边的问题小心它可能很难，但是一定十分有趣.

习　　题

　　1. 求 n 顶轮的边色数.

　　2. 给出求二分图正常 Δ 边着色的算法.

　　3. 证明：若二分图的顶之最小次数为 $\delta>0$，则对此图边进行 δ 着色时，能使每顶所关联的边中皆出现 δ 种颜色.

　　4. 求 $\chi(K_{101})$ 与 $\chi'(K_{100})$.

　　5. 证明：若 G 是奇数个顶的有边正则图，则 G 是第二类图.

　　6. 证明：若 G 是无环单图，$\nu=2n+1$，$\varepsilon>n\Delta$，其中 ν 是顶数，ε 是边数，Δ 是顶的最大次数，则 G 是第二类的图.

　　7. 图 G 的任何两种 k 边正常着色对边集合的色划分 $(E_1,E_2,\cdots,E_k)$ 是一样的，则称 G 是惟一正常 k 边可着色图，求证惟一正常 3 边可着色的 3 次正则图中有一个含该图一切顶的圈.

　　8. 有 7 名老师 $x_1,x_2,\cdots,x_7$，12 个班 $y_1,y_2,\cdots,y_{12}$，矩阵 A 的 ij 号元素 a_{ij} 是教师 x_i 对 y_j 班一周上课的节数：

$$A=\begin{pmatrix}3&2&3&3&3&3&3&3&3&3&3&3\\1&3&6&0&4&2&5&1&3&3&0&4\\5&0&5&5&0&0&5&0&5&0&5&5\\2&4&2&4&2&4&2&4&2&4&2&3\\3&5&2&2&0&3&1&4&4&3&2&5\\5&5&0&0&5&0&5&0&5&0&5&0\\0&3&4&3&4&3&4&3&4&3&3&0\end{pmatrix}.$$

计算：一天应分几节课？若每天 8 节课，需用几间教室？

9. 证明下列不等式：

(1) $r_n \leqslant n(r_{n-1}-1)+2$；(2) $r_n \leqslant [n!\ \mathrm{e}]+1$，(3) $r_3 \leqslant 17$.

10. 若 G 是无环图，其顶的最大次数为 Δ，则存在 Δ 次正则图，以 G 为子图.

11. 求证：$\chi'(G\times K_2)=\Delta(G\times K_2)$.

12. 试叙述一个单图的 $\Delta+1$ 正常顶着色的算法.

13. 若 δ 是单图 G 顶的最小次数，证明：若 $\delta>1$ 则存在 $\delta-1$ 边着色，使与每顶关联的边中有 $\delta-1$ 种颜色.

14. 若 G 是单图，求证：$\chi(G) \geqslant \dfrac{\nu^2}{\nu^2-2\varepsilon}$，其中 $\nu=|V(G)|$，$\varepsilon=|E(G)|$.

15. 设图 G 中任二奇圈皆有公共顶点，则 $\chi(G) \leqslant 5$.

16. 设图 G 的次数序列为 $d_1,d_2,\cdots,d_\nu$，且此序列单调下降，即 $d_1 \geqslant d_2 \geqslant \cdots \geqslant d_\nu$，则

$$\chi(G) \leqslant \max_i \min\{d_i+1,i\}.$$

17. 设图 G 中 $|E(G)| \neq \varnothing$，则 $\chi(G) \leqslant \{\sqrt{2\varepsilon}\}$，其中 $\{\sqrt{2\varepsilon}\}$ 是 $\sqrt{2\varepsilon}$ 的最小整上界.

18. 求证 $\chi(G)+\chi(G^c) \leqslant \nu+1$，其中 G^c 是图 G 的补图.

19. 如果图 G 的任一真子图 H 皆有 $\chi(H)<\chi(G)$，则称 G 是色临界图，$\chi(G)=k$ 时，若 G 是色临界图，则称 G 是 k 色临界图. 求证：仅有的 1 色临界图是 K_1，仅有的 2 色临界图是 K_2，仅有的 3 色临界图是 k 阶奇圈，$k \geqslant 3$.

20. 求 $P(G,k)$，G 如图 5.37 所示.

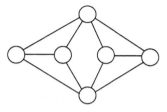

图 5.37

21. 若 C_n 是 n 阶圈，求 $P(C_n,k)$.

22. 若 G 是 $n+1$ 顶轮，求 $P(G,k)$.

23. 若 $G \cap H=K_n$，其中 G 与 H 是单图，求证

$$P(G \cup H,k) \times P(G \cap H,K) = P(G,k) \times P(H,k).$$

24. 颜色多项式的实根是否能大于图的顶数？为什么？

25. A 是一个 n 元素集合，把 A 的每个子集用有 n 个分量的 0-1 向量 α 来表示；设 $A=\{a_1,a_2,\cdots,a_n\}$，一子集中含有元素 a_i，则 α 的第 i 分量取 1，否则取 0，以所有的 0-1 向量 α 为顶集，仅当上述的两个向量只有一个同位分量相异时，在此二顶间连一边，得到的图叫做 n 维立方体图.

问：χ(n 维立方体图)=？ χ'(n 维立方体图)=？

26. 若 $P(G,k)=P_1(k)(k-5)$，其中 $P_1(k)$ 是 $|V(G)|-1$ 次多项式，证明或反驳：G 是平

面图.

27. 证明或反驳:若 G 是偶数个顶的正则图,则 G 一定是第二类图.

28. 设 s_n 是满足下列条件的最小整数:把 $\{1,2,\cdots,s_n\}$ 任划分成 n 个子集后,总有一个子集中含方程 $x+y=z$ 的根,求 s_1,s_2,s_3 是多少?

29. 求证:(1) $s_n \geqslant 3s_{n-1}-1$,(2) $s_n \geqslant \dfrac{1}{2}(3^n+1)$,(3) $s_n \geqslant \dfrac{1}{2}(27(3)^{n-3}+1)$.

30. 1976 年国际中学生奥林匹克数学竞赛决赛中有如下试题:

一个国际会议,有 6 个国家的 1976 位人士组成,大会对每位与会者任意编一号码,号码从 1 编到 1976,则至少存在一人,其号码是其某同胞号码的 2 倍或其两同胞号码之和.

试证明此题,且讨论:

(1) 把 1976 变小是否上述命题仍成立,1976 最小可改成多少?

(2) 若只有 364 人时,可否有一种编码方法,使上述同胞号码关系不出现? 如果有,怎么编码?

31. 求 α(单星妖怪),β(单星妖怪).

32. 求 α(k 维立方体),β(k 维立方体).

33. 求证:对 G 的任子图 H,$\alpha(H) \geqslant \dfrac{1}{2}|V(H)|$ 当且仅当 G 是二分图.

34. 求证 $r(k,l)=r(l,k)$.

35. 每个独立集是否可以扩张成最大独立集? 每个覆盖集中是否含有最小覆盖集?

36. 对任给的自然数 n,可以找到一个图 G,使得 G 中的一个支配集中含有 n 个极小支配集.

37. 求国际象棋盘上的"马图""车图"的 $\alpha(G)$ 与 $\beta(G)$.所谓马图是指以 64 个格子为顶集,仅当马可由甲格一步跳到乙格,此二格相应的顶相邻这样的图,车图可类似定义.

38. 若 G 是无公共顶的完全图之并的充分必要条件是

$$\alpha(G) = \sum_{v \in V(G)} \frac{1}{d(v)+1}.$$

第六章　Euler 图和 Hamilton 图

6.1　Euler 图

本节把由七桥问题引出的图论问题讲清楚,系统地回答在一个图上旅游,能否一次性地行遍所有的边等有关问题.

定义 6.1　在图 G 中含一切边的行迹叫做 Euler 行迹,含一切边的闭行迹叫做 Euler 回路,若 G 中存在 Euler 回路,则称 G 为 Euler 图.

例如 K_5 是 Euler 图,事实上图 6.1 上有一条 Euler 回路:

$$12345135241.$$

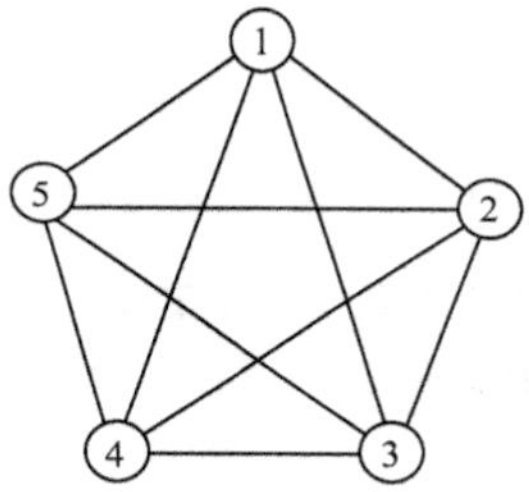

而单星妖怪不是 Euler 图,道理与七桥问题相似,因为单星妖怪是三次正则图,每顶都是奇次的. 任取一顶 $v \in V$(单星妖怪),由于 $d(v)=3$,则 v 不可做为 Euler 回路的起点. 事实上从 v 起,先是"出",之后某时刻是"回",最后以"出"告终,走遍了与 v 关联的边,不可能返回 v 顶了.

图 6.1

定理 6.1　对于连通图 G,(1)G 是 Euler 图的充分必要条件是 $\forall v \in V(G)$,$d(v)$ 是偶数,(2)G 是 Euler 图的充要条件是 G 可表成无公共边的圈之并.

证　如果连通图 G 是 Euler 图,设 W 是 G 中的 Euler 回路,则每个顶 v 必在 W 上出现. 若沿 W 行进遍历了所有的边之后再回到出发顶,则每顶 v 是"进"与"出"的次数一样多. 对于顶 v"进"与"出"之和即为 $d(v)$,可见 $d(v)$ 是偶数.

如果连通图 G 的每顶皆偶次,由于树有 1 次顶,故 G 不是树,G 上有圈. 设 C_1 是 G 中的圈,考虑 $G_1=G-E(C_1)$. 若 G_1 中无边,则 $G=C_1$. 不然,G_1 中存在一个每顶皆偶次的连通片 G'_1,G'_1 上有圈 C_2,考虑 $G_2=G-E(C_1)-E(C_2)$. 依此递推,有限次之后可得无边图 G_n,$G_n=G-\bigcup_{i=1}^{n}E(C_i)$,且 $E(C_i) \bigcap E(C_j)=\varnothing$,$i \neq j$,即 G 是无公共边的圈之并.

若 G 是 n 个两两无公共边的圈之并,即若 $G=\bigcup_{i=1}^{n}C_i$,$E(C_i) \bigcap E(C_j)=\varnothing$,$i \neq j$,若 $n=1$,则 G 显然是 Euler 图. 若 $n \geqslant 2$,由 G 的连通性,存在两个有公共顶的圈,不妨设它们是 C_1 与 C_2. 于是 $C_1 \bigcup C_2$ 是闭行迹,再由 G 连通,还会存在一个圈 C_3,C_3 与 $C_1 \bigcup C_2$ 有公共顶,$C_1 \bigcup C_2 \bigcup C_3$ 是闭行迹. 依此类推,得 $C_1 \bigcup C_2 \bigcup \cdots \bigcup C_n$ 是闭行迹,即 $C_1 \bigcup C_2 \bigcup \cdots \bigcup C_n$ 是 G 的 Euler 回路,G 是 Euler 图. 至此证出对于连通

图 G:

G 是 Euler 图⇒G 中每顶皆偶次⇒G 可以表成无公共边的圈之并⇒G 是 Euler 图.证毕.

有的图虽然不是 Euler 图,或它不连通,或它有奇次顶,但若是连通图,虽有奇次顶,仍可能一次性遍历它的边,只是不能回到出发的顶点,这种可一次性行遍一切边的图叫做可一笔画的图.例如,图 6.2 是可以一笔画的图,而图 6.3 不是可一笔画的图(每个线段的端点为图的顶).对于图 6.2,仅有两个奇次顶✚,从右上角的✚顶沿对角线行至左下角的✚顶,把一路上用过的边从图中删去,则得到一个每顶皆偶次的连通图 G'.由定理 6.1,G' 是 Euler 图,G' 有 Euler 回路 W',从左下角✚出发沿 W' 遍历 W' 上的边再回到左下角✚顶,这样前后的行为即是从右上角✚顶出发每边皆通过一次行至左下角的✚顶,可见实现了图 6.2 上的"一笔画".而图 6.3 上有四个奇次顶✚,不可一笔画,道理由下面的定理来作证.

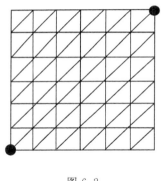

图 6.2

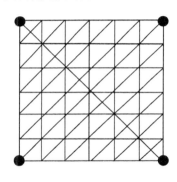

图 6.3

定理 6.2 连通图 G 中有 Euler 行迹当且仅当 G 中至多两个奇次顶.

证 若连通图 G 中无奇次顶,由定理 6.1,G 是 Euler 图,有闭的 Euler 行迹,当然有 Euler 行迹.若 G 中有奇次顶,至多两个奇次顶.那就是恰两个奇次顶 u_1,v_1,因为图中奇次顶个数是偶数,于是 $G_1 = G + u_1 v_1$ 每顶皆偶次,G_1 是 Euler 图,G_1 有 Euler 回路 W',$W' - u_1 v_1$ 即 G 中的 Euler 行迹.

反之,若连通图 G 中有 Euler 行迹 W,若 W 是闭行迹,则 W 是 G 的 Euler 回路,G 是 Euler 图,由定理 6.1,G 无奇次顶;若 W 不是闭行迹,则 W 的起止顶 u_1,v_1 是 G 中仅有的两个奇次顶.事实上,这时 $G + u_1 v_1$ 是 Euler 图,每顶皆偶次,可见在 G 中 $d(u_1)$ 与 $d(v_1)$ 是奇数,而其他顶在 G 中皆偶次.证毕.

定理 6.1 与定理 6.2 是七桥问题无解的理论根据.

关于欧拉图,尚有一些理论问题未搞清楚,例如,我们知道 Euler 图可以表成无公共边的圈之并,对于任给定的 Euler 图,它表成几个圈的并? 对于平面 Euler

图 G，由于 $|E(G)| \leqslant 3|V(G)|-6$，而每个圈至少三条边，故 G 至多用 $\frac{1}{3}[3|V(G)|-6]=|V(G)|-2$ 个无公共边的圈即可并成，但非平面 Euler 图，是否也可以表成不超过该图顶数减 2 个圈的并呢？此问题至今无人证明或反驳.

例 6.1　多米诺骨牌对环链游戏

多米诺骨牌对是两块正方形骨牌拼贴在一起形成的一个矩形块，每个正方形上刻有 0 和 1 个"点"到 6 个点，共七种. 每只骨牌对上的点数相异，试构造最大的骨牌对环链，使得其上每两个靠近的骨牌对靠近的点数一样，且骨牌对两两相异.

解　以 $\{0,1,2,3,4,5,6\}$ 为顶集合构作 K_7. 如图 (α)，把此 K_7 的每条边视为一个骨牌对儿，边之端点即骨牌对儿两端的"点数". 于是可知不同的骨牌对共计 $\frac{1}{2} \times 7 \times 6 = 21$ 种，可见最大骨牌对环链上骨牌对的个数不超过 21 个.

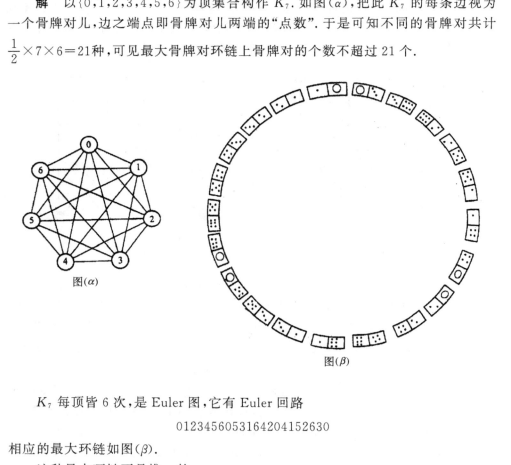

图 (α)

图 (β)

K_7 每顶皆 6 次，是 Euler 图，它有 Euler 回路

$$01234560531642041526 30$$

相应的最大环链如图 (β).

这种最大环链不是惟一的，

$$01234560362514024613 50$$

也是 K_7 的一个 Euler 回路，仿上可得与之相应的另一环链.

例 6.2   凸 n 边形及 $n-3$ 条在 n 边形内不相交的对角线组成的图形称为一个凸 n 边形的剖分图. 求证当且仅当 $3\mid n$ 时（3 可除尽 n），存在一个剖分图是 Euler 图.

证   首先证明剖分图作为平面图的平面嵌入，每个有界面是三角形.

用数学归纳法证明之. $n=3$ 时，命题显然成立. 假设 $3\leqslant n\leqslant k(k\geqslant 3)$ 时，命题已成立，考虑 $n=k+1$ 的情形. 对凸多边形进行剖分时，画上第一条对角线把凸多边形剖分成两个小凸多边形，它们的顶数都不大于 k. 由归纳法假设，这两个小凸多边形的剖分图的每个有界面皆三角形，所以 $n=k+1$ 时，原来的凸多边形的剖分图的每个有界面也皆三角形，命题得证.

下证例 6.2 的充分性，即已知 $3\mid n$，求证存在剖分图 G，它的每顶皆偶次（连通性是显然的），也用数学归纳法来证.

$n=3$ 时，命题成立. 假设 $3\leqslant n\leqslant 3k$ 时，命题已成立，考虑 $n=3k+3(k\geqslant 1)$；设 $\triangle ABC$ 是 $n=3k$ 时的每顶皆偶次的剖分图上的一个三角形，且 AC,BC 是凸多边形的邻边. 把折线 ACB 变成折线 $AC'EDC''B$ 使原来的 $3k$ 条边的凸多边形变成 $3k+3$ 条边的凸多边形，见图 (α). 再连接 BC',BD 与 $C'D$，则这个 $3k+3$ 条边的凸多边形仍变成剖分图，且每顶皆偶次. 事实上 $d(A)$ 不变，$d(C')=d(D)=4$，$d(E)=d(C'')=2$，$d(B)$ 增加 2. 所以存在 $n=3k+3$ 的剖分图，每顶皆偶次，且是连通图，故为 Euler 图.

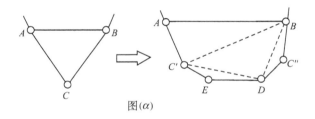

图 (α)

最后证必要性，再用数学归纳法.

$n=3$ 时，命题显然成立. 假设 $3\leqslant n<3k(k>2)$ 时，若存在每顶皆偶次的剖分图，则有 $3\mid n$；考虑 $3k\leqslant n<3k+3$ 的情形，这时凸 n 边形记成 $A_1A_2\cdots A_{n-1}A_n$. 不妨设 A_1A_3 是一条对角线，见图 (β)，则 A_1A_3 不仅是 $\triangle A_1A_2A_3$ 的一条边，也是另一个 $\triangle A_1A_3A_i$ 的一条边. 由于剖分图每顶皆偶次，所以 $i\notin\{4,n\}$，$4<i<n$. 事实上，若 $i=4$，则 $d(A_3)=3$，$i=n$，$d(A_n)=3$，此与 $d(3)\equiv d(n)\equiv 0(\bmod 2)$ 矛盾.

由于在此剖分图中，由凸多边形 $A_3A_4\cdots A_i$ 与 $A_iA_{i+1}\cdots A_nA_1$ 对应的两个子剖分图的每顶皆偶次，这两个

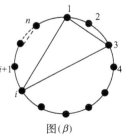

图 (β)

子图的顶数分别为 $i-2$ 和 $n-i+2$,由归纳法假设有

$$3 \mid (i-2), \quad 3 \mid (n-i+2),$$

所以

$$3 \mid [(i-2)+(n-i+2)],$$

即 $3 \mid n$. 证毕.

6.2　中国邮递员问题

中国邮递员问题(chinese postman problem)也称中国邮路问题,是我国数学家管梅谷于 1960 年首次提出的,引起了世界不少数学家的关注. 例如 1973 年匈牙利数学家 Edmonds 和 Johnson 对中国邮路问题提供了一种有效算法.

这个问题的实际模型是:一位邮递员从邮局选好邮件去投递,然后返回邮局,他必须经过由他负责投递的每条街道至少一次,为这位邮递员设计一条投递线路,使其耗时最少.

上述中国邮路问题的图论模型是:

任给定一个图 G,对 $E(G)$ 加权,即对每个 $e \in E(G)$,任意指定一个非负实数 $w(e)$,求 G 的一个含有一切边的回路 W,使得 W 的总权

$$\sum_{e \in W} w(e) = \min.$$

如果 G 是 Euler 图,则所求的中国邮路 W 就是一条 Euler 回路. 1921 年,Fleury 给出求 Euler 图 G 中一个 Euler 回路的算法. 值得指出的是,即使已知 G 是 Euler 图,如果没有一定的路线遵循,也不是漫不经心就可以找出它的一个 Euler 回路的. 例如图 6.4 是 Euler 图,设从 v_1 始,寻找一条 Euler 回路,如果开始三步是 $v_1 v_3 v_2 v_1$ 就失败了,因为回到 v_1 之后发现左侧的 K_5 上的边还没有用过,而 v_1 的关联边已全用过,不能从 v_1 再去通过左侧那些未用过的边了(注意每边只能用一

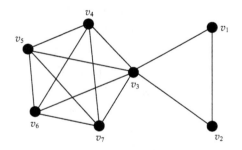

图 6.4

次).究其失败的原因,是因为用了 v_1v_3 边之后,在未用过的边们导出的子图上,v_3v_2 是桥,提前过桥 v_3v_2 的后果是断了去左侧 K_5 的后路.这里的教训是,非必要时,不要通过未用过的边的导出子图的桥,根据这一思路,Fleury 设计了如下求 Euler 回路的有效算法,代号 FE 算法.

FE 算法:

(1) 任取 $v_0 \in V(G)$,令 $W_0 = v_0$.

(2) 设行迹 $W_i = v_0v_1v_2 \cdots v_i$ 已选定,则从 $E(G) - E(W)$ 中选一条边 e_{i+1},使得 e_{i+1} 与 v_i 相关联,且非必要时,e_{i+1} 不要选 $G - E(W)$ 的桥.

(3) 反复执行(2),直至每边 $e \in E(G)$ 皆入选为止.

FE 算法是有效算法,其时间复杂度是 $O(|E(G)|)$.

用 FE 算法在图 6.4 中可选得 Euler 回路:

$$W = v_1 v_3 v_4 v_5 v_6 v_7 v_3 v_5 v_7 v_4 v_6 v_3 v_2 v_1.$$

一个算法是否能够如愿,即是否正确是需要证明的.FE 算法的正确性证明如下.

定理 6.3 若 G 是 Euler 图,FE 算法终止时得到的 W 是 Euler 回路.

证 令 G 是 Euler 图,$W_n = v_0v_1v_2 \cdots v_n$ 是 FE 算法终止时得到的行迹.由算法知 v_n 在 $G - E(W_n)$ 中的次数为零,显然 $v_n = v_0$.于是 W_n 是 G 的一条闭行迹.下证 W_n 就是 G 的 Euler 回路.反证之,若 W_n 不是 G 的 Euler 回路,设 V_1 是 $G - E(W_n)$ 中次数非零的顶组成的顶子集.容易看出 $V_1 \neq \varnothing$,且 $v_n \notin V_1$.令 $V_2 = V(G) - V_1$,则 $v_n \in V_2$;设 m 是 $v_m \in V_1$ 而 $v_{m+1} \in V_2$ 的 v 的下标的最大值,见图 6.5.由于 W_n 的终点在 V_2 中,于是 e_{m+1} 是 $G - E(W_m)$ 的桥,设 e 是 $G - E(W_m)$ 中与 v_m 关联的边.且 $e \neq e_{m-1}$,由算法知 e 为 $G - E(W_m)$ 的桥,故 e 也是 V_1 在 $G - E(W_m)$ 中导出的子图 G_m 的桥.设 G_n 是 V_1 在 $G - E(W_m)$ 中导出的子图,则 $G_m = G_n$.于是 G_m 每顶皆偶次,G_m 中无桥,与 e 是 G_m 的桥矛盾.证毕.

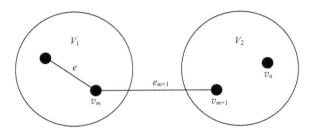

图 6.5

下面讨论加权图 G 中有奇次顶时中国邮路问题的解法.这种情形有的边不得

已要通过至少两次,哪些边要通过不止一次才能使得完成投递的时间最短呢? 让我们通过一个实例来探讨这一问题.

在图 6.6 中,边旁写的是权 $w(e)$.

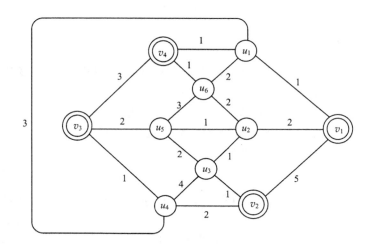

图 6.6

(1) 在图 6.6 中,奇次顶集为

$$V_0 = \{v_1, v_2, v_3, v_4\}.$$

(2) 在 V_0 中,每对顶的距离为(Dijkstra 算法去求):

$$d(v_1, v_2) = 4, \quad d(v_1, v_3) = 5, \quad d(v_1, v_4) = 2,$$
$$d(v_2, v_3) = 3, \quad d(v_2, v_4) = 5, \quad d(v_3, v_4) = 3.$$

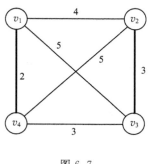

图 6.7

(3) 构作完全加权图 K_4, $V(K_4) = \{v_1, v_2, v_3, v_4\}$, 边权 $w(v_i v_j) = d(v_i, v_j)$, $i \neq j$, $1 \leqslant i, j \leqslant 4$, 见图 6.7.

(4) 求(3)中 K_4 的最佳(总权最小)的完备匹配 M,

$$M = \{v_1 v_4, v_2 v_3\}.$$

(5) 在 G 中求得 v_1 与 v_4 间最短轨 $P(v_1, v_4) = v_1 u_1 v_4$; v_2 与 v_3 间最短轨 $P(v_2, v_3) = v_2 u_4 v_3$.

(6) 在 G 中沿 $P(v_1, v_4)$ 与 $P(v_2, v_3)$ 把边变成同权 "倍边",见图 6.8.

(7) 在 Euler 图 6.8 上用 FE 算法求得一条 Euler 回路

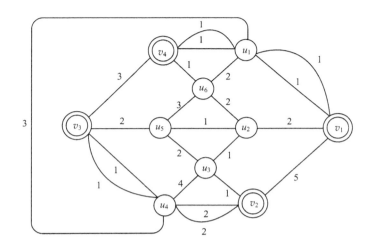

图 6.8

$$W = v_1 u_1 v_4 v_3 u_4 v_2 v_1 u_2 u_3 v_2 v_4 u_3 u_5 v_3 u_4 u_1 v_4 u_6 u_5 u_2 u_6 u_1 v_1,$$

W 即为所求的中国邮路(不惟一).

上述解法具有代表性,一般的中国邮路解法步骤总结如下:

设 G 是连通加权图.

(1) 求 G 中奇次顶集合 $V_0 = \{v \mid v \in V(G), d(v) \equiv 1 (\bmod 2)\}$.

(2) 对 V_0 中的每个顶对 u, v,用 Dijkstra 算法求距离 $d(u, v)$.

(3) 构作加权完全图 $K_{|V_0|}$,$V(K_{|V_0|}) = V_0$,$K_{|V_0|}$ 中边 uv 之权为 $d(u, v)$.

(4) 求加权图 $K_{|V_0|}$ 的总权最小的完备匹配 M.

(5) 在 G 中求 M 中同一边之端点间的最短轨.

(6) 把 G 中在(5)求得的每条最短轨之边变成同权倍边,得 Euler 图 G'.

(7) 用 FE 算法求 G' 的一条 Euler 回路 W',W' 即为中国邮路.

1995 年,王树禾研究了多邮递员中国邮路问题(k-Postman Chinese Postman Problem),代号 k-PCPP.

k-PCPP 的实际模型是:

邮政局有 $k(k \geqslant 2)$ 位邮递员,同时出发投递信件,全城街道都要投递,完成任务后回邮局. 问题是:如何分配投递路线,使得完成全城投递任务的时间最短?

k-PCPP 的数学模型如下:

$G(V, E)$ 是连通图,$\forall e \in E(G)$,$\exists w(e) \in \mathbf{N}$,$v_o \in V(G)$,求 G 中回路 C_1,$C_2, \cdots, C_k$,使得

(1) $v_0 \in V(C_i)$，$i=1,2,\cdots,k$.

(2) $\max\limits_{1\leqslant i\leqslant k}\sum\limits_{e\in E(C_i)}w(e)=\min$.

(3) $\bigcup\limits_{i=1}^{k}E(C_i)=E(G)$.

对于按右侧通行的情形，且 G 是 k 边连通的图（即 G 中任二顶之间至少有 k 条无公共边的轨），给出了解 k-PCPP 的有效算法，对于一般情形，证明出

$$k\text{-PCPP} \in \mathrm{NPC},$$

NPC 是一个由难问题组成的问题集团，目前尚不知 NPC 中问题是否存在有效算法，NPC 理论本书后面设专章细讲.

6.3　Hamilton 图

图 6.9 中画出五种正多面体图的平面嵌入，我们用粗实线画了圈，圈上包括了图的一切顶. 我们称含图的一切顶的圈为 Hamilton 圈，有 Hamilton 圈的图为 Hamilton 图；把含图的一切顶的轨称为 Hamilton 轨. Hamilton 图是从 Hamilton12 面体上周游世界游戏推广而得出的图论中极重要的一个概念，在这种图上可以一次性行遍所有的顶再回到出发点.

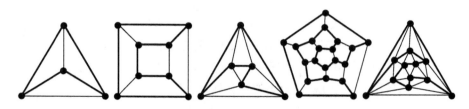

图 6.9

例 6.3　一个网由珍珠和连接它们的丝线组成，珍珠排列成 n 行 m 列，如图 6.10，问是否能剪断一些丝线段，得到一个由这些珍珠做成的项链？

解　如果以珍珠为顶，同行相邻的珍珠是一对邻顶，同列相邻的珍珠是一对邻顶，此外别无邻顶对，则此珍珠网构成一个二分图 G，图 6.10 中 ● 型顶组成二分图 G 的 X 集，◉ 型顶组成二分图 G 的 Y 集. 于是我们要回答的问题变成上述二分图是否是 Hamilton 图？当 m 与 n 皆奇数时，$m\times n$ 是奇数，如果 G 是 Hamilton 图，它有一个 mn 个顶的 Hamilton 圈，但 G 是二分图，它无奇圈，可见这时 G 不是 Hamilton 图，所问问题的答案是"否". 若 m 与 n 中有偶数，则答案是"是". 图 6.10 中粗实线是 Hamilton 圈，叉号×表示剪断. 图 6.10 是按列数 $m(=6)$ 为偶数制作

的 Hamilton 圈. 如果行数是偶数, 相似地制作 Hamilton 圈(把图旋转 90° 即可相似地执行).

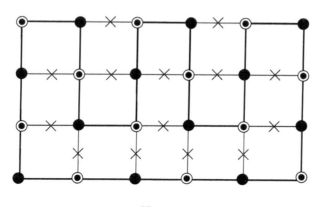

图 6.10

例 6.4 把纸制正 20 面体剪成两块, 使每个面也剪成了两部分, 但截痕不通过 20 面体的任何顶点.

解 见图 6.11 与图 6.12.

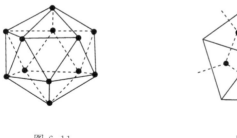

图 6.11   图 6.12

由于正 20 面体由 20 个正三角形的面围成, 以每个正三角形面之中心为顶, 恰可组成一个正 12 面体, 我们上面已看到正 12 面图是 Hamilton 图. 我们设想正 12 面体的每条棱由橡皮筋制成, 把各棱绷紧, 令正 12 面体的棱线(已成折线)恰与正 20 面体的一条棱交于中点, 则沿如此处理过的正 12 面体图的那条 Hamilton 圈剪开即可.

判断一个图是否 Hamilton 图绝非易事, 目前虽有 Hamilton 图的一些充分必要条件, 但并不能有效地解决一般图是否为 Hamilton 图的判定问题. 这一问题实则是数学与计算机科学的重大难题之一. 下面我们分头介绍 Hamilton 图的必要条件和充分条件.

定理 6.4 G 是 Hamilton 图的必要条件是任取 $S \subset V(G), S \neq \varnothing$, 则 $\omega(G-S) \leqslant$

$|S|$,其中 $\omega(\cdot)$ 是连通片个数.

证　由 G 是 Hamilton 图,则 G 中有 Hamilton 圈 C,对于 C 显然 $\omega(C-S)\leqslant$ $|S|$,但 C 是 G 的生成子图,在 C 上添加边不会使 $C-S$ 的连通片增加,所以 $\omega(G-S)\leqslant\omega(C-S)\leqslant|S|$. 证毕.

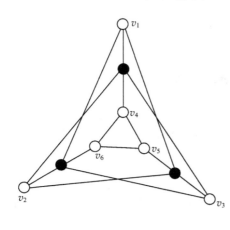

图 6.13

例 6.5　图 6.13 中的图是否 Hamilton 图?

解　否. 事实上从此图上删去三个 ● 顶,则得到 $\triangle v_4 v_5 v_6$ 和 v_1,v_2,v_3 组成的四个连通片,与定理 6.4 所述的 Hamilton 图的必要条件不符,这里 $|S|=3$,而 $\omega(G-S)=4$,不满足 $\omega(G-S)\leqslant|S|$ 的条件.

但定理 6.4 并不太管用,例如单星妖怪不是 Hamilton 图,但却不能用这个定理判定出来.

例 6.6　单星妖怪不是 Hamilton 图.

证　单星小妖图 6.14 可以画成形如图 6.15 所示,此图是三次正则图,如果它是 Hamilton 图,每顶关联的边中必有一条不在 Hamilton 圈 C 上. 由图的对称性,不妨设 $12\notin C$,这时 $15,16,23,27\in E(C)$,考虑边 86,分 8(10) 在与不在 C 上两种情形来讨论.

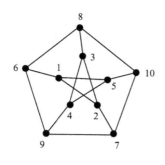

图 6.14

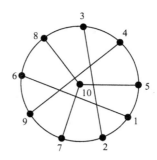

图 6.15

(1) $8(10)\notin E(C)$,则 $5(10),7(10),38,68\in E(C)$,至此已形成一个圈

$$C_1 = 168327(10)51.$$

(2) $8(10)\in E(C)$,则不妨设 $7(10)\notin E(C)$,而 $5(10)\in E(C)$,进而 $79\in E(C)$;由于 15 与 $5(10)\in E(C)$,所以 $45\notin E(C)$. 从而 34 与 $49\in E(C)$,至此出

现圈

$$C_2 = 279432.$$

C_1 的边在 C 上,而 $C_1 \neq C$,这是不可能的;同理 C_2 的边在 C 上,而 $C_2 \neq C$,这是不可能的. 证毕.

奥尔(Ore)于 1960 年建立了 Hamilton 图如下的充分条件.

定理 6.5 设 $|V(G)| \geqslant 3$,G 的任一对顶 u,v 皆有 $d(u)+d(v) \geqslant |V(G)|-1$,则 G 中有 Hamilton 轨;若 $d(u)+d(v) \geqslant |V(G)|$,则 G 是 Hamilton 图.

证 事实上,若对任一对顶 $u,v \in V(G)$,$d(u)+d(v) \geqslant |V(G)|-1$,且 $\omega(G) \geqslant 2$,$G_1,G_2,\cdots,G_\omega$ 是它的连通片,则对任何 $u \in V(G_1)$,$d(u) \leqslant |V(G_1)|-1$,同理对 $v \in V(G_2)$,$d(v) \leqslant |V(G_2)|-1$. 于是 $d(u)+d(v) \leqslant |V(G_1)|+|V(G_2)|-2 \leqslant |V(G)|-2$,与已知 $d(u)+d(v) \geqslant |V(G)|-1$ 矛盾. 所以 G 是连通图.

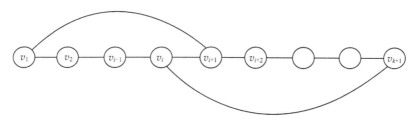

图 6.16

如果已知对 $\forall u,v \in V(G)$,$d(u)+d(v) \geqslant |V(G)|-1$,但 G 中没有哈密顿轨,取 $P(v_1,v_{k+1})$ 是 G 的最长轨,由于它不是 Hamilton 轨,则 $k < |V(G)|-1$. 于是在 G 中 v_1 与 v_{k+1} 相关联的边的另一端在 $P(v_1,v_{k+1})$ 的内顶,$P(v_1,v_{k+1})$ 上的顶从 v_1 起依次为 $v_1,v_2,v_3,\cdots,v_{k+1}$. 若其中 $v_{j_1},v_{j_2},\cdots,v_{j_l}$ 与 v_1 相邻,而 $v_{j_1-1},v_{j_2-1},\cdots,v_{j_l-1}$,皆不与 v_{k+1},相邻,则 $d(v_1)=l$,$d(v_{k+1}) \leqslant k-l$,出现 $d(v_1)+d(v_{k+1}) \leqslant l+k-l=k < |V(G)|-1$,与已知 $d(v_1)+d(v_{k+1}) \geqslant |V(G)|-1$ 矛盾. 所以 G 中会出现图 6.16 所示的结构. 于是 G 中有长 $k+1$ 圈 $C=v_1 v_2 \cdots v_i v_{k+1} v_k v_{k-1} \cdots v_{i+1} v_1$;又因 $P(v_1 v_{k+1})$ 不是 Hamilton 轨,所以 G 中还有不在 $P(v_1,v_{k+1})$ 上的顶,取 $w \in V(G)$,但 $w \notin \{v_1 v_2, \cdots, v_{k+1}\}$,由 G 的连通性,存在轨 $P(w,v_{k+1})$,此轨上必存在一顶 x,x 的邻顶在 C 上,见图 6.17,粗实线是一条长 $k+1$ 的轨;这种情形与 $P(v_1,v_{k+1})$ 是长 k 的最长轨矛盾. 至此证明在定理的条件下,G 中有 Hamilton 轨.

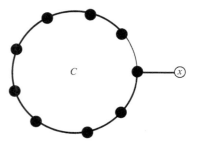

图 6.17

当 $\forall n,v\in V(G),d(u)+d(v)\geqslant|V(G)|$ 时,同理出现如图 6.16 的现象,不过这时 $\{v_1,v_2,\cdots,v_{k+1}\}=V(G)$. 因为按上面的证明,这时 G 中有 Hamilton 轨,G 中的最长轨是 Hamilton 轨.于是相应的圈 C 就是 G 的 Hamilton 圈.证毕.

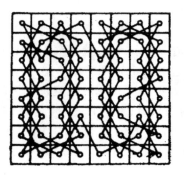

图 6.18

可惜上面的 Ore 定理的充分条件要求过于苛刻.很多图,本来是 Hamilton 图,由于满足不了 Ore 的条件 $d(u)+d(v)\geqslant|V(G)|$ 而不能用这一定理来判定.例如国际象棋中的马是否可遍历每格恰一次再跳回出发的那个格子? 若以 64 个格子为顶集构作一个所谓"马图"G,仅当马一步可从甲格跳到乙格时,两格做为 G 的顶是邻顶,则马的上述遍历问题就是问马图是否 Hamilton 图,但在马图中,任两顶次数之和不超过 16,不满足

$$d(u)+d(v)\geqslant 64$$

的 Ore 条件.于是马图是 Hamilton 图不能用 Ore 定理来判定.事实上它是,其 Hamilton 圈在图 6.18 中画出.

例 6.7　$K_{n,n}$ 中多少两两无公共边的 Hamilton 圈?

解　设 $n=2k,X=\{x_1,x_2,\cdots,x_{2k}\}$,$Y=\{y_1,y_2,\cdots,y_{2k}\}$ 是 $K_{2k,2k}$ 的二分图的顶划分,我们把 X 中的顶与 Y 中的顶分别均匀地安置在两个同心圆上,如图 6.19,则 $x_1y_1x_2y_2\cdots x_{2k}y_{2k}x_1$ 是一个 Hamilton 圈.把 $y_1,y_2,\cdots,y_{2k}$ 所在的圆周顺时针旋转 $\dfrac{\pi}{k}$,则得另一个 Hamilton 圈.这种旋转可依次进行 k 次,得到 k 个两两无公共边的 Hamilton 圈;而 $d(v)\equiv 2k$,所以 $K_{2k,2k}$ 中至多有 k 个 Hamilton 圈,可见 $K_{2k,2k}$ 中恰有 k 个两两无公共边的 Hamilton 圈.

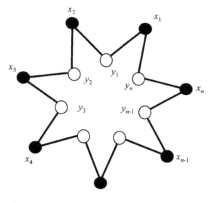

图 6.19

对于 $K_{2k+1,2k+1}$,相似的方法亦可得知恰有 k 个两两无公共边的 Hamilton 圈.

总之,$K_{n,n}$ 中恰有 $\left[\dfrac{n}{2}\right]$ 个两两无公共边的 Hamilton 圈.

例 6.8　在 6×6 的马图上找一个 Hamilton 圈.

解　在图 6.20 中找到了一个状似风车的圈,见图 6.20(α). 又找到一个含 u_1v_1 这边的另一个圈,见图 6.20(β). 在(β)中的圈上删去 u_1v_1 边得到一条轨 $P(u_1,v_1)$;在(α)中也删去边 u_1v_1,再把轨 $P(u_1,v_1)$ 添加到(α)上,则(α)中的圈变

长了. 我们再把(α)中的边 u_2v_2, u_3v_3, u_4v_4 都删除, 且分别添加上与 $P(u_1,v_1)$ 性质相似的一条轨 $P(u_i,v_i)$, $i=2,3,4$, $P(u_2,v_2)$, $P(u_3,v_3)$, $P(u_4,v_4)$ 分别是 $P(u_1,v_1)$ 顺时针分别旋转 $90°$, $180°$, $270°$ 而得; 这时我们就得到如图 $6.20(\gamma)$ 所示的 $6×6$ 的马图上的一个 Hamilton 圈.

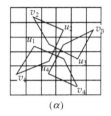 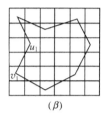 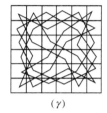

(α)　　　　　　　　(β)　　　　　　　　(γ)

图 6.20

例 6.9 m 个女孩与 m 个男孩共同去春游, 每位女孩与半数以上的男孩相识, 每位男孩与半数以上的女孩相识, 问是否可以让孩子们围坐一圈, 使得男女孩相间而坐, 且每人两侧皆为相识者?

解 以孩子们为一个图的顶集, 仅当甲男与乙女相识时, 在甲乙二顶之间连一条边, 如此造成一个图 G, 只需讨论 G 是否 Hamilton 图. 由于 $d(u)+d(v) \geq m = \frac{1}{2}|V(G)|$, 不满足 Ore 定理的条件, 所以不能用 Ore 定理来判定 G 是 Hamilton 圈. 下面用反证法来论证 G 确为 Hamilton 图.

若 G 不是 Hamilton 图, 我们给 G 添加一些边, 可以使得到的加边图 G' 仍是二分图, 但并非 Hamilton 图 (添加一些, 甚至含添加零条边的特例), 而再添加任何一条新边, 则会使之变成 Hamilton 图. 由于 $K_{m,m}$ 是 Hamilton 图, 所以上述过程是可以实现的.

由于 G' 不是 Hamilton 图, 故 $G' \neq K_{m,m}$, G' 中存在不相邻的"女顶"g 与"男顶" b, G' 加上 gb 边则会出现 Hamilton 圈, 见图 6.21. 不妨设 $g=g_0$, $b=b_m$, 所得的 Hamilton 圈是 $C=g_0b_1g_1b_2\cdots g_{m-1}b_mg_0$. 于是 $g_0b_1g_1b_2\cdots g_{m-1}b_m$ 是一条 Hamilton 轨; 对于 $j=1,2,\cdots,m$, 若 G' 中有边 g_0b_j, 则 G' 中不会有边 $g_{j-1}b_m$, 不然 G' 中会有圈 $C'=g_0b_jg_jb_{j+1}\cdots g_{m-1}b_mg_{j-1}b_{j-1}g_{j-2}\cdots b_1g_0$, 与 G' 中无 Hamilton 圈相违. 所以 g_0 仅是 γ 次的顶 ($\gamma<m$), 于是 b 的次数至多是 $m-\gamma$, 故有

$$d(g)+d(b) \leq m,$$

此与 $d(g)>\frac{m}{2}$, $d(b)>\frac{m}{2}$ 矛盾, 至此知 G 是 Hamilton 图, 按 G 的 Hamilton 圈上的次序入座即可.

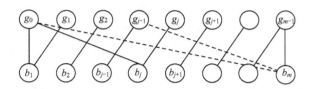

图 6.21

习 题

1. 图 6.22 画的是 Herschel 图.

Herschel 图是否 Euler 图? 是否可一笔画? 为什么?

2. 对于 k 维立方体, k 是何值时, 它是 Euler 图?

3. 求图 6.23 中的一条中国邮路.

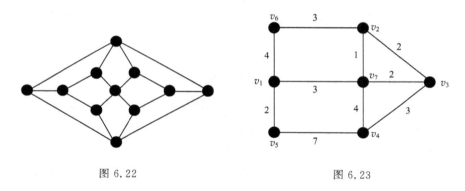

图 6.22   图 6.23

4. 如果 G 是 Euler 图, $v_0 \in V(G)$, 由 v_0 始任取一条与之关联的边 $v_0 v_1$, 再任取一条与 v_1 关联的未用过的边 $v_1 v_2$, 如此继续可以画出一条 Euler 回路, 则称 G 是可由 v_0 起任意行遍的 Euler 图, 试证: Euler 图 G 是由 v_0 起任意行遍的 Euler 图的充要条件是 v_0 在 G 的每个圈上.

5. 如果从任一顶 $v \in V(G)$ 出发, 进入尚未到过的邻顶 v_1, 从 v_1 出发进入尚未到过的 v_1 的邻顶, 如此继续, 直至无顶可去时, 产生了一条 Hamilton 轨, 则称 G 是随意 Hamilton 图. 求证随意 Hamilton 图只有 n 阶圈 C_n, K_{2n}, $K_{n,n}$ 三种.

6. 图 6.24 是否 Hamilton 图? 为什么?

7. 单星妖怪删除一顶后是否 Hamilton 图?

8. k 维立方体是否 Hamilton 图?

9. 4×4 的马图是否 Hamilton 图?

10. 5×5 的马图是否 Hamilton 图?

11. 求 K_n 中无公共边的 Hamilton 圈的个数.

12. 图 6.25 是否 Hamilton 图?

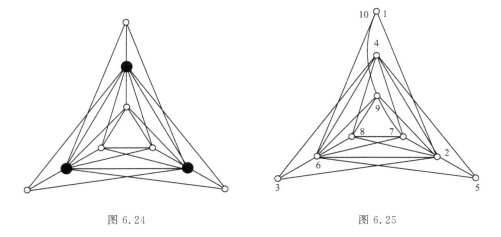

图 6.24　　　　　　　　　　　　　　　　图 6.25

13. 英国亚瑟王在宫中召见他的 $2n$ 名骑士,其中某些骑士间互存怨仇,每个骑士的仇人不超过 $n-1$ 个,问亚瑟王的谋士摩尔林能否让这些骑士围圆桌就坐,使每个骑士不与他的仇人相邻? 为什么?

14. 证明:顶数为 $2k-1$ 的 k 次正则图是 Hamilton 图$(k \geqslant 2)$.

15. 若图 G 的任二顶间有 Hamilton 轨,则称 G 是 Hamilton 连通图,试证:G 是 Hamilton 连通图且 $|V(G)| \geqslant 4$,则 $|E(G)| > \left[\dfrac{1}{2}(3|V(G)|+1)\right]$.

16. 若 G 是二分图,但其二分图顶划分 X 与 Y 不均匀,即 $|X| \neq |Y|$,问 G 是否 Hamilton 图,为什么?

17. 证明:若 $u,v \in V(G)$,u 与 v 不相邻,且 $d(u)+d(v) \geqslant |V(G)|$,则 G 为 Hamilton 图的充分必要条件是 $G+uv$ 是 Hamilton 图.

第七章 有 向 图

7.1 弱连通、单连通与强连通

有向图的概念我们已经讲过,第二章还细讲过有向树的概念.例如图 7.1 中画的就是一个内向树的实例,这个实例很有来头,它是所谓"$3x+1$"问题的一个实例.1950 年,汉堡大学的卡拉兹(Callatz)在马萨诸塞州召开的世界数学家大会上提出如下猜想:任取 n 个自然数 $N_1,N_2,\cdots,N_n$ 为叶.若 N_i 是偶数,则以 N_i 为尾,以 $\dfrac{N_i}{2}$ 为头,画一有向边.若 N_i 为奇数,则以 N_i 为尾,以 $\dfrac{1}{2}(3N_i+1)$ 为头,画一有向边,$i=1,2,\cdots,n$;再把所得的"头"为尾,尾是偶数则取其半为头,尾是奇数,则取 3 倍尾加 1 之半为头画有向边.如此递推,Callatz 猜想,有限步之后即得一个以 1

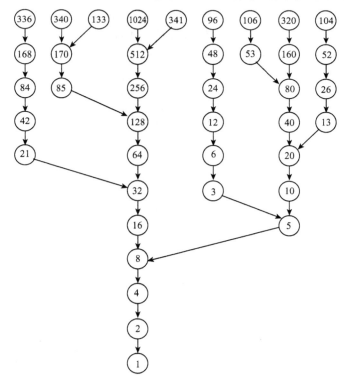

图 7.1

为根的内向树.

这个猜想是有向图中的一个十分顽固的问题.东京大学的 Nabuo Yoneda 用计算机检验了 2^{40} 个自然数,皆见猜想结果成立,但经多年众多数学家与计算机专家之研究,仍得不出严格的数学证明,证明此猜想为真.著名数学家厄尔多斯指出:"数学科学尚未发展到能解决这个问题的水平!"由此可见有向图中问题之艰难和有趣.

由于有向图每条边都有方向性,所以从一个顶通过一些边走向另一顶时不总是行得通的.例如图 7.1 中,从顶点①不可能通向任何顶,但别的顶却可以通向①.在有向图中,有向道路、有向回路、有向圈、有向轨等概念与无向图的定义相比,只是增加了运行中要按其上各边箭头所示的方向前进.

定义 7.1 若 G 是有向图,如果对 $u,v\in V(G)$,存在从 u 到 v 的有向轨 $P(u,v)$,则称 u 可达 v;$\forall u,v\in V(G)$,u 可达 v 或 v 可达 u 时,则称 G 是单连通有向图;$\forall u,v\in V(G)$,不但 u 可达 v,而且 v 可达 u,则称 G 是强连通有向图;若把 G 的每边箭头取消,所得的无向图称为有向图 G 的底图,底图连通的有向图叫做弱连通有向图.

例如图 7.1 中的有向图是弱连通有向图,但不是强连通有向图,因为 $\forall v\in V(G)$,$v\neq$①,则①不可达 v,它也不是单连通有向图,例如㉝⑥和㉞⓪两个顶彼此不可达,所以这种内向树的连通性很弱.

下面讨论单连通、强连通的充分必要条件.

定理 7.1 G 是强连通有向图当且仅当 G 中存在有向生成回路.

证 设 G 中有有向生成回路 C,$\forall u,v\in V(G)$,则 $u,v\in V(C)$.于是在 C 上有有向轨 $P_1(u,v)$ 与 $P_2(v,u)$,由定义 7.1 知 G 是强连通有向图.

反之,若 G 是强连通有向图,设 $V(G)=\{v_1,v_2,\cdots,v_\nu\}$,则由定义 7.1,$G$ 中存在轨 $P_1(v_1,v_2)$,$P_2(v_2,v_3)$,$\cdots$,$P_{\nu-1}(v_{\nu-1},v_\nu)$,$P_\nu(v_\nu,v_1)$.于是这 ν 条有向轨首尾相接并成一个有向生成回路.证毕.

什么样的无向图才有可能做强连通有向图的底图?如果是无向 Hamilton 图,把它的 Hamilton 圈定向成一个有向圈,不在 Hamilton 圈上的边方向任取定,则得一个强连通有向图;但若 G 是一个有桥 $e=uv$ 的无向图,则把边 uv 赋予方向后,u 与 v 两顶就只能单向行进了,不可能再把 G 定向成强连通有向图.对这种现象可以建立如下定理.

定理 7.2 当且仅当无向图 G 是无桥连通图时,G 可以定向成强连通有向图.

证 若 G 是无桥连通无向图,由于树每边皆桥,所以 G 不是树.因此 G 上有圈 C_1.若 C_1 是 Hamilton 圈,则把 C_1 定向成有向圈,不在 C_1 上的边任意定向,由定理 7.1,G 便被定向成强连通有向图了.若 C_1 不是 G 的 Hamilton 圈,则可以找到 $v_1\notin V(C_1)$,$v_2\in V(C_1)$,使得 v_1v_2 是 G 的一条边.由于 G 中无桥,故 $d(v_1)>1$.于

是存在 $u \in V(C_1)$ 以及轨 $P(u, v_1)$，且边 $v_1 v_2$ 不在 $P(u, v_1)$ 上，把 $v_1 v_2$ 定向成 v_1

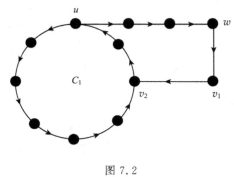

为尾，把轨 $P(u, v_1)$ 定向成起点在 u 的有向轨，把 C_1 定向，使 C_1 与 $v_1 v_2$, $P(u, v_1)$ 并在一起成为一个有向回路 C_2，见图 7.2. 对于 C_2 进行上述相似推理可得有向回路序列 $C_1, C_2, C_3, \cdots, C_k$，使得 C_k 上含有 G 的一切顶. 把不在 C_k 上的边任意定向，则 G 变成了含生成回路 C_k 的有向图，由定理 7.1，G 被定向成了强连通有向图.

图 7.2

反之，若无向图 G 可定向成强连通有向图，但 G 中有桥 $e = uv$，则边 uv 定向后两顶只能单向通行，即不能彼此可达，与定义 7.1 相违. 故 G 中无桥. 证毕.

定理 7.3　G 为单连通有向图当且仅当 G 中有含 G 中一切顶的有向道路.

证　如果 G 中有含一切顶的有向通路，则 $\forall u, v \in V(G)$，则 u 可达 v 或 v 可达 u. 于是 G 是单连通有向图.

反之，若 G 是单连通有向图，如果能证出"$\forall S \subseteq V(G), S \neq \varnothing$，可以找到一顶 $v \in S$，使对每个 $u \in S$，v 可达 u"，则 G 中有有向生成道路；事实上，若上述命题成立，则取 $S_1 = V(G)$，存在 $v_1 \in V(G)$，使得 v_1 可达 G 中任一顶；再取 $S_2 = V(G) - \{v_1\}$，则有 $v_2 \in S_2$，v_2 可达 S_2 中任何顶；取 $S_3 = V(G) - \{v_1, v_2\}$，则有 $v_3 \in S_3$，使得 v_3 可达 S_3 中任何顶. 依此类推，可知 v_1 可达 v_2，v_2 可达 v_3，$\cdots$，$v_{\nu-1}$ 可达 v_ν，$V(G) = \{v_1, v_2, \cdots, v_\nu\}$. 于是找到了一条有向生成道路. 下证"$\cdots$"这一命题成立. 如果这一命题不成立，则存在使此命题不成立的最小集合 $V' = \{u_1, u_2, \cdots, u_k\} \subseteq V(G)$，在 $V' - \{u_k\}$ 中存在一个顶 v，对任意的 $u \in V' - \{u_k\}$，v 可达 u；于是 V' 中的顶只能是 v 不可达 u_k，而且 u_k 不可达 v（因为如果 u_k 可达 v，而 u 又可达 $V' - \{u_k\}$ 中一切顶，则 u_k 可达 V' 中的任何顶，与 V' 的定义相违）. 上述 v 不可达 u_k，u_k 不可达 v 与 G 是单连通图矛盾. 证毕.

在强连通有向图中，一个重要的图类是有向 Euler 图. 若 G 是有向图，且 G 中含有一条含 G 的每条有向边的有向回路 W，则称 W 是 G 的有向 Euler 回路，因为是有向边，所以在 W 中每边恰出现一次. 如果 G 中有有向 Euler 回路，则称 G 是有向 Euler 图. 如果 G 中有一条有向行迹 W'，W' 上含 G 的每条有向边，则称 W' 为有向 Euler 行迹，含有向 Euler 行迹的图称 G 是可有向一笔画的图. 可有向一笔画的图是单连通的.

对于有向 Euler 图，下面的命题成立：

命题 1　G 是弱连通有向图时，G 为有向 Euler 图的充要条件是对每个顶 $v \in V(G)$，皆成立 $d^-(v) = d^+(v)$，其中 $d^-(v)$ 是以 v 为头的边数，$d^+(v)$ 是以 v 为尾

的边数.

命题 2 G 是弱连通有向图, G 为有向 Euler 图的充要条件是 $G = \bigcup_{i=l}^{n} C_i$, C_i 是 G 中有向圈, 且 $E(C_i) \bigcap E(C_j) = \varnothing$, $1 \leqslant i, j \leqslant n$, n 是某个自然数.

对于有向一笔画的图, 下面命题成立:

命题 3 若 G 是弱连通有向图, 且

$$d^-(v) = \begin{cases} d^+(v), & v \in V(G) - \{u_1, u_2\}, u_1, u_2 \in V(G); \\ d^+(v) - 1, & v = u_1, \\ d^+(v) + 1, & v = u_2, \end{cases}$$

则 G 中存在从 u_1 到 u_2 的有向 Euler 行迹.

命题 1、命题 2、命题 3 的证明作为习题留给读者完成.

7.2 循环赛图、有向轨和王

所谓循环赛图, 又称竞赛图或赛图, 是一个无向完全图 K_n, 把其每边加一个方向而得到的有向图. 它的实际背景是 n 位运动员, 每位选手都要和其他每位选手比赛一场, n 个选手组成此赛图的顶集合, 当甲选手胜乙选手时, 有一条有向边"甲乙", 以甲为尾以乙为头, 假设没有平局.

有向图的有向轨问题当中, 最为关心的是所谓有向 Hamilton 轨的有无, 即含一切顶的一条有向轨是否存在. 而赛图中还有另一个有趣的问题是谁是强者, 即所谓"王"是谁?

关于有向轨的长短, 似乎与其底图中轨的长短关系不太密切, 却与底图的色数这个似乎风马牛不相及的指标有密切关系.

例如图 7.3 中的有向图, 其底图有长 11 的轨, 而这个有向图最长的轨只长 1. 图 7.3 中的图的底图 G 是一个二分图, 🔘 顶组成 X 集, ⬭ 组成 Y 集, $\chi(G) = 2$, 此有向图中存在有向轨, 其长恰为 $\chi(G) - 1$, 这种情况对任何有向图皆成立.

图 7.3

定理 7.4 若有向图的底图为 G, 则此有向图中有长 $\chi(G) - 1$ 的有向轨.

证 设底图为 G 的有向图记成 G_1, 则从 G_1 中删去一些边, 会使 G_1 变成没有有向圈的有向图 (例如从 G_1 的每个有向圈上删去一条边). 设 E_1 是使有向图 $G' = G_1 - E_1$ 不含有向圈的边数最少的边子集. 如果 G' 中的最长有向轨长为 k, 则用 k

$+1$ 种颜色对 G' 的顶正常着色：$v\in V(G')$，在 G' 中以 v 为起点的最长有向轨长 $i-1$ 时，v 染上 i 色，于是用了 $k+1$ 种颜色 $1,2,\cdots,k+1$，把 G' 的每个顶皆上了颜色．设 i 色顶集合为 V_i，下证上述染色确为 G 的正常顶着色．

设 $P(u,v)$ 是 G' 中的一条有向轨，若 $v\in V_i$，则存在 G' 的有向轨 $P_1(v,v_i)=vv_2v_3\cdots v_i$，是以 v 为起点的最长有向轨，考虑 $P(u,v)\bigcup P_1(v,v_i)=P_2(u,v_i)$，$P_2(u,v_i)$ 之长至少为 i，又 G' 中不含有向圈．所以 $P_2(u,v_i)$ 是长至少为 i 的有向轨，从而 $u\in V_i$，即 G' 中每条有向轨的两端异色．

$\forall uv\in E(G)$，若 $uv\in E(G')$，则 u 与 v 两顶异色；若 $uv\in E_j$，由 E_1 的最小性，$G'+uv$ 含有向圈 C．于是 $C-uv$ 是 G' 的一条有向轨，这时 u 与 v 亦异色，至此知上述顶着色是 G 的正常顶着色．用了 $k+1$ 种颜色，故 $\chi(G)\leqslant k+1$，G_1 中最长轨的长度 $k\geqslant\chi(G)-1$．从而证出 G_1 中有长 $\chi(G)-1$ 的有向轨，证毕．

由于 $\chi(K_\nu)=\nu$，故由定理 7.4 得出：每个赛图皆有有向 Hamilton 轨．

例 7.1　有 $n(n>1)$ 种害虫，两种之中必有一种能咬死另一种，则可以从每种虫子中挑一只虫子，令它们排成一路纵队，使得每条虫子都能咬死它前面的那条虫子．

证　以这 n 只虫子为顶集，甲能咬死乙时，从甲向乙连一有向边，得到 n 顶赛图，由于赛图有有向 Hamilton 轨，按此有向 Hamilton 轨排列这些害虫，则可使后面的虫子能咬死它前面的虫子．证毕．

例 7.2　G 是无向图，则可对 G 的边定向，使得到的有向图中的最长有向轨长为 $\chi(G)-1$．

证　设对无向图 G 的顶用 $\chi(G)$ 正常顶着色时，i 色顶子集为 V_i，当 $u\in V_i$，$v\in V_j$，$i<j$ 时，$uv\in E(G)$，则把边 uv 定向成 u 为尾，v 为头．由定理 7.4，上述定向方式得到的有向图中有长 $\chi(G)-1$ 的有向轨，但这种定向方式之下，设有有向轨能含有 $\chi(G)+1$ 个顶．所以此有向图中的最长轨恰长 $\chi(G)-1$．证毕．

例题 7.2 说明定理 7.4 中有向轨的长度 $\chi(G)-1$ 不能再增大，在某种意义上讲它给出了一个最好的上界．

在赛图中，若从一个顶 v_0 出发，通过至多长 2 的有向轨可达其他任何一顶时，称 v_0 是赛图中的王．

直观地讲，v_0 是王，就是其他选手败给过 v_0 或败给了败给过 v_0 的选手．

王是存在的．

如果在赛图中，uv 是以 u 为尾的有向边，则称 u 胜 v，u 胜 v 时，u 得一分，v 得零分，设赛图中无平局．

定理 7.5　赛图中得分最多的顶为王．

证　设赛图中 u 得分最多．若 u 得分为 $n-1$，其中 n 是赛图的顶数，则从 u 出发，只通过长 1 的有向轨即可达其他每顶，由王的定义，u 是王．若 u 得分低于

$n-1$,设它胜过 $v_1,v_2,\cdots,v_k$,而败给了 $v_{k+1},v_{k+2},\cdots,$ v_{n-1},则 u 只得 k 分;但 $v_j(k+1\leqslant j\leqslant n-1)$ 不能胜所有的 $v_1,v_2,\cdots,v_k$,不然 v_j 就比 u 至少多得一分,与 u 得分最多相违,可见 v_j 败给过 $\{v_1,v_2,\cdots,v_k\}$ 中的某一个顶,于是通过长 2 的有向轨,u 可达 v_j,$j=k+1,k+2,\cdots,n-1$,故 u 是王.证毕.

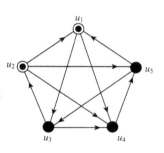

图 7.4

王未必是惟一的,例如图 7.4 中 u_1 与 u_2 都是王.

定理 7.6 赛图 G 中 v 为惟一王的充要条件是 v 得分 $n-1$,其中 n 是赛图顶数.

证 若 v 是惟一的王,且 v 的得分少于 $n-1$,则存在以 v 为头的有向边,所有这种边的尾构成的顶子集导出一个子赛图 G_1.由定理 7.5,G_1 有它的王 u,而从 u 到 v 有长 1 的有向轨可达.所以 u 也是 G 的王,见图 7.5.此与 v 是 G 的惟一王相违,故 v 得分必为 $n-1$.

反之,若 v 得分为 $n-1$,当然 v 是王,若这时还有另一王 v',由王的定义,应存在有向边 $v'v$ 或长 2 的有向轨 $v'wv$,使得 v 成了一个有向边的头,v 至多得 $n-2$ 分,与 v 得分 $n-1$ 相违.证毕.

定理 7.6 指出,如果没有得满分 $n-1$ 的顶,则赛图中必至少有两个王.回到图 7.4,得分最多者为 u_2,它得 3 分,不是满分 4 分,所以 u_2 不是惟一的王.事实上,还有一个王 u_1.尽管 u_1 的得分只有两分.

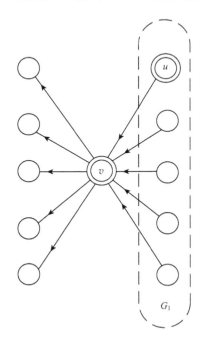

图 7.5

利用竞赛图存在有向 Hamilton 轨的事实,可以近似地解决工序问题.

有 n 种工作 $J_1,J_2,\cdots,J_n$ 需要在同一台机器上进行,从 J_i 转为 J_j 的机器调整时间为 t_{ij},试把这 n 项工作排队,使得 $\sum t_{ij}=\min$.这个十分现实的问题至今仍无有效算法来解决.下面给它的一个近似算法.

(1) 以 $V(G)=\{v_1,v_2,\cdots,v_n\}$ 为顶集构作一个有向图 G,仅当 $t_{ij}<t_{ji}$ 时,以 v_i 为尾,以 v_j 为头作一条有向边.显然 G 中含有一个生成竞赛图.

(2) 在 G 中求取有向 Hamilton 轨,依此有向 Hamilton 轨上顶的顺序来安排工作顺序.

例 7.3 设工序问题的机器调整时间矩

阵为　$T = (t_{ij})_{6 \times 6}$,

$$
\begin{array}{c}
\begin{array}{cccccc}
J_1 & J_2 & J_3 & J_4 & J_5 & J_6
\end{array}\\
T = \begin{array}{c}J_1\\J_2\\J_3\\J_4\\J_5\\J_6\end{array}
\begin{pmatrix}
0 & 5 & 3 & 4 & 2 & 1\\
1 & 0 & 1 & 2 & 3 & 2\\
2 & 5 & 0 & 1 & 2 & 3\\
1 & 4 & 4 & 0 & 1 & 2\\
1 & 3 & 4 & 5 & 0 & 5\\
4 & 4 & 2 & 3 & 1 & 0
\end{pmatrix} .
\end{array}
$$

把这 6 项工作排序,使总加工时间最短.

　　解　构作有向图 G,如图 7.6 所示,$V(G) = \{v_1, v_2, v_3, v_4, v_5, v_6\}$,仅当 $t_{ij} \leqslant t_{ji}$ 时,连一有向边 $v_i v_j$(v_i 为尾).

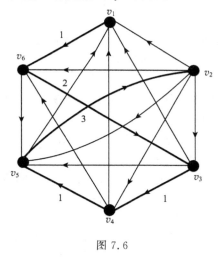

图 7.6

从 G 中求得一条 Hamilton 有向轨(粗实线)

$$P(v_1, v_2) = v_1 v_6 v_3 v_4 v_5 v_2 .$$

工作顺序取

$$J_1 J_6 J_3 J_4 J_5 J_2 .$$

所需调机时间为

$$T_0 = 1 + 2 + 1 + 1 + 3 = 8 .$$

若用自然顺序 $J_1 J_2 J_3 J_4 J_5 J_6$,则需调机时间

$$T_1 = 5 + 1 + 1 + 1 + 5 = 13 ,$$

比我们求得的近似解大了 $\dfrac{13-8}{8} = 62.5\%$.

7.3　有向 Hamilton 图

　　本节考虑无环与平行边(两端及方向皆同的边)的所谓严格有向图 G,G 中含所有的顶的有向圈称为有向 Hamilton 圈,含有向 Hamilton 圈的有向图叫做有向 Hamilton 图.

　　本节用到以下符号:

$$\delta^- = \min_{v \in V(G)} \{d^-(v)\} ,$$

$$\delta^+ = \min_{v \in V(G)} \{d^+(v)\} .$$

(S, T) 表示尾在 S 头在 T 的边子集,其中 $S, T \subset V(G)$,$S \cap T = \varnothing$. 对于强连

通的竞赛图,有下面的泛圈定理.

定理 7.7 设 G 是强连通竞赛图,$\forall u \in V(G)$,则 G 中存在 k 阶圈,u 在此 k 阶圈上,$k = 3, 4, \cdots, |V(G)|$.

证 令 $N^+(u)$ 表示以顶 u 为尾的边之头组成的集合,$N^-(u)$ 表示以 u 为头的边之尾组成的集合.$\forall u \in V(G)$,我们用数学归纳法证明定理 7.7.

归纳法起步:u 在一个有向三角形上.

事实上,由于 G 是强连通赛图,取 $S = N^+(u)$,$T = N^-(u)$.由于强连通,每顶"有进有出".显然 $S \neq \varnothing$,$T \neq \varnothing$,$(S, T) \neq \varnothing$,见图 7.7. 于是可找到 $v \in S$,$w \in T$,使得以 v 为尾的有向边 $vw \in E(G)$.可见 u 在 $\triangle uvw$ 上,$\triangle uvw$ 是三阶有向圈.

归纳法假设:设 u 在 G 中长为 $3, 4, 5 \cdots, n$ 的有向圈上,$n \leqslant |V(G) - 1|$.

归纳法递推:往证 G 中存在含 u 的 $n+1$ 阶圈.

由归纳法假设,u 在一个 n 阶圈.

$$C_n = v_0 v_1 v_2 \cdots v_n$$

上,其中 $v_0 = v_n = u$.

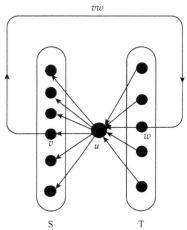

图 7.7

(1) 若存在 $v \in V(G) - V(C_n)$,v 是尾在 C_n 上的一边之头,是头在 C_n 上的另一边之尾,见图 7.8.那么可以找到 C_n 上的两个顶 v_i 与 v_{i+1},$v_i v$,$v v_{i+1} \in E(G)$,于是得到长 $n+1$ 的含 u 的圈.

$$C_{n+1} = v_0 v_1 v_2 \cdots v_i v v_{i+1} v_{i+2} \cdots v_n.$$

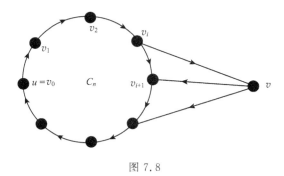

图 7.8

(2) 如果找不到(1)中的那种 v.

取 S 为 $V(G) - V(C_n)$ 中尾在 C_n 的边之头组成的集合,T 为 $V(G) - V(C_n)$ 中

头在 C_n 的边之尾组成的集合. 由于 G 是强连通竞赛图, 故 $S \neq \varnothing, T \neq \varnothing, (S, T) \neq \varnothing$. 可以找到 $v' \in S, w \in T, v'w \in E(G)$, 见图 7.9. 于是有含 u 的 $n+1$ 阶圈 C_{n+1}:

$$C_{n+1} = uv'wv_2v_3 \cdots v_n.$$

证毕.

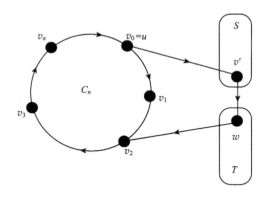

图 7.9

定理 7.7 给出了一个强连通赛图 G 的十分"强"的性质:过它的每个顶可以在 G 上画出一个有向 3 阶圈、有向 4 阶圈、有向 5 阶圈, ⋯, 和有向 Hamilton 圈;这就确认了强连通赛图 G 的充分必要条件是赛图 G 是有向 Hamilton 图;而且强连通赛图上有从 3 到 $|V(G)|$ 各种长度的有向圈, 此即所谓泛圈性质. 值得注意的是, 一般图是否有泛圈性质是一个尚未得解的大难题.

下面讨论一般有向图为有向 Hamilton 图的充分条件.

定理 7.8 设 $P(u_0, v_0)$ 是严格有向图 G 中的最长有向轨,则

$$\left| E(P(u_0, v_0)) \right| \geqslant \max\{\delta^-, \delta^+\}.$$

证 不妨设 $\max\{\delta^-, \delta^+\} = \delta^+$ (不然把 G 的各边反向), 若 $P(u_0, v_0)$ 的长度小于 δ^+, 严格有向图 G 中必存在以 v_0 为尾的边 $v_0w, w \notin V(P(u_0, v_0))$, 见图 7.10.

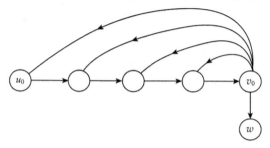

图 7.10

事实上，从 v_0 发出的边至少 δ^+ 条，而 $P(u_0,v_0)$ 的长度小于 δ^+ 时，$P(u_0,v_0)$ 上的异于 v_0 的顶少于 δ^+。所以 $P(u_0,v_0)$ 上"接收"不了从 v_0 出发的边，必有一条从 v_0 出发的有向边，其头 $w\notin V(P(u_0,v_0))$。这样 G 中的有向轨 $P(u_0,v_0)$ 可延长成有向轨 $u_0\cdots v_0 w$，与 $P(u_0,v_0)$ 是 G 中最长轨矛盾. 证毕.

推论 7.1 严格有向图中有长度大于 $\max\{\delta^+,\delta^-\}$ 的有向圈.

证 不妨设 $\max\{\delta^+,\delta^-\}=\delta^+$，由定理 7.8，严格有向图 G 中存在一条最长轨 $P(u_0,v_0)$，其长不小于 $\max\{\delta^+,\delta^-\}$，而从 v_0 出发的每条有向边的头皆在 $P(u_0,v_0)$ 上，又 $d^+(v_0)\geqslant\delta^+$，故会出现长至少为 $\max\{\delta^+,\delta^-\}+1$ 的有向圈，见图 7.11. 证毕.

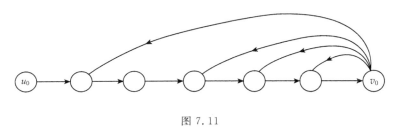

图 7.11

定理 7.9 $\min\{\delta^-,\delta^+\}\geqslant\dfrac{1}{2}|V(G)|>1$ 的严格有向图 G 是有向 Hamilton 图.

证 若定理 7.9 中所述的图 G 不是有向 Hamilton 图，设其最长的有向圈 C 长 k：
$$C = v_1 v_2 \cdots v_k v_1.$$
由推论 7.1，G 中有长度不小于 $\dfrac{1}{2}|V(G)|+1$ 的有向圈，故 $k>\dfrac{1}{2}|V(G)|$.

设 $P(u,v)$ 是 $G-V(C)$ 中的最长有向轨，$P(u,v)$ 长 m，则（见图 7.12）
$$|V(G)|\geqslant k+m+1>\frac{1}{2}|V(G)|+m+1,$$
$$m<\frac{1}{2}|V(G)|-1<\frac{1}{2}|V(G)|.$$

令
$$S = \{i\mid v_{i-1}u\in E(G)\}, T = \{i\mid vv_i\in E(G)\},$$
其中 v_{i-1},v_i 是 C 上之顶，u 与 v 是上述最长轨之起止顶.

因为 $P(u,v)$ 是 $G-V(C)$ 中的最长轨，故
$$N^-(u)\subseteq V(P(u,v))\bigcup V(C).$$
尾在 C 上以 u 为头的边之条数为 $|S|$，尾在 P 上以 u 为头的边之条数为
$$d_p^-(u)\leqslant m,$$

所以

$$|S| \geqslant \frac{1}{2}|V(G)| - m.$$

相似地

$$|T| \geqslant \frac{1}{2}|V(G)| - m.$$

由于 $m < \frac{1}{2}|V(G)|$, 所以 S 与 T 皆非空, 且

$$|S| + |T| \geqslant |V(G)| - 2m.$$

再用一下 $|V(G)| \geqslant k + m + 1$, 得

$$|S| + |T| \geqslant k - m + 1.$$

如果(欠证)

$$S \cap T = \varnothing,$$

则有

$$|S \cup T| \geqslant k - m + 1,$$

由于 $S \neq \varnothing, T \neq \varnothing, S \cap T = \varnothing$, 故存在 $i, l \in \mathbf{N}$, 使得 $i \in S, i + l \in T$, 且

$$i + j \notin S \cup T, \quad 1 \leqslant j \leqslant l,$$

这里的运算在 $\mathrm{mod} k$ 意义下进行. 由

$$|S \cup T| \geqslant k - m + 1 \quad 及 \quad i + j \notin S \cup T, \quad 1 \leqslant j \leqslant l$$

知 $l \leqslant m$, 故(见图 7.12)

$$C_{i+l, i-1} v_{i-1} u P(u, v) v v_{i+l}$$

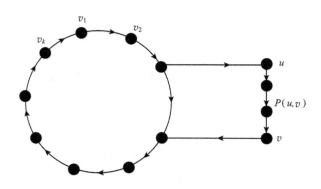

图 7.12

是有向圈(其中 C_{jl} 表示 C 上起于 v_j 止于 v_l 的部分), 其长为 $k + m + 1 - l$, 比 C 长,

这与 C 是 G 中最长的有向圈相违. 因此定理 7.9 成立.

下面证明 $S \cap T = \varnothing$, 若某个 i 在 $S \cap T$ 之内, 则 G 中含有长 $k+m+1$ 的有向圈 $C_{i,i-1} v_{i-1} u P(u,v) v v_i$, 此与 C 是 G 的最长圈矛盾, 故 $S \cap T = \varnothing$. 证毕.

有向图的理论非常丰富, 本章仅就有向图的三种连通性(弱连通、单连通与强连通)、有向轨、有向圈、有向 Euler 图、有向 Hamilton 图以及竞赛图进行了重点讲解. 应当小心的是, 有向图与其底图虽有联系. 但表现出来的图论性质往往有区别甚至差异极大. 例如, 有向图中最长轨的长度简直与其底图的最长轨的长度没有多少联系, 倒是与底图的色数有关.

习　　题

1. 把 K_5 定向成赛图, 有几种定向方式?

2. 证明无向图 G 有一种定向方法, 使得其最长有向轨不超过 G 的最大顶次数.

3. 已知有向图 G 中无有向圈, 求 δ^- 与 δ^+.

4. 记 G' 是有向图 G 之每边的定向反向之后得到的有向图, 求证 G 强(单)连通当且仅当 G' 强(单)连通.

5. 竞赛图不是强连通图, 最少改变几条边的方向, 可使它变成有向 Hamilton 图?

6. 在不少于三名运动员的个人循环赛当中, 无平局, 无人全胜, 则必出现甲胜乙, 乙胜丙, 丙又胜甲的现象.

7. 在单星妖怪上定向一个单向行驶路线图, 使任两点甲乙间不是甲可达乙, 就是乙可达甲.

8. 把单星妖怪定向成强连通有向图.

9. 赛图不是有向 Hamilton 图, 则它有惟一的王.

10. 证明: 顶数不小于 3 的竞赛图中有得分相同的顶的充要条件是此图中有长 3 的有向圈.

11. 证明第 7.1 节命题 1, 命题 2 与命题 3.

第八章 最大流的算法

8.1 2F 算 法

1962 年,Ford 和 Funlkerson 对下述实际问题给出了一种有效算法,我们简称其为 2F 算法.

把一种商品从产地通过铁路或公路运往市场,交通网络中每一路段的运输能力有一定限度.问如何安排运输,使得运输最快?这个问题在运输调度工作中是重要内容之一,它也是运筹学中许多问题的模型.

上述实际模的图论模型表述如下:

设 G 是弱连通严格有向加权图,$s \in V(G)$ 称为源,$t \in V(G) - \{s\}$ 称为汇(坑),每边 e 之权 $c(e)$ 称为边容量,这时称 G 上定义了一个网络,记成 $N(G, s, t, c(e))$. 在 $E(G)$ 上定义一个函数 $f(e): E \to \mathbf{R}, f(e)$ 满足

$$C(1) \quad 0 \leqslant f(e) \leqslant c(e), \quad e \in E(G),$$

$$C(2) \sum_{e \in \alpha(v)} f(e) = \sum_{e \in \beta(v)} f(e), \quad v \in V(G) - \{s, t\},$$

其中 $\alpha(v)$ 是以 v 为头的边集,$\beta(v)$ 是以 v 为尾的边集.称上述函数 f 为网络 N 上的流函数,简称流. 称

$$F = \sum_{e \in \alpha(t)} f(e) - \sum_{e \in \beta(t)} f(e)$$

为流函数的流量.

$C(1)$ 表示在路段 e 上单位时间的承运量不得超过该路段的最大承受能力 $c(e)$;$C(2)$ 表示中转站(非源 s 与非坑 t)的进出货物量相等,即中转站不装车也不卸车.$F = \sum_{e \in \alpha(t)} f(e) - \sum_{e \in \beta(t)} f(e)$ 表示进入坑的货物总量与运出坑的货物总量之差,即坑(汇)中净收入的货物量.

我们的目标是制定运输方案 $f(e)$,使得 F 最大(称有最大流量的流 $f(e)$ 为最大流).

设 $S \subset V(G), s \in S, t \in \bar{S} = V(G) - S$. 则称 $(S, \bar{S})$ 是网络的一个截.

$$C(S) = \sum_{e \in (S, \bar{S})} c(e)$$

为截 $(S, \bar{S})$ 的截量.

截量 $C(S)$ 表示从 S 中的各站运往 S 以外各站的货物量的一个上界. 由于除 s 与

t 外,其他站皆中转站,所以 $C(S)$ 也就是单位时间从 s 运往 t 的货物量的一个上界.

定理 8.1 对于任一截 $(S,\bar{S})$,成立公式

$$F = \sum_{e \in (S,\bar{S})} f(e) - \sum_{e \in (\bar{S},S)} f(e).$$

证 由于

$$F = \sum_{e \in \alpha(t)} f(e) - \sum_{e \in \beta(t)} f(e), \tag{1}$$

$$0 = \sum_{e \in \alpha(v)} f(e) - \sum_{e \in \beta(v)} f(e), \quad v \in V(G) - \{s,t\}, \tag{2}$$

考虑 $v \in \bar{S} - \{t\}$ 时的 (2),与 (1) 式相加,则所得等式左端为 F;对于边 $e=xy$,在 (2) 中因为我们只考虑 $\bar{S} - \{t\}$ 中的顶,所以不考虑头尾皆在 S 中的边 $e=xy$. 下面分情形讨论之.

(i) $x,y \in \bar{S}$,这时对于 y 在 (2) 中出现正的 $f(e)$,对于 x 在 (2) 中出现负的 $f(e)$,互相抵消.

(ii) $x \in S, y \in \bar{S}$,这时 $e=xy \in (S,\bar{S})$,右端只出现 $f(e)$ 的正项.

(iii) $x \in \bar{S}, y \in S$,这时 $e=xy=(\bar{S},S)$,右端只出现负项.

由 (i)(ii)(iii) 知定理 8.1 成立.证毕.

从直观上看,由于中转站的吞吐量抵消,所以从 S 流入 $\bar{S}$ 的量 $\sum_{e \in (S,\bar{S})} f(e)$ 减去从 $\bar{S}$ 倒流流回 S 的量 $\sum_{e \in (\bar{S},S)} f(e)$ 理应是汇(坑)中的净收入,即

$$F = \sum_{e \in (S,\bar{S})} f(e) - \sum_{e \in (\bar{S},S)} f(e).$$

推论 8.1 对任何流函数 f 和任意截 $(S,\bar{S})$,

$$F \leqslant C(S).$$

证 由定理 8.1,

$$F = \sum_{e \in (S,\bar{S})} f(e) - \sum_{e \in (\bar{S},S)} f(e).$$

而 $0 \leqslant f(e) \leqslant c(e)$,所以

$$F \leqslant \sum_{e \in (S,\bar{S})} f(e) \leqslant \sum_{e \in (S,\bar{S})} c(e) = C(S).$$

证毕.

推论 8.2 若 $F=C(S)$,则 F 是最大流量,$C(S)$ 是最小截量.

在 2F 算法中,需要对网络的顶进行标志,事前我们约定一些术语和规定如下:

(甲) 若 $e=uv \in E(G)$,u 已有标志,而 v 尚未标志,且边 e 未满载,即 $c(e) > f(e)$,则称沿 e 可向前标志 v,且规定

$$\Delta(e) = c(e) - f(e),$$

标志了边 e.

（乙）　若 $e=xy\in E(G)$，y 已有标志，而 x 尚未标志，且 $f(e)>0$，则称沿 e 可向后标志顶 x，且规定

$$\Delta(e) = f(e),$$

标志了边 e.

2F 算法（从 0 值流函数逐次逼近最大流）：

（1）取初始流函数 $f(e)\equiv 0$，$e\in E(G)$.

（2）标志顶 s，其他顶未标志.

（3）选一个可向前或可向后标志的顶 v，若选不到这种顶 v，中止，得到的流函数即为最大流（指其对应的流量 F 最大）；若可选得 v，则进而标志 v 且标志边 e；若 $v=t$，转（4），否则转（3）.

（4）设已得一条标志了的无向轨 $se_1v_1e_2v_2\cdots e_lt$，取 $\Delta=\min\limits_{1\leqslant i\leqslant l}\{\Delta(e_i)\}$. 若在有向图 G 中 $e_i=u_{i-1}v_i(s=v_0,t=v_l)$，则

$$f(e_i) \leftarrow f(e_i) + \Delta.$$

若 e_i 在有向图 G 中为 $e_i=v_iv_{i-1}$，则

$$f(e_i) \leftarrow f(e_i) - \Delta.$$

（5）转（2）.

上述算法的思路是沿一条可以改进流量的轨最大限度地增加从 S 流入 $\bar S$ 的量，减少从 $\bar S$ 倒流回 S 的量，调整的最大限度是 Δ. 从 s 走向 t 的所谓前进边 e 的潜力是 $\Delta(e)=c(e)-f(e)$，从 t 走向 s 的逆行边 e 上的改进潜力为 $\Delta(e)=f(e)$，$\Delta=\min\limits_{1\leqslant i\leqslant l}\{\Delta(e_i)\}$ 是轨 $se_1v_1e_2\cdots e_lt$ 上各边皆可接受的最大调整数量.

每次调整至少使流量增加 1（$c(e)$ 是自然数），而流量不会超过 $\sum\limits_{e\in E(G)}c(e)$，说明最大流量是一个有界量. 所以经 2F 算法有限步之后即可得最大流.

定理 8.2　2F 算法止时的流函数是最大流，其流量等于 G 中最小截量（瓶颈量）.

证　设 S 是 2F 算法终止时，最后一轮从 s 起达不到 t 的标志过程中得出的得到标志的顶点组成的集合，这时

$$f(e) = \begin{cases} c(e), & e \in (S,\bar S), \\ 0, & e \in (\bar S,S), \end{cases}$$

不然还会得出新的不属于 S 的标志顶. 由定理 8.1.

$$F = \sum_{e\in(S,\bar S)} f(e) - \sum_{e\in(\bar S,S)} f(e) = \sum_{e\in(S,\bar S)} c(e) = C(s).$$

由推论 8.2，F 是最大流量，$f(e)$ 是最大流，$(S,\bar S)$ 是最小截且最大流流量等于最小截截量. 证毕.

由定理 8.2 及推论 8.2,我们得到

推论 8.3 f 是最大流,$(S,\bar{S})$ 是最小截的充分必要条件是 f 的流量 F 等于 $(S,\bar{S})$ 的截量 $C(S)$.

推论 8.3 就是图论中有名的双最定理,它是网络理论中的核心定理,在运筹学和离散数学当中有它的许多应用.例如下一章中我们会应用双最定理来研究图的连通程度等问题.

*8.2 Dinic 分层算法

1970 年,Dinic 举了一个"坏例"来揭露 2F 算法的弱点,见图 8.1,如果在执行 2F 算法时,通过轨道 $svut$ 与 $suvt$ 交替地进行增载逼近,则需要 2^{101} 次增载运算,这种事是在合理的时间内无法完成的.Dinic 设计了一种所谓分层算法,可以避免求最大流时,其运算的时间复杂度依赖边权大小的缺点.

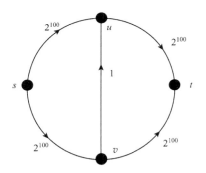

Dinic 把 2F 的"沿 e 可向前标志"或"沿 e 可向后标志"的边 e 称为"有用边".

Dinic 分层算法:

(1) $V_0 \leftarrow \{s\}$,$i \leftarrow 0$.

(2) $T \leftarrow \{v \,|\, v \not\in V_j, j \leqslant i,$ 且存在从 V_i 中某顶与 v 之间的有用边$\}$.

(3) 若 $T=\varnothing$,止,现网络上的流即最大流.

(4) 若 $t \in T$,则 $l \leftarrow i+1$,$V_l \leftarrow \{t\}$,止.

(5) 令 $V_{i+1} \leftarrow T$,增大 i,转(2).

图 8.1

上述算法得的 $V_i (0 \leqslant i \leqslant l)$ 叫做第 i 层,仅相邻两层间有边,那是从层次低的层中之顶到层次高的层中之顶间的有用边;得到的这个网络叫做层状网络.

定理 8.3 Dinic 分层算法止于(3),则现网络上的流 f 是最大流.

证 取 $S=\bigcup\limits_{k=0}^{i} V_k$,则 $(S,\bar{S})$ 中的边 $e=uv$ 满足 $f(e)=c(e)$,否则 e 是从 u 到 v 的有用边,与 $T=\varnothing$ 矛盾,相似地,在 $(\bar{S},S)$ 中的边 $e=vu$ 满足 $f(e)=0$.由定理 8.1,

$$F = \sum_{e \in (S,\bar{S})} f(e) - \sum_{e \in (\bar{S},S)} f(e) = \sum_{e \in (S,\bar{S})} f(e) = \sum_{e \in (S,\bar{S})} c(e) = C(S),$$

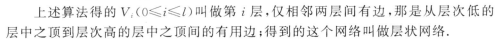

由推论 8.2,f 是最大流.证毕.

如果分层算法不止于其第(3)步,我们应如何利用得到的层状网络来逐次逼近最大流?

设原来网络中的流为 f,E_j 是层状网络中从 V_{j-1} 到 V_j 的边子集,若 $e=uv \in E_j$,则令

$$\bar{c}(e) = \begin{cases} c(e) - f(e), & u \in V_{j-1}, \quad v \in V_j, \\ f(e), & v \in V_{j-1}, \quad u \in V_j. \end{cases}$$

$\bar{c}$ 是 $e = uv$ 上可增载的上界. 我们把层状网络的边权取成 $\bar{c}(e)$, 取初始流函数 $\bar{f}(e) \equiv 0$, 且把层状网络上的边定向成从 V_{j-1} 指向 V_j (边的原来方向可能变成其反向).

若在层状网络中, 每条从 s 到 t 的轨

$$s v_1 v_2 \cdots v_{l-1} t$$

上至少有一边 e_j, 满足 $\bar{f}(e_j) = \bar{c}(e_j)$, 其中 $v_j \in V_j, e_j \in E_j$, 则称 $\bar{f}$ 为层状网络上的一个极大流.

层状网络上的极大流未必是最大流, 但如果能求得层状网络上的一个极大流 $\bar{f}$, 则可把原来网络上的流 f 改进成更大的流 f':

$$f'(e) = \begin{cases} f(e) + \bar{f}(e), & e = uv \in E(G), \quad u \in V_{j-1}, \quad v \in V_j, \\ f(e) - \bar{f}(e), & e = vu \in E(G), \quad u \in V_{j-1}, \quad v \in V_j, \\ f(e), & 其他. \end{cases}$$

不难看出 $f'(e)$ 满足 $C(1)$ 与 $C(2)$, f' 的流量 F' 大于 f 的流量 F.

如此我们从原来网络上的流函数 $f(e)$ 用分层算法求得层状网络 $\bar{N}$. 如果设计一个求层状网络 $\bar{N}$ 上极大流的有效算法, 则可以把流函数改进成 f'. 我们把这一过程称为"一轮", 所得层状网络的最后一层的脚标 l 称为层状网络的层数. 用 l_k 表示第 k 轮所得层状网络的层数. 下面给出层状网络上求极大流的算法.

极大流算法:

(1) 把层状网络 $\bar{N}$ 上的每条边 e 标志"未堵塞", $\bar{f}(e) \leftarrow 0$.

(2) $v \leftarrow s, S = \varnothing$,

(3) 若无未堵塞的边 $e = vu, u$ 在下一层, 则 (v 是堵死端) 执行

(3.1) 若 $s = v$, 止, $\bar{f}$ 即极大流.

(3.2) 从 S 移出顶部的边 $e = uv$.

(3.3) 标志 e 堵塞, $v \leftarrow u$.

(3.4) 转 (3).

(4) 选一未堵塞的边 $e = vu, u$ 在下一层, 把 e 放入 S 中, $v \leftarrow u$, 若 $v \neq t$, 转 (3).

(5) S 中的边构成一个可增载轨

$$s e_1 v_1 e_2 v_2 \cdots v_{l-1} e_l t.$$

(5.1) $\Delta \leftarrow \min_{1 \leqslant i \leqslant l} \{\bar{c}(e_i) - \bar{f}(e_i)\}$.

(5.2) 对每个 $1 \leqslant i \leqslant l, \bar{f}(e_i) \leftarrow \bar{f}(e_i) + \Delta$; 当 $\bar{f}(e_i) = \bar{c}(e_i)$ 时, 标志 e_i 堵塞.

(5.3) 转 (2).

定理 8.4 上述 Dinic 算法必可求得最大流.

证 只欠证 l_k 是严格递增的. 这样, 分层只能进行不超过 $|V(G)| - 1$ 次, 即对所得之流函数不能再分层. 从而由分层算法知得到了最大流.

下证若第 $k+1$ 轮不是最后一轮,则 $l_{k+1}>l_k$.

设在 $k+1$ 轮的层状网络中,有从 s 到 t 的长 l_{k+1} 的轨

$$P(s,t) = se_1v_1e_2v_2\cdots v_{l_{k+1}}e_{l_{k+1}}t.$$

对于 $P(s,t)$ 上的顶是否都在第 k 轮层状网络上出现,分别论证如下.

(1) $P(s,t)$ 上一切顶都在第 k 轮的层状网络上出现过.

V_j 表示第 k 轮层状网络上第 j 层中的顶组成的集合,我们来证明命题:"若 $v_m \in V_n$,则 $m \geq n$".

$m=0$ 时,$v_0=s$,$V_0=\{s\}$,这时命题成立.

假设 $v_m \in V_n$ 时 $m \geq n$ 已成立;若 $v_m \in V_n$,$v_{m+1} \in V_p$,且 $p \leq n+1$,由归纳法假设,这时 $m \geq n$,$m+1 \geq n+1$,又 $p \leq n+1$,故 $p \leq m+1$;若 $v_m \in V_n$,$v_{m+1} \in V_p$,$p>n+1$.今 $v_{m+1} \in V_p$,又 V_n 与 V_p 不是邻层,这不可能.故只有 $p \leq m+1$.至此由数学归纳法证明命题对 $P(s,t)$ 上顶的足标 m,n 成立.

现 $t=v_{l_{k+1}}$,$t \in V_{l_k}$,所以 $l_{k+1} \geq l_k$,我们来证这个式子中的等号不成立.

反证之,若 $l_{k+1}=l_k$,上面我们已假设 $P(s,t)$ 上的顶在第 k 轮的层状网络上都出现过,此轨上的边在第 $k+1$ 轮层状网络上用过,则在第 k 轮层状网络上也用过,且 $P(s,t)$ 整个在第 k 轮层状网络上,此与第 k 轮得出过极大流矛盾.

(2) $P(s,t)$ 上存在第 k 轮层状网络中不出现的顶.

令 $e_{m+1}=v_mv_{m+1}$ 是对某个 n,$v_m \in v_n$,但 v_{m+1} 不在第 k 轮层状网络上出现.则 e_{m+1} 在第 k 轮的层状网络中未用过,e_{m+1} 在第 $k+1$ 轮开始时有用,故在第 k 轮开始时也有用.由分层算法(4),$V_{n+1}=\{t\}$,$n+1=l_k$.于是 $m \geq n$,$m+1 \geq n+1=l_k$,又 $v_{m+1} \neq t$,故 $l_{k+1}>m+1$,所以 $l_{k+1} \geq l_k$.证毕.

Dinic 求最大流算法的时间复杂度是 $O(|V|^2|E|)$.

例 8.1 求图 8.2 的网络中从源 s 到汇 t 的最大流及其流量,图上各边 e 上标出的第一个数是 $c(e)$,第二个数是 $f(e)$.

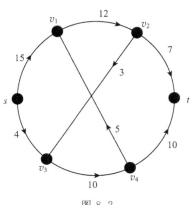 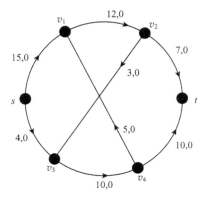

图 8.2 图 8.3

解　初始流如图 8.3

图 8.4 是第一轮层状网络及其上的极大流.

分四层如下 $: V_0^{(1)} = \{s\}, V_1^{(1)} = \{v_1, v_3\}, V_2^{(1)} = \{v_2, v_4\}, V_3^{(1)} = \{t\}.$

图 8.5 是通过图 8.4 中的极大流改进后所得的流 $f(e)$.

图 8.6 是第二轮层状网络及其上的极大流.

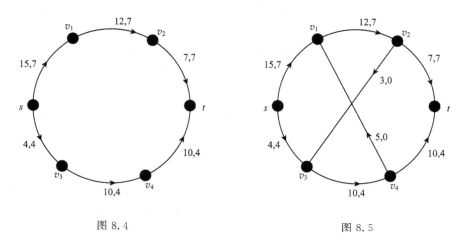

图 8.4   图 8.5

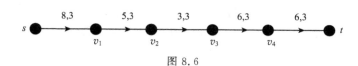

图 8.6

第二轮分成 6 层 $: V_0^{(2)} = \{s\}, V_1^{(2)} = \{v_1\}, V_2^{(2)} = \{v_2\}, V_3^{(2)} = \{v_3\}, V_4^{(2)} = \{v_4\}, V_5^{(2)} = \{t\}.$

图 8.7 是通过图 8.6 中的极大流改进后所得的流 $f(e)$.

图 8.8 是第三轮的分层情况,分层达不到 t 即中断于 v_2. 由 Dinic 分层算法(3),图 8.7 中的流即为所求的最大流,最大流量

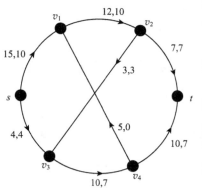

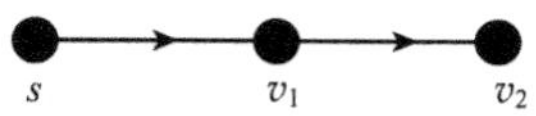

图 8.7

图 8.8

$$F_{\max} = \sum_{e \in \alpha(t)} f(e) - \sum_{e \in \beta(t)} f(e) = 7 + 7 = 14.$$

8.3 有上下界网络最大流的算法

如果有向图 G 中每边 e 有两个权数 $b(e)$ 与 $c(e)$，要求在相应的网络 $N(G,s,t,b(e),c(e))$ 上求满足下面条件的流函数 $f(e)$，

$C'(1)$ $b(e) \leqslant f(e) \leqslant c(e)$，$e \in E(G)$.

$C'(2)$ $\sum\limits_{e \in \alpha(v)} f(e) = \sum\limits_{e \in \beta(v)} f(e)$，$v \neq s, t, v \in V(G)$.

我们的目的仍然是求使流量

$$F = \sum_{e \in \alpha(t)} f(e) - \sum_{e \in \beta(t)} f(e)$$

最大的流函数 f.

权 $b(e)$ 是流函数的下界，$c(e)$ 是流函数的上界.

对有上下界 $b(e)$ 与 $c(e)$ 的网络，其流函数可能不存在，例如图 8.9 中的网络就不存在流函数，边上标的两个数分别是 $b(e)$ 与 $c(e)$.

有上下界的网络上是否存在满足条件 $C'(1)$ 与 $C'(2)$ 的流函数是首先要解决的问题.

下面称网络 $N(G,s,t,b(e),c(e))$ 上满足 $C'(1)$ 与 $C'(2)$ 的流函数 $f(e)$ 为可行流，我们来建立可行流存在的充分必要条件. 为此首先构作 $N(G,s,t,b(e),c(e))$ 的伴随网络 $N'(G'(V',E'),s',t',b'(e),c'(e))$:

(i) $V' = \{s',t'\} \cup V(G)$，其中 $s',t' \notin V(G)$，

(ii) $\forall v \in V(G)$，加新边 $e = vt'$，且令 $c'(e) = \sum\limits_{e \in \beta(v)} b(e)$，$c'(e)$ 是 N' 中 e 的容量上界，下界 $b'(e) = 0$.

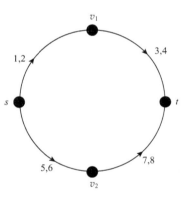

图 8.9

(iii) $\forall v \in V(G)$，加新边 $e = s'v$，且令 $c'(e) = \sum\limits_{e \in \alpha(v)} b(e)$，$c'(e)$ 是 N' 中 e 的上界，下界 $b'(e) = 0$.

(iv) $E(G)$ 中的边 e 在 N' 中仍保留，但界（权）要变，下界变成 0，即 $b'(e) = 0$，上界 $c'(e) = c(e) - b(e)$.

(v) 加新边 $e = st$ 与 $e' = ts$，且令 e 与 e' 的下界 $b'(e) = b'(e') = 0$，上界 $c'(e) = c'(e') = +\infty$.

定理 8.5 $N(G,s,t,b(e),c(e))$ 存在可行流当且仅当伴随网络 $N'(G'(V',E'),s',t',b'(e),c'(e))$ 上的最大流 f' 使流出 s' 的一切边 e 皆满足 $f'(e) = c'(e)$. 这时 $f'(e) + b(e)$ 是 N 上的一个可行流.

证　若 N' 中的最大流函数 $f'(e)$，使从 s' 出发的边 e 皆满足 $f'(e)=c'(e)$，对于网络 N，令

$$f(e) = f'(e) + b(e), e \in E(G).$$

则 $f(e)$ 是 N 上的一个可行流. 事实上，$e \in E(G)$ 时，

$$0 \leqslant f'(e) \leqslant c'(e) = c(e) - b(e),$$

$$b(e) \leqslant f'(e) + b(e) \leqslant c(e),$$

即

$$b(e) \leqslant f(e) \leqslant c(e).$$

可见 $f(e)$ 对于 N 满足 $C'(1)$.

对于 $v \in V(G) - \{s,t\}, \sigma = s'v, \tau = vt'$，由于 $f'(e)$ 是 N' 中的流函数，$f'(e)$ 应满足 N' 中的条件 $C'(2)$：

$$\sum_{e \in \alpha(v)} f'(e) + f'(\sigma) = \sum_{e \in \beta(v)} f'(e) + f'(\tau),$$

又已知对从 s' 出发的边 $e, f'(e) = c'(e)$，故

$$f'(\sigma) = c'(\sigma) = \sum_{e \in \alpha(v)} b(e),$$

$$f'(\tau) = c'(\tau) = \sum_{e \in \beta(v)} b(e).$$

于是

$$\sum_{e \in \alpha(v)} f'(e) + \sum_{e \in \alpha(v)} b(e) = \sum_{e \in \beta(v)} f'(e) + \sum_{e \in \beta(v)} b(e),$$

$$\sum_{e \in \alpha(v)} [f'(e) + b(e)] = \sum_{e \in \beta(v)} [f'(e) + b(e)],$$

$$\sum_{e \in \alpha(v)} f(e) = \sum_{e \in \beta(v)} f(e),$$

即 $f(e)$ 是 N 中满足 $C'(2)$. 故 $f(e)$ 是 N 中可行流. 若 $f(e)$ 是 N 的可行流，令

$$f'(e) = \begin{cases} f(e) - b(e), & e \in E(G), \\ c'(e), & e \in \alpha(t') \text{ 或 } e \in \beta(s'). \end{cases}$$

则容易验证 $f'(e)$ 是 N' 中的使从 s' 出发的一切边 e 满足 $f'(e)=c'(e)$ 的最大流. 证毕.

由定理 8.5，求有上下界的网络 N 上的最大流的步骤如下：

(1) 画出 N 的伴随网络 N'.

(2) 求 N' 中的最大流 f'.

(3) 检验 f' 是否使 N' 中出 s' 的边 e 皆满足

$$f'(e) = c'(e),$$

否则,N 上无可行流;是,则 N 上有可行流 $f(e)$,
$$f(e) = f'(e) + b(e).$$

（4）若已得可行流 $f(e)$,则用 2F 算法或 Dinic 分层算法在 $N(G,s,t,c(e))$ 中把 $f(e)$ 放大,求得其最大流（这时已无需考虑下界 $b(e)$),即得 $N(G,s,t,b(e),c(e))$ 上的最大流.

例 8.2 求图 8.10 中有上下界的网络上的最大流.

解 图 8.10 边上标的两个数字分别是 $b(e)$ 与 $c(e)$;构作的伴随网络如图8.11,边上标的第一个数是 $c'(e)$,第二个数是 $f'(e)$. 我们看到出 s' 的边 e 皆满足 $f'(e)=c'(e)$. 所以由定理 8.5,网络 8.10 上有可行流:
$$f(e) = f'(e) + b(e).$$

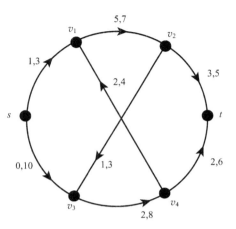

图 8.10

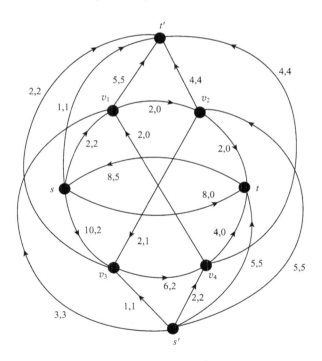

图 8.11

在图 8.12 中,边上标的第一个数是 $c(e)$,第二个数是 $f(e)$.

用 2F 算法把图 8.12 中的流 $f(e)$ 放大成图 8.13 中的最大流,其最大流量为

$$F = \sum_{e \in \alpha(t)} f(e) - \sum_{e \in \beta(t)} f(e) = 6 + 4 = 10.$$

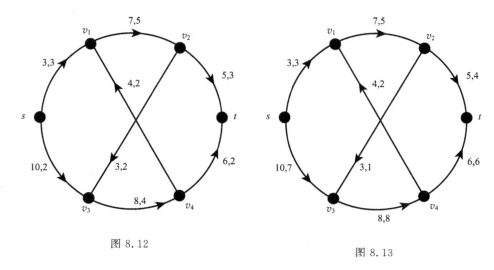

图 8.12   图 8.13

8.4　有供需要求的网络流算法

　　一种商品由若干产地提供,通过公路或铁路网运往若干需求地.每个产地的供应量有一定限度,每个需求地的需求量也不能少于某一定额,每段路的运输能力有一定的容量限制.问应如何安排运输,使得在不超出运力及供应能力的条件下,满足每个需求地的需求?

　　这一实际问题的数学模型是:

　　设 $N(G,X,Y,c(e))$ 是一个网络,$X=\{x_1,x_2,\cdots,x_m\}$,$Y=\{y_1,y_2,\cdots,y_n\}$,X 是源集合,Y 是汇集合.

　　存在一个非负整值函数 $\sigma(x_i)$,$x_i \in X$ 与非负整值函数 $\rho(y_i)$,$y_j \in Y$,$\sigma(x_i)$ 称为 x_i 的供应量,$\rho(y_i)$ 称为 y_i 的需求量,求 $N(G,X,Y,c(e))$ 上的一个流函数 $f(e)$,使 $f(e)$ 满足

　　$C(1)$ $0 \leqslant f(e) \leqslant c(e)$.

　　$C(2)$ 当 $v \notin X, v \notin Y$ 时,$\displaystyle\sum_{e \in \alpha(v)} f(e) = \sum_{e \in \beta(v)} f(e)$.

　　$C(3)$ $\displaystyle\sum_{e \in \beta(x_i)} f(e) - \sum_{e \in \alpha(x_i)} f(e) \leqslant \sigma(x_i)$,$i = 1,2,\cdots,m$.

$$C(4) \sum_{e \in \alpha(y_j)} f(e) - \sum_{e \in \beta(y_j)} f(e) \geqslant \rho(y_j), j = 1, 2, \cdots, n.$$

满足 $C(1), C(2), C(3)$ 与 $C(4)$ 的流称为有供需要求的可行流.

有供需要求的可行流未必存在,可能发生供不应求的现象.下面的定理给出了有供需要求的可行流存在的充分必要条件.

定理 8.6 存在有供需要求的可行流的充分必要条件是

$$C(S) \geqslant \rho(Y \cap \bar{S}) - \sigma(X \cap \bar{S}),$$

其中 S 是 $V(G)$ 的任意子集合,$\bar{S} = V(G) - S, \rho(Y \cap \bar{S}) = \sum_{v \in Y \cap \bar{S}} \rho(v), \sigma(X \cap \bar{S})$

$= \sum_{v \in X \cap \bar{S}} \sigma(v)$.

证 构作附加网络 N' 如下:

(1) 在 N 上增加两个顶 x_0, y_0.

(2) 加新边 $x_0 x_i, i = 1, 2, \cdots, m$,且令 $c(x_0 x_i) = \sigma(x_i)$.

(3) 加新边 $y_j y_0, j = 1, 2, \cdots, n$,且令 $c(y_j y_0) = \rho(y_j)$.

(4) x_0, y_0 分别作为 N' 的源与汇.

不难看出,N 中有可行流的当且仅当 N' 中有使截 $(Y, \{y_0\})$ 中每边 e 皆满足 $f'(e) = c(e)$ 的流函数 f'.

N' 中的流 f' 使 $(Y, \{y_0\})$ 每边 e 满足 $f'(e) = c(e)$,则此流是 N' 中的最大流. 所以 N 中有可行流当且仅当对 N' 的每个截 $(S \cup \{x_0\}, \bar{S} \cup \{y_0\})$ 成立

$$C(S \cup \{x_0\}) \geqslant \rho(Y) = \sum_{v \in Y} \rho(v),$$

当且仅当

$$C(S, \bar{S}) + \rho(Y \cap S) + \sigma(X \cap \bar{S}) \geqslant \rho(Y),$$

当且仅当

$$C(S, \bar{S}) \geqslant \rho(Y) - \rho(Y \cap S) - \sigma(X \cap \bar{S}),$$

当且仅当

$$C(S, \bar{S}) \geqslant \rho(Y \cap \bar{S}) - \sigma(X \cap \bar{S}).$$

证毕.

由定理 8.6 的证明知,欲求有供需要求的网络中的可行流,首先构作一个附加网络 N'(如定理 8.6 所述的方法去构作),再用 2F 等算法求 N' 中的最大流 f. 若 f 使截 $(Y, \{y_0\})$ 中的每边 e 满足 $f(e) = c(e)$,则 f 是 N 中的可行流.

8.5 关于 PERT 的两个问题

PERT 是规划审核技术的代号(program evalnation and review technique),它

是运筹学中的典型问题之一.

PERT 图是指这样的一个有向图 $G(V,E)$:

(i) $V(G)$ 中存在起始顶 s 与终止顶 t;

(ii) G 中无有向回路;

(iii) $\forall v \in V(G) - \{s,t\}$, v 在某条由 s 到 t 的有向轨上.

约定:

(1)PERT 图上的每一边代表一个过程.

(2)$\beta(s)$ 中的过程可以马上开始.

(3)$v \in V(G)$, $v \neq s$, 当 $\alpha(v)$ 中的过程全结束时, $\beta(v)$ 中的过程才能开始.

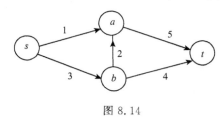

图 8.14

问题 8.1(关键轨道问题)   设 PERT 图每边 e 之权 $l(e)$ 表示该过程所需时间, 问由 $\beta(s)$ 中过程开始的时刻到 $\alpha(t)$ 中过程全部完成, 最短需要多长时间?

例如图 8.14 中的最短完成时间为 $3+2+5=10$.

PERT 最短时间算法:

(1)$\lambda(s) \leftarrow 0$, 其他的顶未标志.

(2)找一个 $v \in V(G)$, v 未标志, 且 $\alpha(v)$ 中一切边之尾已标志, 令
$$\lambda(v) \leftarrow \max_{e=uv}\{\lambda(u) + l(e)\}.$$

(3)若 $v=t$, 止, $\lambda(t)$ 即为所求, 否则转(2).

上述算法的时间复杂度为 $O(|E|)$.

定理 8.7   PERT 最短时间算法止时得到的 $\lambda(t)$ 为问题 8.1 的解.

证   先证(2)中 v 的存在性. 若这种 v 不存在, 则对每个未标志之顶 v, 皆可找到一边, 以 v 为头, 但此边以另一未标志之顶为尾. 又顶数有限. 则 G 中存在有向回路, 这是不可能的.

下证 $\lambda(v)$ 是到完成 $\alpha(v)$ 中一切过程所用的最小时间. 用标志次数进行归纳证明. 第一次标志的是 s, 命题自然成立. 设第 k 次标志的是 v_k, $\lambda(v_k)$ 是 $\alpha(v_k)$ 中过程全部完成所用的最小时间; 设 v_{k+1} 是第 $k+1$ 次标志的顶, 由(2), 显然
$$\max_{e=uv_{k+1}}\{\lambda(u) + l(e)\}$$
是到 $\alpha(v_{k+1})$ 中过程全完成所用的时间之最小值. 证毕.

容易看出, 当算法停止时, 由 t 向 s 经过"确定顶标的边"返回, 即经
$$\lambda(v) \leftarrow \max_{e=uv}\{\lambda(u) + l(e)\}$$
中使 $\lambda(u) + l(e) = \lambda(v)$ 的边 e 返回, 则得一最长轨, 这种最长轨叫做关键轨道. 欲

缩短工期,必须把每条关键轨道至少一条边之长缩短.关键轨道未必唯一,例如图 8.14 中 $sbat$ 是一条关键轨道.

上述缩短工期的方法通常称为 CPM(critical path method),即关键轨道方法.

问题 8.2 PERT 中每一过程由一台机器(或人)来完成,问需要最少准备多少台机器,才能使得对任意给定的 $l(e)$,每一过程都不至于因为机器不够而被延误?

为解决问题 8.2,我们考虑以 s 为源,以 t 为汇的 PERT 图上的一个网络,边容量下界是 1,上界为 ∞.

下面我们称一个边子集为并流边集合,若此集合中没有在同一有向轨上的两条边.

由于 PERT 中每边皆在由 s 到 t 的有向轨上,以及 $b(e)=1$,$c(e)=\infty$ 知我们的网络上有可行流,所以有从 s 到 t 的最小流.

定理 8.8 以 s 为源以 t 为汇,$b(e)=1$,$c(e)=\infty$ 的 PERT 图上的网络上的最小流量即为问题 8.2 的解.

证 让我们以 t 为源,以 s 为汇,求由 t 到 s 的最大流,它恰为由 s 到 t 的最小流.当求由 t 到 s 的最大流时,2F 算法终止时被标志的那些顶之集合为 T,则 $t\in T$,$s\in \bar{T}$.于是 $(T,\bar{T})=\varnothing$,不然,因 $c(e)=\infty$,仍可由 T 中的某顶向前标志,与 2F 标志终止矛盾.所以 $(\bar{T},T)$ 是并流边集.

若 $(\bar{T},T)$ 中有的边之权 $l(e)\gg 1$,$(\bar{T},T)$ 外的边之权 $l(e)$ 比 $(\bar{T},T)$ 中最小权还小得多,所以会有 $(\bar{T},T)$ 中边代表的过程同时进行的时刻.故机器数 $\geqslant |(\bar{T},T)|$.

设 F 是从 s 到 t 最小流量,相应的流为 f,$f(e)\geqslant b(e)=1$ 对每一边 $e\in E(G)$ 成立.F 个单位的总流量分解到从 s 到 t 的 F 条有向轨上,能使 $E(G)$ 中的每条边至少在这 F 条有向轨的一条上.我们把每台机器分配给上述 F 条有向轨中之一条轨上的所有边,每个机器在分配去的有向轨上从 s 到 t 依次完成各个过程,于是得知机器数 $\leqslant F$(图 8.15).而 $F=|(\bar{T},T)|$,故得证问题 8.2 中的机器数至少为 s 到 t 的最小流量 F.证毕.

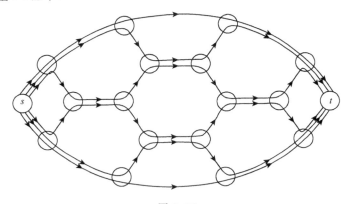

图 8.15

本章介绍了求最大流的 2F 算法和 Dinic 算法；对于有上下界的网络介绍了通过伴随网络求可行流的方法；对有供需要求的网络，介绍了通过附加网络求可行流的方法. 这些算法虽有些繁琐难记，但都是思路巧妙的有效算法. 对解决离散数学中的许多实际问题十分好用. 另外，本章建立的最大流量等于最小截量的所谓双最定理则是图论的最重要的定理之一，下一章它就会有大用.

习　题

1. 若网络 $N(G,s,t,c(e))$ 中，不存在从源 s 到坑 t 的有向轨，求 N 的最小截量.

2. 求图 8.16 中的最大流，其中 s 是源，t 是汇，边上标的是 $c(e)$.

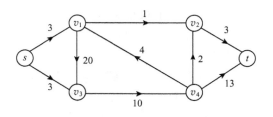

图 8.16

3. 若 $(S,\bar{S})$ 与 $(T,\bar{T})$ 皆网络 $N(G,s,t,c(e))$ 的最小截，则 $(S\cup T,\overline{S\cup T})$ 与 $(S\cap T,\overline{S\cap T})$ 也是最小截，试加证明.

4. 一种商品的三个产地为 x_1,x_2,x_3，产量分别为 5,10,5；y_1,y_2,y_3 是需求地. 需求分别为 5,10,5. 问 y_1,y_2,y_3 的需求是否皆可同时满足？ 网络的边上标的是 $c(e)$，见图 8.17.

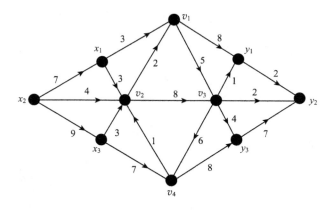

图 8.17

5. 对于网络 $N\{G,s,t,c(e)\}$，其每个顶 $v\in(G)-\{s,t\}$，有一个顶容量 $c(v)$，即过通 v 的流量不得超过 $c(v),c(v)\in\{0,1,2,\cdots\}$，试为这种具有顶容量的网络设计一种求从 s 到 t 的最大流

量流函数的有效算法.

6. 写出一个算法确定其容量 $c(e)$ 增大时,$N(G,s,t,c(e))$ 中的最大流量亦增大的边.这种边一定有吗?

7. 写出一个算法确定其容量 $c(e)$ 减少时,$N(G,s,t,c(e))$ 中的最大流量亦减少的边,这种边一定有吗?

8. 图 8.18 中哪个网络没有可行流? 边上标志的第一个数是 $b(e)$,第二个数是 $c(e)$. 对于其中有可行流的那个网络,求出其最大流函数. 对于无可行流的那个网络,选择最少几条边,调整其上的容量上、下界 $b(e)$ 或 $c(e)$,使其存在可行流.

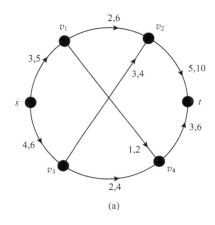 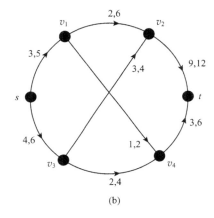

(a)　　　　　　　　　　　(b)

图 8.18

9. 图 8.19 中 s 是源,t 是汇,边 e 上写的是 $c(e)$,顶 v 上标志的数是顶容量 $c(v)$,求从 s 到 t 的最大流(见第 5 题).

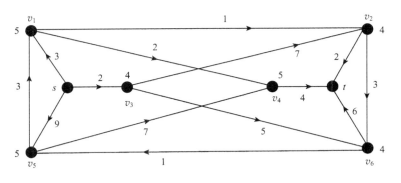

图 8.19

10. 若图 8.16 边 e 上标的是 $b(e)$,$c(e)=+\infty$,求从 s 到 t 的一个最小流.

11. 设 $G(X,Y,E)$ 是一个 2 分图,构作网络 $N(G(V',E'),s,t,c(e))$,其中

$$V' = \{s,t\} \bigcup V(G), s \text{ 为源}, t \text{ 为汇}.$$

$$E' = \{sx \mid x \in X\} \bigcup \{yt \mid y \in Y\} \bigcup \{xy \mid xy \in E(G)\},$$

$c(sx)=c(yt)=1, c(xy)=+\infty$. 求证 G 中最大匹配的边数等于网络 $N(G(V',E'),s,t,c(e))$ 中的最大流量.

12. 给出一个用网络流技术求得二分图中最大匹配的算法.

13. 用网络流方法证明匹配理论中的霍尔定理.

14. 用有供需要求的网络流技术证明: 若 $p=(p_1,p_2,\cdots,p_m)$, $q=(q_1,q_2,\cdots,q_n)$ 满足 $\sum\limits_{i=1}^{m} p_i = \sum\limits_{j=1}^{n} q_j$, p_i,q_j 是非负整数, $q_1 \geqslant q_2 \geqslant \cdots \geqslant q_n$, 则存在二分图 $G(X,Y,E)$, 使得 $X=\{x_1, x_2,\cdots,x_m\}$, $Y=\{y_1,y_2,\cdots,y_n\}$, 且 $d(x_i)=p_i, d(y_j)=q_j, i=1,2,\cdots,n, j=1,2,\cdots,n$, 当且仅当 $\sum\limits_{i=1}^{m} \min\{p_i,k\} \geqslant \sum\limits_{j=1}^{k} q_j, 1 \leqslant k \leqslant n.$

15. PERT 图中每一过程由一台机器(或人)来完成, 问至少需要准备几台机器, 才不至于由于机器(或人)不足而使工期延误? 假设 PERT 图中的 $l(e)$ 是任意取定的, 事先未知.

16. 用网络流方法证明 k 次($k \geqslant 1$)正则二分图中有 k 个两两无公共边的完备匹配.

17. 是否存在 2 分图 $G(Z,Y,E)$, 使得 $X=\{x_1,x_2,\cdots,x_6\}$, $Y=\{y_1,y_2,\cdots,y_6\}$, $(d(x_1), d(x_2)\cdots,d(x_6))=(d(y_1),d(y_2),\cdots,d(y_6))=(6,6,5,5,4,4)$?

18. 图 8.18 中如果没有可行流, 试选择最少的若干"中转顶"(即 $V(G)-\{s,t\}$ 中的顶), 在这些顶上, 对路过的货物进行"加载"或"卸载", 使得产生可行流.

第九章 连 通 度

9.1 顶 连 通 度

对于连通图而言,它们连通的程度是不一样的.例如顶数超过 2 的树,删除一个顶就可以使其变成不连通图,而顶数超过 3 的圈则至少删除两个顶才能得到不连通图.于是我们就说圈的连通程度比树的连通程度大.

若 $u,v \in V(G)$,且 $S \subseteq V(G) - \{u,v\}$,并且在无向图 G 中每条由 u 到 v 的轨上,至少有一个内顶(不是 u 与 v 的顶)在 S 中,那么在图 $G-S$ 中,u 与 v 不再连通,这时我们称 S 是顶点 u 与 v 的隔离集.显然,当 $uv \in E(G)$ 时,不存在 u 与 v 的隔离集.

u 与 v 的隔离集中顶数最少者的顶数称为 u 与 v 的隔离数,记之为 $n(u,v)$.

$n(u,v)$ 表示对于图 G 中两个连通的不相邻的顶 u 与 v,最少删除 $n(u,v)$ 个顶则可使得到的图中 u 与 v 不再连通.

我们称从顶 u 到 v 的无公共内点的轨为独立轨,从 u 到 v 的独立轨的最大条数记成 $p(u,v)$.

定理 9.1 若 $u,v \in V(G)$,$uv \notin E(G)$,则

$$n(u,v) = p(u,v).$$

证 构作网络 $N(G(V',E'),u'',v',c(\bar{e})),\bar{e} \in E'$,$u''$ 为源,v' 为汇,$c(\bar{e})$ 为边容量.$V(G)$ 中每个顶 w 变成两个顶 w',w'',且有有向边 $e_w = w'w'' \in E'$;$E(G)$ 中的每条边 $e=xy$ 变成两条有向边 $e'=x''y',e''=y''x'$.此外 $G(V',E')$ 中无另外的顶与边,对于 e_w 型边,规定 $c(e_w)=1$.对其他边 $\bar{e}$,规定 $c(\bar{e})=+\infty$.

我们来讨论从 u'' 流向 v' 的最大流量 F.

在 $G(V,E)$ 中,从 u 到 v 有 $p(u,v)$ 条独立轨,在 $G(V,E)$ 中

$$uv_1v_2 \cdots v_{l-1}v$$

是 $p(u,v)$ 条独立轨之一;在 $G(V',E')$ 中,相应上述这条轨,有一条有向轨(见图 9.1)

$$u''v'_1v''_1v'_2v''_2 \cdots v'_{l-1}v''_{l-1}v'.$$

得到的 $p(u,v)$ 条有向轨的每一条都可以用来在网络 N 中从 u'' 到 v' 流过一个单位的流量,又这些有向轨两两无公共内顶,所以

$$F \geqslant p(u,v). \tag{甲}$$

另一方面,设 F 是最大流量,由有向图 $G(V',E')$ 的构作及边容量的规定,这 F 个

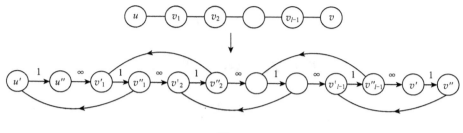

图 9.1

单位的流量分解到了从 u'' 到 v' 的 F 条独立的有向轨上去了,每条有向轨上恰流经
1 个单位,所以

$$F \leqslant p(a,b). \qquad\qquad (乙)$$

由(甲)与(乙)知 N 上的最大流量 F 等于 $p(a,b)$,但由双最定理,F 等于某截$(S,$
$\bar{S})$之截量,$u'' \in S$,$v' \in \bar{S}$. 由于 F 有限,所以$(S,\bar{S})$中的边皆 e_w 型的边,而在
$G(V',E')$中,从 u'' 到 v' 的有向轨上至少含$(S,\bar{S})$中的一条边. 故 $G(V,E)$ 中每条由
u 到 v 的轨上至少含一个顶 w,使得 e_w 在$(S,\bar{S})$中. 于是

$$R = \{ w \mid w \in V(G), e_w \in (S,\bar{S}) \}$$

是无向图 $G(V,E)$ 中的 u 与 v 的隔离集,且

$$|R| = C(S) = F.$$

从而

$$n(u,v) \leqslant F.$$

另一方面,$n(u,v) \geqslant p(u,v)$,故证出 $n(u,v) = p(u,v)$. 证毕.

定义 9.1　无向图 $G(V,E)$ 的顶连通度记成 $\kappa(G)$,定义为

$$\kappa(G) = \begin{cases} |V(G)|-1, & \text{当 } G \text{ 是完全图;} \\ \min_{uv \in E(G)} \{n(u,v)\}, & G \text{ 不是完全图,} \quad u,v \in V(G). \end{cases}$$

无向图顶连通度表达的是:对给定的连通图 G,最少要删除 $\kappa(G)$ 个顶才能使
得到的子图不连通. 关于 $\kappa(G)$ 值的求取,有下面的重要定理.

定理 9.2　$\kappa(G) = \min\limits_{u,v \in V(G)} \{p(u,v)\}$.

证　不妨设 G 不是完全图(对于完全图,定理 9.2 自然成立).

只须证明

$$\min_{\substack{u,v \in V(G) \\ u,v \notin E(G)}} \{p(u,v)\} = \min_{u,v \in V(G)} \{p(u,v)\}. \qquad\qquad (甲)$$

事实上,由定理 9.1 与定义 9.1,$\min\limits_{\substack{u,v \in V(G) \\ u,v \notin E(G)}} \{p(u,v)\} = \min\limits_{\substack{u,v \in V(G) \\ u,v \in E(G)}} \{n(u,v)\} = \kappa(G)$. 可见

只要(甲)成立,则定理 9.2 成立.

下证(甲)确实成立. 设 $e=uv\in E(G)$,且 $p(u,v)$ 是 G 中一切顶对间独立轨最大条数的最小值,考虑 $G'=G-e$,在 G' 中 u 与 v 之间的独立轨最大条数为 $p'(u,v)$:

$$p(u,v)-1=p'(u,v).$$

由定理 9.1,在 G' 中存在 u 与 v 的隔离集 R,满足

$$p'(u,v)=|R|=p(u,v)-1.$$

若 $|R|=|V(G)|-2$,则 $p(u,v)=|V(G)|-1$,但当 $u',v'\in V(G)$,$u'v'\notin E(G)$ 时,$p(u',v')+2\leqslant|V(G)|$,$p(u',v')\leqslant|V(G)|-2$,矛盾. 所以 $|R|<|V(G)|-2$,进而存在 $w\in V(G)-(R\cup\{u,v\})$. 不妨设 R 是 u 与 w 的隔离集(不然用 v 与 w 代替 u 与 w). 于是 G 中 $uw\notin E(G)$,$R\cup\{v\}$ 也是 u 与 w 的隔离集. 因此

$$p(u,w)\leqslant|R|+1=p(u,v).$$

故证出(甲)成立. 证毕.

根据定理 9.1 与 9.2 和定义 9.1,我们可以如下求得 $\kappa(G)$ 的值:

对于完全图 K_n,$\kappa(K_n)=n-1$.

对于非完全图 G,对每个不邻顶对 u,v,按定理 9.1 证明中的方法,求 $N(G(V',E'),u'',v',c(\bar{e}))$ 的以 u'' 为源,以 v' 为汇的最大流量 F,此 F 即为 u 与 v 间的独立轨的条数 $p(u,v)$. 再由定理 9.2,即可求出

$$\min_{\substack{u,v\in V(G)\\u,v\notin E(G)}}\{p(u,v)\}=\kappa(G).$$

整个过程进行过不超过 $\frac{1}{2}\nu(\nu-1)$ $(\nu=|V(G)|)$ 次求最大流的运算,又对不超过 $\frac{1}{2}\nu(\nu-1)$ 个数组成的集合 $\{p(u,v)\mid u,v\in V(G),uv\notin E(G)\}$,求取其最小值,可见求 $\kappa(G)$ 的算法是有效算法.

若 $\kappa(G)\geqslant k$,$k\in\mathbf{N}$,则称 G 是 k 连通图.

由 k 连通图的定义和定理 9.2 知,若宣称一个图 G 是 k 连通图,则它的任何一对顶之间至少有 k 条独立轨相连接,这正是"k 连通"三个字的含义. k 连通图除了上述这种 k 条独立轨的多通道结构之外,还有其他有趣的结构特点. 例如"扇形结构"和"k 阶圈结构"等. 所谓扇形结构,是指 $V'\subset V(G)$,$v\in V(G)-V'$,$V'\neq\varnothing$,存在一端在 v,另一端在 V' 的 $|V'|$ 条除 v 外无公共顶的轨,此结构记成 $v-V'$,称为以 v 为轴的一个 $v-V'$ 扇.

定理 9.3 G 是 k 连通图当且仅当 $|V(G)|\geqslant k+1$,对每个由 k 个顶组成的顶子集 V' 和任意一顶 $v\in V(G)-V'$,存在 $v-V'$ 扇.

证 若 $|V(G)|\geqslant k+1$,且图 G 中有定理 9.3 中所述的扇形结构,而 G 不是 k 连

通图,则由 k 连通图的定义,$\kappa(G) \leqslant k-1$. 于是存在 $u, w \in V(G)$, $V'' \subset V(G)$, $|V''|$ $=k-1$, 使得在 $G-V''$ 中,u, w 不连通(即 V'' 是 u 与 w 的隔离集). 从而 G 中不存在 $u-(V'' \cup \{w\})$ 扇,与定理 9.3 的充分条件相违,至此证出 G 是 k 连通图.

若 G 是 k 连通图,则 G 的任两顶间至少有 k 条独立轨,这样,$|V(G)| \geqslant k+1$.

在 $V(G)$ 上添加一个新顶 w,把 w 与 V' 的每个顶之间加一条新边,把图 G 扩充成图 G'. 容易看出 G' 是 k 连通图. 于是 v 与 w 之间,根据定理 9.2,至少存在 k 条独立轨,故 G 中有 $v-V'$ 扇. 证毕.

定理 9.4　G 是 k 连通图,$k \geqslant 2$,则 $V(G)$ 中任意 k 个顶在 G 的某个圈上.

证　用对 k 的数学归纳法来证.

$k=2$ 时,$\forall u, v \in V(G)$,根据定理 9.2,在 u 与 v 之间至少有两条独立轨 $P_1(u, v)$ 与 $P_2(u, v)$. 于是 $P_1(u, v) \cup P_2(u, v)$ 是含 u 与 v 的圈,定理 9.4 成立.

假设对于 $k=n \geqslant 2$,定理 9.4 已成立,考虑 $k=n+1$ 的情形.

由于图 G 是 $n+1$ 连通的,所以它也是 n 连通的. 由归纳法假设,任取 $n+1$ 个顶 $v_1, v_2, \cdots, v_n, v_{n+1}$ 中有 n 个顶,不妨设它们是 $v_1, v_2, \cdots, v_n$ 在一个圈 $C^{(n)}$ 上.

由定理 9.3,$\forall v \in V(G)$,$\forall V' \subset V(G)$,$|V'| = n+1$,$x \notin V'$,则 G 中存在 $v-V'$ 扇,又 $|V(G)| \geqslant n+2$. 取 $v = v_{n+1}$,$V' = \{v_1, v_2, \cdots, v_n, w\}$. 若 $C^{(n)}$ 上只有 n 个顶,由扇 $v_{n+1}-V'$ 知 $v_1, v_2, v_3, \cdots, v_n, v_{n+1}$ 共圈. 若 $C^{(n)}$ 上有一顶 $u \notin \{v_1, v_2, \cdots, v_n\}$,不妨设 $u \in \overparen{v_1 v_2}$,在扇 $v_{n+1}-\{v_1, v_2, \cdots, v_n, u\}$ 上,设 v_{n+1} 与 $v_1, v_2, \cdots, v_n, u$ 之间的 $n+1$ 条独立轨是 $P_i(v_{n+1}, v_i) i=1, 2, \cdots, n$ 与 $P_{n+1}(v_{n+1}, u)$,它们与 $C^{(n)}$ 的第一个公共顶分别是 $w_1, w_2, \cdots, w_n, w_{n+1}$,且 $w_i \neq w_j$,$i \neq j$,$1 \leqslant i, j \leqslant n+1$. 由抽屉原理,必有两个顶 w_i, w_j 落在同一个弧段 $\overparen{v_m v_{m+1}}$ 上,$l \leqslant m \leqslant n \pmod{n}$,于是 $v_1, v_2, \cdots, v_n, v_{n+1}$ 共圈:

$$v_{n+1} \cdots w_i v_m v_{m-1} \cdots v_2 v_1 v_n v_{n-1} \cdots v_{m+1} w_j \cdots v_{n+1},$$

其中假设 $\overparen{v_m v_{m+1}}$ 上 w_i 距 v_m 较近,且可能 $v_m = w_i$ 或 $w_j = v_{m+1}$. 证毕.

对于有向图,也有顶连通度的概念和与无向图相似的结论.

定义 9.2　G 为有向图,$u, v \in V(G)$,$V' \subset V(G)$,$u, v \notin V'$,$uv \notin E(G)$,从 u 到 v 的有向轨上至少有一个内顶 $w \in V'$,则称 V' 是 G 中 u 到 v 的一个隔离集,$n(u, v)$ 表示从 u 到 v 的隔离集中顶数最少者的顶数. 称 $n(u, v)$ 为从 u 到 v 的隔离数. 定义有向图 G 的顶连通度 $\kappa(G)$ 为

$$\kappa(G) = \begin{cases} |V(G)| - 1, & G \text{ 是双向完全图}, \\ \min_{uv \notin E(G)} \{n(u, v)\}, & G \text{ 不是双向完全图}. \end{cases}$$

双向完全图是每个顶对间有方向相反的两条有向边的有向图,$\kappa(G) \geqslant k$ 时,称 G 是 k 连通有向图.

对于非双向完全图 G,我们把 G 中每条有向边 uv 变成有向轨 $u'u''v'v''$,得有向图 G',加权(容量)$c(u'u'')=c(v'v'')=1,c(u''v')=+\infty$,以 u''_0 为源,以 v'_0 为汇,其中 $u_0,v_0\in V(G)$,构成网络 $N(G',u''_0,v'_0,c(\cdot))$. 与无向图相似地可以证明:

(1) $u,v\in V(G),uv\in E(G)$,则 $p(u,v)=n(u,v)=N$ 中从 u'' 到 v' 的最大流量,其中 $p(u,v)$ 是 G 中从 u 到 v 的独立有向轨条数.

(2) $\min\limits_{\substack{uv\in E(G)\\u,v\in V(G)}}\{p(u,v)\}=\min\limits_{u,v\in V(G)}\{p(u,v)\}$.

(3) $\kappa(G)=\min\limits_{u,v\in V(G)}\{P(u,v)\}$.

如此可以用求网络最大流的算法有效地求得有向图的顶连通度.

对于有向非双向完全图 $G,\kappa(G)$ 的含义是从 G 上选取 $\kappa(G)$ 个顶,这些顶删除后可以得到不强连通的有向图,而 $\kappa(G)-1$ 个顶的删除破坏不了强连通性.

9.2　边　连　通　度

从连通图上删去一些边,可以破坏其连通性.例如从树上任意删去一条边,得到的就是不连通图,而从圈上删去一条边,所得是一条轨,仍连通.从圈上删去两条边则得不连通图,从完全图 K_n 上必须删去至少 $n-1$ 条边才可能得到不连通的图.可见不同的图对于其边的损失造成连通性的受损的承受能力是有区别的,对边的损失造成连通性破坏敏感者其连通的程度较差.在这种意义下连通性最差的是有桥图,例如树.由此,仿顶连通度的概念,我们可以建立关于边连通度的一套概念、定理和算法.

定义 9.3　设 $u,v\in V(G),E'\subseteq E(G)$. 若从 u 到 v 的每条轨上至少有一条边在 E' 内,则称 E' 是 G 中 u 与 v 的边隔离集;u 与 v 的边隔离集中边数最少者边之条数记成 $m(u,v),m(u,v)$ 称为 u 与 v 的边隔离数.

$$\kappa'(G)=\min\limits_{u,v\in V(G)}\{m(u,v)\}$$

称为 G 的边连通度,$\kappa'(G)\geqslant k$ 时,称 G 是 k 边连通图.

对于无向图的边连通度有以下结论:造一个网络 $N(G',u,v,c(\cdot)),V(G')=V(G),E(G')$ 是 $E(G)$ 中每边 $e=xy$ 变成两个有向边 $e'=xy$ 和 $e''=yx$ 组成的.令 $c(e')=c(e'')=1,u$ 为源,v 为汇.与无向图的顶连通度相似地可以证出

$$m(u,v)=p'(u,v)=F.$$

其中 F 是 N 中从 u 到 v 的最大流量,$p'(u,v)$ 是 u 到 v 的弱独立轨条数.即两两无公共边的轨的条数.

所以用网络流技术可以有效地求得边连通度 $\kappa'(G)$.

对于有向图,也有边连通度的概念与算法.

定义 9.4　设 G 是有向图，$u,v \in V(G)$，$E' \subseteq E(G)$，从 u 到 v 的有向轨上至少一边在 E' 内，则称 E' 是有向图 G 中从 u 到 v 的边隔离集，从 u 到 v 的边隔离集中边数最少者的边数 $m(u,v)$ 称为 u 到 v 的边隔离数. 令

$$\kappa'(G) = \min_{u,v \in V(G)} \{m(u,v)\}.$$

$\kappa'(G)$ 称为有向图 G 的边连通度，$\kappa'(G) \geqslant k$ 时，称 G 为 k 边连通有向图.

造一网络 $N(G,u,v,c(e) \equiv 1)$，以 u 为源，以 v 为汇. 与前相似地可以证明

$$m(u,v) = p'(u,v) = F,$$

其中 F 是从 u 到 v 的最大流量，$p'(u,v)$ 是从 u 到 v 的弱独立轨的条数. 进而可以利用网络流技术建立求 $\kappa'(G)$ 的有效算法.

前面关于顶连通度与边连通度的定理统称 Menger 型定理，是 1927 年由门格尔首先建立的. 我们这里用了网络流技术，重点在于建立连通度与边连通度的有效算法.

关于有向图的边连通度，1973 年匈牙利著名数学家埃德蒙兹（Edmonds）建立了下面两个十分精彩而有用的定理.

定理 9.5　若 G 是有向图，$u \in V(G)$，且 $\min\limits_{\substack{v \in V(G) \\ u \neq v}} \{m(u,v)\} = n$，则 G 中有以 u 为根的两两无公共边的 n 棵外向生成树.

证　对 n 进行数学归纳法证明. $n=1$ 时，由于 $m(u,v) = p'(u,v)$，故从 u 到每个异于 u 的顶 v 至少一条有向轨. 可见这时存在一棵以 u 为根的外向生成树，归纳法起步完成. 假设对 $n-1$ 定理已成立. 令

$$\delta_G(S) = |(S,\bar{S})|, \quad S \subset V(G).$$

在边容量为 1 的网络 $N(G,u,v,c(\cdot)=1)$ 中，u 是源，v 是汇，则 $m(u,v)$ 是最大流量，$\delta_G(S)$ 是 $(S,\bar{S})$ 的截量. 显然 $\min\limits_{v \in V(G)-\{u\}} \{m(u,v)\} \geqslant n$ 的充分必要条件是对每个 $S \subset V(G)$，$u \in S$，$S \neq V(G)$，$\delta_G(S) \geqslant n$.

设 $T(V',E')$ 是 G 的满足下列条件的子图：

(i) T 是以 u 为根的外向树.

(ii) 对每个 $S \subset V(G)$，$S \neq V$，$u \in S$，$\delta_{G-T}(S) \geqslant n-1$. 其中 $G-T$ 是从 G 中删除 T 的边所得之图.

这样的 T 是存在的.

若 T 是外向生成树，由归纳法假设和上述 $\min\limits_{v \in V(G)-\{u\}} \{m(u,v)\} \geqslant n$ 的充要条件知 $G-T$ 中有 $n-1$ 棵无公共边的以 u 为根的外向生成树. 于是 G 中有 $n-1+1 = n$ 棵无公共边的以 u 为根的外向生成树.

若 T 不是 G 的以 u 为根的外向生成树，我们在保持 T 始终满足(i)与(ii)的条件下，把 T 扩充为一棵 G 的以 u 为根的外向生成树.

取 $S \subset V(G)$，使得(a) $u \in S$，(b) $S \cup V' \neq V(G)$，(c) $\delta_{G-T}(S) = n-1$．若 S 不存在，把 $(V', \overline{V'})$ 的任一边 e 加到 T 上，可使 $T+e$ 仍满足(i)与(ii)．事实上，(i)自然会满足，下面反证(ii)也能满足．否则，存在某个集合 S，$S \neq V(G)$，$u \in S$．但 $\delta_{G-(T+e)}(S) < n-1$，即 $\delta_{G-T}(S) < n$，$\delta_{G-T}(S) \leqslant n-1$．又已知 $\delta_{G-T}(S) \geqslant n-1$．故 $\delta_{G-T}(S) = n-1$，即 S 满足(c)．S 已满足(a)，若 S 再满足(b)，则 S 满足(a)(b)(c)，与不存在满足(a)(b)(c)的 S 矛盾．

下面证明 S 满足(b)．设 $e = u'v'$ 是加到 T 上去的那条边，由于 $\delta_{G-(T+e)}(S) < n-1$，$\delta_{G-T}(S) = n-1$，故 $v' \in S$，又 $v' \in V'$．所以 $S \cup V' \neq V(G)$，即 S 满足(b)．

若存在满足(a)(b)(c)的 S，A 是满足(a)(b)(c)的极大顶子集，由于 T 的边之头皆在 V' 中，故

$$\delta_{G-T}(A \cup V') = \delta_G(A \cup V') \geqslant n.$$

由(c)，

$$\delta_{G-T}(A \cup V') > \delta_{G-T}(A).$$

这个不等式表明 $G-T$ 中有一条边 $e = xy$，$e \in (A \cup V', \overline{A \cup V'})$，但 $e \notin (A, \overline{A})$，故 $x \in \overline{A} \cap V'$，$y \in \overline{A} \cap \overline{V'}$．

下面验证 $T+e$ 满足(i)与(ii)．(i)显然满足．

设 $S \subset V(G)$，$S \neq V(G)$，$u \in S$，$e \notin (S, \overline{S})$，则

$$\delta_{G-(T+e)}(S) = \delta_{G-T}(S) \geqslant n-1. \tag{α}$$

又设 $e \in (S, \overline{S})$，对 V 的每两个子集 S 与 A，

$$\delta_{G-T}(S \cup A) + \delta_{G-T}(S \cap A) \leqslant \delta_{G-T}(S) + \delta_{G-T}(A). \tag{β}$$

由(α)与(β)及 $\delta_{G-T}(A) = n-1$，$\delta_{G-T}(A \cap S) \geqslant n-1$ 得

$$\delta_{G-T}(S \cup A) \leqslant \delta_{G-T}(S). \tag{γ}$$

又 $x \in S$，$x \notin A$，故 S 不是 A 之子集，从而 $|S \cup A| > |A|$；又 $y \in \overline{S}$，$y \in \overline{A}$，$y \in \overline{V'}$，从而 $S \cup A \cup V' \neq V$；由 A 之极大性，

$$\delta_{G-T}(S \cup A) \geqslant n, \quad \delta_{G-T}(S) \geqslant n,$$

故

$$\delta_{G-(T+e)}(S) \geqslant n-1.$$

至此证出(ii)被满足．证毕．

定理 9.5 的证明给出了当 $\min\limits_{\substack{v \in V(G) \\ v \neq u}} \{m(u,v)\} = n$ 时，求有向图 G 中以 u 为根的 n 棵无公共边的外向生成树的有效算法，它是网络流技术的又一重要应用．

定理 9.6 设 G 是 $k(k > 0)$ 边连通有向图，则对于每对顶 u,v 和 $l \in \{0,1,2,\cdots,k\}$，存在 l 条从 u 到 v 的无公共边的有向轨，同时存在 $k-l$ 条从 v 到 u 的无

公共边的有向轨.

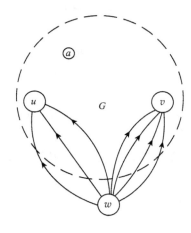

图 9.2($l=3,k=7$)

证　在有向图 G 上添加新顶 w 及以 w 为尾以 u 为头的 l 条新边和以 w 为尾以 v 为头的 $k-l$ 条新边,如图 9.2,得到新的有向图 G'.

由 G' 的构造知, $\min\limits_{a\in V(G')}\{m(w,a)\}\leqslant k$,但上式的小于号不能成立.事实上,若 $\min\limits_{a\in V(G')}\{m(w,a)\}<k$,则存在 $S\subset V(G)\cup\{w\}$, $|(S,\bar S)|<k$, $w\in S$. 显然 $S\neq\{w\}$,令 $x\in S-\{w\}$, $y\in\bar S$. 由 $|(S,S')|<k$,得 $m(x,y)<k$.此与 $\kappa'(G)\geqslant k$ 相违.故只有 $\min\limits_{a\in V(G')}\{m(w,a)\}=k$.由定理 9.5 知,在 G' 中有以 w 为根的 k 棵无公共边的外向生成树,由 G' 之构造,在 G 中存在从 u 到 v 的 l 条无公共边的有向轨,从 v 到 u 有 $k-l$ 条无公共边的有向轨.证毕.

推论 9.1　若 G 是 2 边连通的有向图,则 G 的任二顶在某个有向回路上.

*9.3　一种边数最少的 k 连通图

在顶数为 n 的图中,找出一种边数最少的 m 连通图($m<n$),这是极图理论中的典型问题之一,此问题 1962 年由美国图论专家哈拉里解决了.下面介绍 Harary 的工作.

令 $\varepsilon_0(m,n)$ 表示 n 个顶的 m 连通图中最少的边数.

由于 $\kappa(G)\leqslant\kappa'(G)\leqslant\delta(G)$,又图 G 是 n 个顶的 m 连通图,则 $\kappa(G)\geqslant m$. 于是 $m\leqslant\delta(G)$, $2\varepsilon=\sum\limits_{v\in V(G)}d(v)\geqslant mn$,故

$$\varepsilon_0(m,n)\geqslant\left[\frac{mn}{2}\right]+1,$$

其中 $[x]$ 是 x 的整数部分,例如 $[3.6]=3$.

下面构造一种 n 个顶 $\varepsilon_0(m,n)$ 条边的 m 连通图 $G_0(m,n)$(称 $G_0(m,n)$ 为 Harary 图):

情形 1　$m\equiv 0\pmod 2$,令 $m=2k$,那么 $G_0(2k,n)$ 如下构作:$V(G_0)=\{0,1,2,\cdots,n-1\}$,仅当 i 与 j 满足不等式

$$i-k\leqslant j\leqslant i+k\quad(\bmod n),$$

顶 i 与顶 j 相邻.

$G_0(6,9)$ 与 $G_0'(6,10)$ 见图 9.3(实线构成的图).

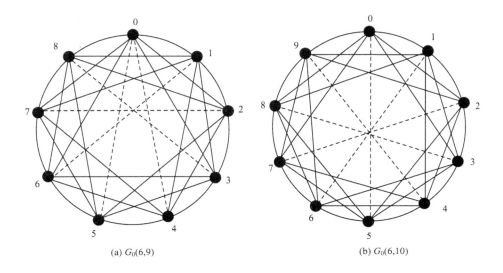

(a) $G_0(6,9)$　　　　　　　　　　　　　　　　(b) $G_0(6,10)$

图 9.3

$G_0(2k,n)$ 编织得十分对称, 十分优美, 是 m 次正则图.

情形 2　$m \equiv 1 \pmod 2$, 令 $m = 2k+1$, $G_0(2k+1,n)$ 构作如下:

(2.1) 当 $n \equiv 0 \pmod 2$ 时, 首先按情形 1 画一个 $G_0(2k,n)$, 再在 $G_0(2k,n)$ 上加上下面的边: 对于 $0 \leqslant i \leqslant \dfrac{n}{2}$, 在 i 与 $i+\dfrac{n}{2}$ 间加边. 例如 $G_0(7,10)$ 见图 9.3(b), 虚线是加的边. 即添上"直径", 得到对称的图.

(2.2) 当 $m \equiv 1 \pmod 2$ 时, 首先按情形 1 画一个 $G_0(2k,n)$, 再在 $G_0(2k,n)$ 上加上下面的边: 0 与 $\dfrac{n-1}{2}$ 间的边, 0 与 $\dfrac{n+1}{2}$ 间的边, 以及对于 $1 \leqslant i < \dfrac{n-1}{2}$, i 与 $i+\dfrac{n+1}{2}$ 间的边, 见图 9.3(a). 虚线是 $G_0(6,9)$ 上加的边, 得到的是 $G_0(7,9)$.

$G_0(m,n)$ 是边数最少的 n 顶 m 连通图, 其边数为 $\left[\dfrac{mn}{2}\right] + 1$. 这一结论之证明留作习题, 等待读者完成. 还可证明 $G_0(m,n)$ 是 m 边连通图, n 顶 m 边连通图的最少边数也是 $\left[\dfrac{mn}{2}\right] + 1$.

习　　题

1. 若 G 是连通图, $v \in V(G)$, $G-v$ 不连通, 则称 v 为 G 的割顶. 证明: v 是 G 的割顶的充分必要条件是存在 $u, w \in V(G) - \{v\}$, 使得 v 在每一条从 u 到 w 的轨上.

2. v 是图 G 的割顶的充分必要条件是存在 $V(G) - \{v\}$ 的一个划分, 即 $V - \{v\} = V_1 \bigcup V_2$,

$V_1 \cap V_2 = \varnothing$,使得对任取的 $u \in V_1$ 和任取的 $w \in V_2$,v 在每条由 u 到 w 的轨上.

3. 若 G 是连通图,$e \in E(G)$,$G - e$ 不连通,则称 e 是 G 的桥.证明:e 是 G 的桥的充要条件是 e 不在 G 的任何圈上.

4. e 是 G 的桥当且仅当存在 $u, v \in V(G)$,使得任何从 u 到 v 的轨上含 e.

5. e 是 G 的桥的充要条件是存在 $V(G)$ 的划分,即 $V(G) = V_1 \cup V_2$,$V_1 \cap V_2 = \varnothing$,使得 $\forall u \in V_1$,$\forall v \in V_2$,e 在从 u 到 v 的每条轨上.

6. 无割顶的图叫做块.问下列陈述哪些是 G 为块的充分必要条件,为什么?

(1) G 的任三顶共圈.

(2) G 的任一顶在圈上.

(3) G 的任二顶共圈.

(4) G 的任一顶与 G 的任二边共圈.

(5) G 的任一顶与 G 的任一边共圈.

(6) G 的任一边在圈上.

(7) G 的任两边共圈.

(8) G 中的任三个顶,存在连接其中两顶的轨,第三个顶在此轨上.

(9) G 中的任三个顶,存在连接其中两顶的轨,第三顶不在此轨上.

(10) 任给两边及一顶,存在一个圈含此二边及此顶.

7. 对于无向图 G,证明 $\kappa(G) \leqslant \kappa'(G)$.对于有向图 G,是否亦成立 $\kappa(G) \leqslant \kappa'(G)$?

8. 试证 κ(单星妖怪) $= \kappa'$(单星妖怪).

9. 试证 κ(双星妖怪) $= \kappa'$(双星妖怪).

10. 画出 Harary 图 $G_0(4, 8)$ 与 $G_0(4, 9)$.

11. 画出 Harary 图 $G_0(5, 7)$ 与 $G_0(5, 8)$.

12. 证明 $\kappa(G_0(m, n)) = \kappa'(G_0(m, n)) = m$.

13. 证明 $G_0(m, n)$ 是 n 顶 m 连通图中边数最少的图,它的边数是多少?

14. 证明 $G_0(m, n)$ 是 n 顶 m 边连通图中边数最少的图.

15. 证明对有向图 G,$\kappa(G) = \min\limits_{a, b \in V(G)} p(a, b)$,其中 $p(a, b)$ 是从 a 到 b 的无公共内顶的有向轨之条数.

16. 叙述一个求无向图边连通度 $\kappa'(G)$ 的算法,且证明其正确性.

17. 叙述一个求有向图的边连通度 $\kappa'(G)$ 的算法,且证明其正确性.

18. 设 G 是 k 边连通有向图,$\forall u \in V(G)$,试叙述一个求 k 棵以 u 为根的无公共边的外向生成树的算法.

19. 设 G 是 2 边连通有向图,$\forall u, v \in V(G)$,怎样求一个有向圈 C,使得 $u, v \in V(C)$.

20. 叙述一个求割顶的有效算法.

21. 对于有向图 G,$\kappa(G) > 0$ 的充分必要条件是 G 为强连通图.

第十章 图的线性空间与矩阵

10.1 图的线性空间

所谓线性空间,是指一个非空集合 V 与一个数域 P 构成的满足下列要求的代数结构:

在 V 的元素间定义了一种运算叫做加法,即 $\forall \alpha, \beta \in V$, 存在惟一的元素 $\gamma \in V$, 使得 $\gamma = \alpha + \beta$.

在 V 的元素与 P 的元素之间定义了一种运算叫做数乘,即 $\forall k \in P, \forall \alpha \in V$. 则存在惟一的元素 $\delta \in V$, 使得 $\delta = k\alpha$.

而且上述的加法与数乘满足以下八项规则:

(1) $\alpha + \beta = \beta + \alpha$;

(2) $(\alpha + \beta) + \gamma = \alpha + (\beta + \gamma)$;

(3) V 中有零元素 0, 即 $\forall \alpha \in V$,

$$\alpha + 0 = \alpha;$$

(4) V 中有负元素,即 $\forall \alpha \in V$, 存在 $\beta \in V$, 使得

$$\alpha + \beta = 0,$$

β 叫做 α 的负元素;

(5) $1\alpha = \alpha$;

(6) $k(l\alpha) = (kl)\alpha$, $k, l \in P$;

(7) $(k+l)\alpha = k\alpha + l\alpha$;

(8) $k(\alpha + \beta) = k\alpha + k\beta$.

为了利用线性空间的理论讨论图论,我们取数域 P 为 0-1 二元域,即 $P = \{0, 1\}$, P 上定义的四则运算是:

(i) 加法:$0 + 0 = 0$(0 的逆元素是 0),$0 + 1 = 1 + 0 = 1, 1 + 1 = 0$($1$ 的逆元素是 1).

加法中 $1 + 1 = 0$ 的"火并"现象正是我们下面需要的. 它是数论中的所谓 mod2 加法.

(ii) 减法是上述加法的逆运算. 例如 $0 - 0 = 0 + 0 = 0, 1 - 0 = 1 + 0 = 1, 1 - 1 = 1 + 1 = 0, 0 - 1 = 0 + 1 = 1$(减去一个数等于加上其逆元素).

(iii) 乘法:$0 \times 0 = 0, 1 \times 0 = 0 \times 1 = 0, 1 \times 1 = 1$.

（iv）除法：是乘法的逆运算，即 $0\div1=0,1\div1=1$.

事实上，所谓数域是一个数集合，该集中含 0 与 1，且 $+,-,\times,\div$ 的结果仍在该集合之内；由此定义来看上述的 0-1 二元域，确为一个数域.

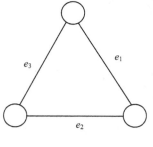

图 10.1

我们把一个图 G 的边集合 $E(G)$ 中的边进行编号，标志成 $E(G)=\{e_1,e_2,\cdots,e_\varepsilon\}$. 考虑它的全体边子集组成的集合 $\mathscr{E}(G)$. 我们把 $\mathscr{E}(G)$ 中的每个元素用 0 与 1 为分量的 ε 维向量来表示，规定仅当第 i 条边 e_i 在该边子集中时，这个 ε 维向量的第 i 分量写成 1. 例如，图 10.1 中的边子集登记如下：

$$\varnothing=(0,0,0),$$
$$\{e_1\}=(1,0,0),$$
$$\{e_2\}=(0,1,0),\{e_3\}=(0,0,1),$$
$$\{e_1,e_2\}=(1,1,0),\{e_1,e_3\}=(1,0,1),$$
$$\{e_2,e_3\}=(0,1,1),\{e_1,e_2,e_3\}=(1,1,1).$$

对于有 ε 条边的图 G，$|\mathscr{E}(G)|=2^\varepsilon$.

在 $\mathscr{E}(G)$ 中定义加法：若 $(\alpha_1,\alpha_2,\cdots,\alpha_\varepsilon),(\beta_1,\beta_2,\cdots,\beta_\varepsilon)\in\mathscr{E}(G)$，则

$$(\alpha_1,\alpha_2,\cdots,\alpha_\varepsilon)+(\beta_1,\beta_2,\cdots,\beta_\varepsilon)=(\alpha_1+\beta_1,\alpha_2+\beta_2,\cdots,\alpha_\varepsilon+\beta_\varepsilon),$$

这里的"$+$"按 0-1 二元域中的加法进行（注意 $1+1=0$）.

于是，不难验证，$\mathscr{E}(G)$ 在 0-1 二元域上构成一个 ε 维线性空间. 它的基向量是 $e_1,e_2,\cdots,e_\varepsilon$ 所对应的 $\mathscr{E}(G)$ 中的向量组

$$\begin{cases}(1,0,0,\cdots,0),\\(0,1,0,\cdots,0),\\\quad\quad\vdots\\(0,0,\cdots,0,1).\end{cases}$$

我们把上述这个线性空间称为图 G 的边空间，记成 $\mathscr{E}(G)$.

下面考虑给定图 G 中无公共边的圈之并的边集在 $\mathscr{E}(G)$ 中对应的向量与零向量组成的 0-1 向量集合 $\mathscr{C}(G)$ 是否在 0-1 二元域上形成一个线性空间？若是，它的维数是多少？且给出它的一个基向量组.

若 T 是连通图 G 的一个生成树，$e\in E(G)$，但 $e\not\in E(T)$，则 $T+e$ 上有惟一的一个圈. 设 $\varepsilon=|E(G)|,\nu=|V(G)|$，则 G 中不在 T 上的边共计 $\varepsilon-\nu+1$ 条. 这 $\varepsilon-\nu+1$ 条边每条添加到 T 上都会出现惟一的一个圈，把这些圈记成 $C_1,C_2,\cdots,C_{\varepsilon-\nu+1}$，这 $\varepsilon-\nu+1$ 个圈组成的集合称为连通图 G 的一个基本圈组.

为了说话方便，下面我们把图 G 的边子集 $E_1\subseteq E(G)$，E_1 在 $\mathscr{E}(G)$ 中的向量，

$G[E_1]$这三个东西不作区别,视为一种东西.

G 的基本圈组$\{C_1,C_2,\cdots,C_{\varepsilon-\nu+1}\}$是$\mathscr{C}(G)$中的线性无关组.

事实上,不妨设 $e_1,e_2,\cdots,e_{\varepsilon-\nu+1}$是 G 中的边,但它们不在 G 的生成树 T 上,$T+e_i$ 中有惟一的圈C_i,于是,当 a_i 取自 0-1 二元域时,

$$\sum_{i=1}^{\varepsilon-\nu+1} a_i C_i = 0$$

当且仅当 $a_i\equiv 0, i=1,2,\cdots,\varepsilon-\nu+1$,这是因为 e_i 仅在 C_i 上,向量 C_i 的第 i 分量为 1,而其他的向量 $C_j(i\neq j)$的第 i 分量皆为零,$i=1,2,\cdots,\varepsilon-\nu+1$. 可见$\{C_1,C_2,\cdots,C_{\varepsilon-\nu+1}\}$是$\mathscr{C}(G)$中的一个线性无关组.

$\{C_1,C_2,\cdots,C_{\varepsilon-\nu+1}\}$是否$\mathscr{C}(G)$中的一个极大线性无关组? 是.

事实上,$\forall C',C''\in\mathscr{C}(G)$,若 C' 或 C''是零向量时,$C'+C''\in\mathscr{C}(G)$. 若 C' 与 C''皆非零向量,我们来证 $C'+C''\in\mathscr{C}(G)$.

(甲)若 C' 与 C''的每个同位分量不同时为 1,这时 $C'+C''$中保留了 C' 与 C''中的每条边,于是 $C'+C''$也是无公共边的圈之并,由$\mathscr{C}(G)$的定义,$C'+C''\in\mathscr{C}(G)$.

(乙)设 C' 与 C''中一些同位分量同时为 1. 在子图 $C'+C''$中,与同位同为 1 的分量对应的边被"拆除". 可见 $C'+C''$或为零向量(当 $C'=C''$时)或仍为无公共边的圈的并,故 $C'+C''\in\mathscr{C}(G)$. 至此知$\mathscr{C}(G)$是 0-1 二元域上的线性空间.

下证$\{C_1,C_2,\cdots,C_{\varepsilon-\nu+1}\}$是$\mathscr{C}$中的极大线性无关组,即基本圈组是线性空间$\mathscr{C}(G)$的一个基,从而$\mathscr{C}(G)$是 $\varepsilon-\nu+1$ 维线性空间.

只欠证$\forall C\in\mathscr{C}(G)$,$C$ 是基本圈组的线性组合,组合系数属于 0-1 二元域. 事实上,C 是零向量,结论显然成立. 若 C 不是零向量,C 上至少有一条边不是生成树 T 上的边. 设 $e^{(1)},e^{(2)},\cdots,e^{(k)}$是 C 上的所有不在 T 上的边,这 k 条边对应的基本圈分别为 $C^{(1)},C^{(2)},\cdots,C^{(k)}$. 令

$$C' = \sum_{i=1}^{k} C^{(i)}.$$

则由$\mathscr{C}$是线性空间,$C'\in\mathscr{C}(G)$,进而由$\mathscr{C}$是线性空间,$C'+C\in\mathscr{C}(G)$. 若 $C+C'=0$,则 $C=C'=\sum_{i=1}^{k} C^{(i)}$,即 C 由基本圈线性表出;若 $C+C'\neq 0$,则图 $C+C'$上只有生成树上的边,由$\mathscr{C}(G)$的定义以及 $C+C'\in\mathscr{C}(G)$,这是不可能的. 至此知任一$\mathscr{C}(G)$中的向量 C,可由基本圈组线性表出,基本圈组是$\mathscr{C}(G)$中的极大无关组.

以上讨论使我们得到如下定理:

定理 10.1 $\mathscr{C}(G)$是 0-1 二元域上的一个 $\varepsilon-\nu+1$ 维线性空间,G 的每个生成树 T 对应的基本圈组$\{C_1,C_2,\cdots,C_{\varepsilon-\nu+1}\}$是$\mathscr{C}(G)$的一个基.

以后称$\mathscr{C}(G)$是无向图 G 的圈空间.

例 10.1   求图 10.2 中 K_4 的圈空间中的全体向量,且画其示意图.

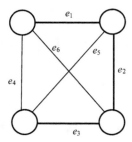

图 10.2

解　对于 K_4，$\varepsilon=6$，$\nu=4$，所以 $\mathscr{C}(K_4)$ 是 $\varepsilon-\nu+1=$ $6-4+1=3$ 维线性空间，$|\mathscr{C}(K_4)|=2^3=8$，即 $\mathscr{C}(K_4)$ 中有 8 个向量.

取生成树如粗实线所示，e_4，e_5，e_6 是不在生成树 T 上的边.

e_4 对应的基本圈为 $C_1=(1,1,1,1,0,0)$；

e_5 对应的基本圈为 $C_2=(0,1,1,0,1,0)$；

e_6 对应的基本圈为 $C_3=(1,1,0,0,0,1)$.

$$C_1+C_2=(1,0,0,1,1,0),$$
$$C_1+C_3=(0,0,1,1,0,1),$$
$$C_1+C_2+C_3=(0,1,0,1,1,1),$$
$$C_2+C_3=(1,0,1,0,1,1).$$

即 $\mathscr{C}(G)$ 由下列 8 个向量组成：

（1）$(0,0,0,0,0,0)$.

（2）$(1,1,1,1,0,0)$，见图 10.3.

（3）$(0,1,1,0,1,0)$，见图 10.4.

（4）$(1,1,0,0,0,1)$，见图 10.5.

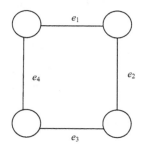

图 10.3

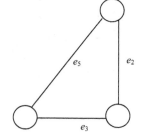

图 10.4

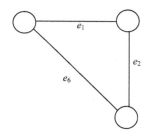

图 10.5

（5）$(1,0,0,1,1,0)$，见图 10.6.

（6）$(0,0,1,1,0,1)$，见图 10.7.

（7）$(0,1,0,1,1,1)$，见图 10.8.

（8）$(1,0,1,0,1,1)$，见图 10.9.

对于无向连通图 G，还有第三个线性空间，即所谓断集空间.

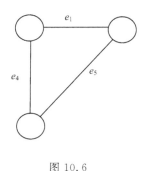

图 10.6

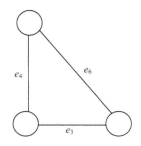

图 10.7

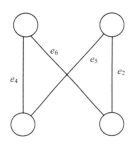

图 10.8

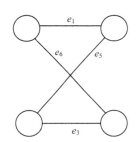

图 10.9

设 $V' \subset V(G), \bar{V}' = V(G) - V' \neq \varnothing, V' \neq \varnothing. (V', \bar{V}')$ 表示 $E(G)$ 中一端在 V' 另一端在 $\bar{V}'$ 的边子集,$(V', \bar{V}')$ 叫做 G 的一个断集.

断集 $(V', \bar{V}')$ 类似于有向图的截,但这里边无方向性,所以 $(V', \bar{V}') = (\bar{V}', V')$.

断集中最重要的类型是所谓割集. 它是一种极小断集,即若 G 是连通图,$S \subseteq E(G), G - S$ 有两个连通片. 但 $\forall e \in S, S - \{e\}$ 从 G 中删除则不能得出不连通图,则称 S 是 G 的一个割集.

断集与割集都是边隔离集.

把由 G 的全体断集在 $\mathscr{E}(G)$ 中的向量与零向量组成的集合记为 $\mathscr{K}(G)$.

每个断集至少含 G 的生成树 T 上的一条边,恰含生成树 T 上一条边的割集叫做基本割集. 基本割集有 $|V(G)| - 1$ 个,因为 G 的生成树的边数是 $|V(G)| - 1$.

与基本圈向量组线性无关相似地可以证明基本割集组 $\langle S_1, S_2, \cdots, S_{\nu-1} \rangle$ 是 $\mathscr{K}(G)$ 中的线性无关组.

在图 10.10 中,矩形 $ABCD$ 代表 V_1,矩形 $A'B'C'D'$ 代表 V_2,$S_1 = (V_1, \bar{V}_1)$,$S_2 = (V_2, \bar{V}_2)$,S_1 与 S_2 是 $\mathscr{K}(G)$ 中任取的两个向量. 若 $S_1 = S_2$,则 $S_1 + S_2 = 0 \in \mathscr{K}(G)$,考虑 $S_1 \neq S_2$. 取

$$V_3 = (V_1 \cap V_2) \cup (\bar{V}_1 \cap \bar{V}_2),$$

即图 10.10 的凸字区 $BCD'F'EDC'B'B$ 为 V_3.

$S_1 = (V_1, \bar{V}_1)$ 中的边用实线段表示，$S_2 = (V_2, \bar{V}_2)$ 中的边用虚线段表示，$S_1 + S_2$ 时，S_1 与 S_2 中相同的边被删除，剩下的边是 $\alpha, \beta, \gamma, \delta$ 四种. 这四种边构成了 $(V_3, \bar{V}_3) \in \mathcal{H}(G)$.

由上述讨论可知 $\mathcal{H}(G)$ 是 0-1 二元域上的线性空间.

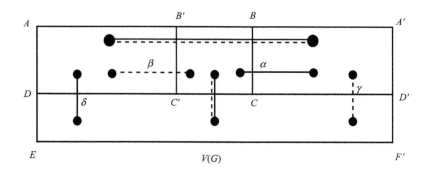

图 10.10

下证 $\forall S \in \mathcal{H}(G)$，则 S 可由 G 的基本割集向量组线性表出. 设
$$S = \{e_{i_1}, e_{i_2}, \cdots, e_{i_k}, e_{i_{k+1}}, \cdots, e_{i_n}\},$$
其中前 k 条边在生成树 T 上. 设 $S_{i_j}(j = 1, 2, \cdots, k)$ 是含树边 e_{i_j} 的基本割集. 于是 $S_{i_j} \in \mathcal{H}(G)$. 由于 $\mathcal{H}(G)$ 是二元域上的线性空间，故 $\sum\limits_{j=1}^{k} S_{i_j} \in \mathcal{H}(G)$，进而
$$S' = S + \sum_{j=1}^{k} S_{i_j} \in \mathcal{H}(G).$$

但 S' 中已不含 T 上之边（在 0-1 二元域中，S 与 $\sum\limits_{j=1}^{k} S_{i_j}$ 中共同的树 T 上的边已被"加掉"），可见 S' 不是 G 的断集. 因为断集应含生成树上的边，但 $S' \in \mathcal{H}(G)$，可见 S' 是零向量，即
$$S + \sum_{j=1}^{k} S_{i_j} = 0,$$
由 0-1 二元域知
$$S = \sum_{j=1}^{k} S_{i_j},$$
即 $\mathcal{S}(G)$ 中每个向量可被基本割集组线性表出. 基本割集组 $\{S_1, S_2, \cdots, S_{\nu-1}\}$ 是 $\mathcal{S}(G)$ 的极大线性无关组，是 $\mathcal{H}(G)$ 的基，$\mathcal{H}(G)$ 是 $\nu - 1$ 维向量空间.

以上讨论使我们得到如下定理：

定理 10.2　$\mathscr{S}(G)$ 是 0-1 二元域上的一个 $\nu-1$ 维线性空间，G 的每个生成树 T 对应的基本割集组 $\{S_1,S_2,\cdots,S_{\nu-1}\}$ 是 $\mathscr{S}(G)$ 的一个基.

令人感兴趣的是 $\mathscr{C}(G)$ 与 $\mathscr{S}(G)$ 这两个空间有正交性，即下述定理成立.

定理 10.3　若 G 是连通图，$\forall C\in\mathscr{C}(G)$，$\forall S\in\mathscr{S}(G)$，则 $C\cdot S=0$（点乘在 0-1 二元域中进行）.

证　不妨设 C 与 S 皆非零向量. 容易看出，$\mathscr{C}(G)$ 中的向量与 $\mathscr{S}(G)$ 中的向量在同一分量位置上都是 1 的现象恰发生偶数次，因为圈与断集的公共边必为偶数条. 当 C 与 S 点乘时，这偶数个 $1\times1=1$ 之和为零，其他分量对应之积皆为零，所以 $C\cdot S=0$. 证毕.

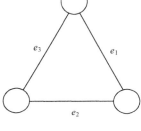

图 10.11

例 10.2　求图 10.11 中图 G 的 $\mathscr{S}(G)$ 中全部向量及其基，且画图表示之.

解　取生成树，其边为粗实线.

$\mathscr{S}(G)$ 的基由 $\nu-1=3-1=2$ 个向量 S_1 与 S_2 组成，

$$S_1=\{e_1,e_3\}=(1,0,1),$$
$$S_2=\{e_2,e_3\}=(0,1,1).$$

$\mathscr{S}(G)$ 中其他向量由 S_1 与 S_2 线性组合生成如下：

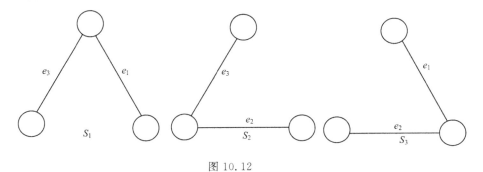

图 10.12

$$S_3=S_1+S_2=(1,0,1)+(0,1,1)=(1,1,0)=\{e_1,e_2\}$$
$$S_4=(0,0,0).$$

10.2　图　矩　阵

10.2.1　邻接矩阵

设 G 是无向图，我们根据 G 的顶与顶间是否相邻，编写一个方阵，1 表示相邻，

0 表示不相邻,严格定义如下:

$A=(a_{ij})_{\nu\times\nu}$,称为无向图 G 的邻接矩阵,其中 $\nu=|V(G)|$,

$$a_{ij} = \begin{cases} 1, & v_iv_j \in E(G); \\ 0, & v_iv_j \notin E(G). \end{cases}$$

例如图 10.13 中的 K_4 之邻接阵为

$$A(K_4) = \begin{pmatrix} 0 & 1 & 1 & 1 \\ 1 & 0 & 1 & 1 \\ 1 & 1 & 0 & 1 \\ 1 & 1 & 1 & 0 \end{pmatrix}.$$

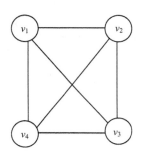

图 10.13

一般而言,任何图的邻接阵的主对角线皆为零,完全图的充要条件是其邻接矩阵除主对角线外,其余元素皆为 1.

每个图的邻接阵皆为关于主对角线的 0-1 对称矩阵.

根据图可以写出其邻接矩阵;写出一个图的邻接矩阵,则可画出相应的图.图与邻接矩阵一一对应.邻接矩阵中包含了它相应图的一切性质.邻接矩阵反映的图的性质中,一个最精彩的性质是下面的定理所述的可由邻接阵求得任二顶间任意长的道路的条数;计算在实数域进行.

定理 10.4　G 是无向图,$A(G)$ 是 G 的邻接矩阵,$V(G)=\{v_1,v_2,\cdots,v_\nu\}$,则 $A^n(G)$ 中的 ij 号元素是 G 中从 v_i 到 v_j 的长 n 的道路的条数,$n\in\mathbf{N}$.

证　对 n 进行数学归纳证明.$n=1$ 时,$A^n=A$,由邻接矩阵的定义知定理成立.

假设 $n=k$ 时定理已真,即 A^k 中的第 ij 号元素 $a_{ij}^{(k)}$ 是从 v_i 到 v_j 长 k 的道路的条数.

考虑 A^{k+1},$A^{k+1}=A^kA$,即

$$A^{k+1} = \begin{pmatrix} a_{11}^{(k)} & a_{12}^{(k)} & a_{13}^{(k)} & \cdots & a_{1\nu}^{(k)} \\ a_{21}^{(k)} & a_{22}^{(k)} & a_{23}^{(k)} & \cdots & a_{2\nu}^{(k)} \\ \vdots & \vdots & \vdots & & \vdots \\ a_{\nu1}^{(k)} & a_{\nu2}^{(k)} & a_{\nu3}^{(k)} & \cdots & a_{\nu\nu}^{(k)} \end{pmatrix} \begin{pmatrix} a_{11} & a_{12} & \cdots & a_{1j} & \cdots & a_{1\nu} \\ a_{21} & a_{22} & \cdots & a_{2j} & \cdots & a_{2\nu} \\ \vdots & \vdots & & \vdots & & \vdots \\ a_{\nu1} & a_{\nu2} & \cdots & a_{\nu j} & \cdots & a_{\nu\nu} \end{pmatrix}.$$

A^{k+1} 中的 ij 号元素为

$$a_{ij}^{(k+1)} = a_{i1}^{(k)}a_{1j} + a_{i2}^{(k)}a_{2j} + \cdots + a_{i\nu}^{(k)}a_{\nu j}.$$

在 $a_{ij}^{(k+1)}$ 的右端,$a_{il}^{(k)}a_{lj}$ 这一项中 $a_{il}^{(k)}$ 由归纳法假设,表示从 v_i 到 v_l 的长 k 的道路的条数,而 $a_{lj}=1$ 时,表示从 v_l 到 v_j 有一条边,这时 $a_{il}^{(k)}a_{lj}$ 表示从 v_i 走到 v_l(走了 k 步)再从 v_l 走一步到 v_j 的道路的条数,$1\leqslant l\leqslant\nu$,当 $a_{lj}=0$ 时,$a_{il}^{(k)}a_{lj}$ 表示从 v_i 走

到 v_l,从 v_l"中转",再走一步到 v_j 的道路不存在.可见 $a_{ij}^{(k+1)}$ 是从 v_i 到 v_j 的长 $k+1$ 的道路总条数,由数学归纳法,定理 10.4 成立.证毕.

下面讨论有向图的邻接矩阵.

设 G 是一个有向图,称

$$A(G) = \begin{pmatrix} a_{11} & a_{12} & \cdots & a_{1\nu} \\ a_{21} & a_{22} & \cdots & a_{2\nu} \\ \vdots & \vdots & & \vdots \\ a_{\nu 1} & a_{\nu 2} & \cdots & a_{\nu\nu} \end{pmatrix}$$

为 G 的邻接矩阵,其中

$$a_{ij} = \begin{cases} 1, & v_i v_j \in E(G), \\ 0, & v_i v_j \notin E(G). \end{cases}$$

字面上有向图与无向图关于邻接矩阵的定义是相同的,但在有向图中边 $v_i v_j$ 是有向边,$v_i v_j$ 不可以改写成 $v_j v_i$,而在无向图中 $v_i v_j$ 与 $v_j v_i$ 是一个东西.

例如,图 10.14 中四顶竞赛图的邻接阵为

$$A(G) = \begin{matrix} & \begin{matrix} v_1 & v_2 & v_3 & v_4 \end{matrix} \\ \begin{matrix} v_1 \\ v_2 \\ v_3 \\ v_4 \end{matrix} & \begin{pmatrix} 0 & 1 & 0 & 0 \\ 0 & 0 & 1 & 1 \\ 1 & 0 & 0 & 1 \\ 1 & 0 & 0 & 0 \end{pmatrix} \end{matrix}.$$

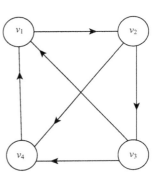

有向图的邻接矩阵的对角线上皆零,但未必如无向图的邻接阵那样是对称的 0-1 矩阵了.有向图矩阵中 1 的个数就是图的边数,而无向图中 1 的个数是边数的二倍.不过一个很满意的结果是有向图邻接矩阵仍然使定理 10.4 成立.

图 10.14

定理 10.5 设 G 是有向图,$A(G)$ 是有向图 G 的邻接矩阵,$V(G) = \{v_1, v_2, \cdots, v_\nu\}$.则 $A^n(G)$ 中的 ij 号元素是 G 中从 v_i 到 v_j 的长 n 的有向道路的条数,$n \in \mathbf{N}$.

定理 10.5 的证几乎字字照抄定理 10.4 的证明,只是注意道路与边的有向性.

10.2.2 关联矩阵

为了定量地研究顶与边的关联关系和图的其他性质,我们来讨论所谓关联矩阵.

设 G 是一个无向图,$B(G) = (b_{ij})_{\nu \times \varepsilon}$ 称为 G 的关联矩阵,其中 $\nu = |V(G)|$,$\varepsilon = |E(G)|$,

$$b_{ij} = \begin{cases} 1, & v_i \text{ 与 } e_j \text{ 关联}, \\ 0, & v_i \text{ 与 } e_j \text{ 不关联}, \end{cases}$$

$$V(G) = \{v_1, v_2, \cdots, v_\nu\}, \quad E(G) = (e_1, e_2, \cdots, e_\varepsilon).$$

例如,图 10.15 的 $K_{3,3}$ 的关联矩阵为

$$B(K_{3,3}) = \begin{array}{c} \\ v_1 \\ v_2 \\ v_3 \\ u_1 \\ u_2 \\ u_3 \end{array} \begin{array}{c} \begin{array}{ccccccccc} e_1 & e_2 & e_3 & e_4 & e_5 & e_6 & e_7 & e_8 & e_9 \end{array} \\ \left[\begin{array}{ccccccccc} 1 & 1 & 1 & 0 & 0 & 0 & 0 & 0 & 0 \\ 0 & 0 & 0 & 1 & 1 & 1 & 0 & 0 & 0 \\ 0 & 0 & 0 & 0 & 0 & 0 & 1 & 1 & 1 \\ 1 & 0 & 0 & 1 & 0 & 0 & 1 & 0 & 0 \\ 0 & 1 & 0 & 0 & 1 & 0 & 0 & 1 & 0 \\ 0 & 0 & 1 & 0 & 0 & 1 & 0 & 0 & 1 \end{array} \right]. \end{array}$$

$B(G)$ 中的每个行向量是一个断集向量,第 i 行对应的断集为 $(\{v_i\}, V(G) - \{v_i\})$.

关于连通图的关联矩阵,有下面的重要定理.

定理 10.6　设 G 是连通单图,则

$$r(B(G)) = r(B_f(G)) = \nu - 1,$$

其中 $B_f(G)$ 是 G 的关联矩阵任意删除一行所得矩阵,$\nu = |V(G)|$,r 是矩阵的秩.

证　由于断集空间 $\mathscr{H}(G)$ 是 $\nu - 1$ 维的,而 $B(G)$ 中每一行皆一个断集向量,所以 $r(B(G)) \leqslant \nu - 1$. 只欠证 $r(B(G)) \geqslant \nu - 1$. 若 $r(B(G)) < \nu - 1$,则 $B(G)$ 中 $\nu - 1$ 行必线性相关,即对任何 $\nu - 1$ 个行向量,可以找到不全为零的 0-1 二元域的 $\nu - 1$ 个数为系数的线性组合为零向量. 不妨设这 $\nu - 1$ 个行向量为 $B_1, B_2, \cdots, B_{\nu-1}$,相应的系数为 $\alpha_1, \alpha_2, \cdots, \alpha_{\nu-1} \in \{0, 1\}$,使得

$$\alpha_1 B_1 + \alpha_2 B_2 + \cdots + \alpha_{\nu-1} B_{\nu-1} = (0, 0, \cdots, 0), \quad (\alpha)$$

其中不妨设 $\alpha_1 = \alpha_2 = \cdots = \alpha_m = 1, \alpha_{m+1} = \alpha_{m+2} = \cdots = \alpha_{\nu-1} = 0, m \geqslant 2$. 由 ($\alpha$) 式和关联矩阵的定义知在以 $B_1, B_2, \cdots, B_m$ 为行的子矩阵 $\overline{B}$ 中,每列恰有两个 1 或皆零元素,

$$\overline{B} = \begin{array}{c} \\ v_1 \\ v_2 \\ \vdots \\ v_m \end{array} \begin{array}{c} \begin{array}{cccc} e_1 & \quad e_2 & \quad \cdots & \quad e_\varepsilon \end{array} \\ \left[\begin{array}{cccc} b_{11} & b_{12} & \cdots & b_{1\varepsilon} \\ b_{21} & b_{22} & \cdots & b_{2\varepsilon} \\ \vdots & \vdots & & \vdots \\ b_{m1} & b_{m2} & \cdots & b_{m\varepsilon} \end{array} \right]. \end{array}$$

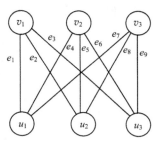

图 10.15

令 $V' = \{v_1, v_2, \cdots, v_m\}$，则 $(V', \overline{V'}) = \varnothing$，于是 G 不连通，与 G 为连通图相违.

$r(B_f(G)) = \nu - 1$ 的证明与上述 $r(B(G)) = \nu - 1$ 的证明相似,证毕.

定理 10.6 表明,从连通图 G 的关联矩阵 $B(G)$ 中随便删去一行得到的所谓基本关联矩阵 $B_f(G)$ 是断集空间 $\mathscr{K}(G)$ 的基矩阵,即 $B_f(G)$ 的行向量是 $\mathscr{K}(G)$ 的一个基底,$\mathscr{K}(G)$ 中的每个向量都可由 $B_f(G)$ 的行向量线性表示,其线性组合系数出自 0-1 二元域.

如果 G 有 ω 个连通片 $G_1, G_2, \cdots, G_\omega$,构造 $B(G)$ 时依次登记 $G_1, G_2, \cdots, G_\omega$ 的顶与边:

$$
B(G) = \begin{bmatrix}
\begin{bmatrix} B(G_1) \end{bmatrix} & 0 & \cdots & 0 \\
0 & \begin{bmatrix} B(G_2) \end{bmatrix} & \cdots & 0 \\
\vdots & \vdots & & \vdots \\
0 & 0 & \cdots & \begin{bmatrix} B(G_\omega) \end{bmatrix}
\end{bmatrix}.
$$

由于
$$r(B(G_1)) = r(B_f(G_1)) = \nu_1 - 1,$$
$$r(B(G_2)) = r(B_f(G_2)) = \nu_2 - 1,$$
$$\cdots$$
$$r(B(G_\omega)) = r(B_f(G_\omega)) = \nu_\omega - 1,$$

由 $B(G)$ 的上述构造容易看出

$$r(B(G)) = \sum_{i=1}^{\omega} r(B(G_i)) = \sum_{i=1}^{\omega} (\nu_i - 1),$$

而 $\sum_{i=1}^{\omega} \nu_i = \nu$. 所以 $r(B(G)) = \nu - \omega$. 同理 $r(B_f(G)) = \nu - \omega$.

从上述讨论我们得到如下结论:

(1) G 有 ω 个连通片,则 $r(B(G))=r(B_f(G))=|V(G)|-\omega$.

(2) G 是连通图当且仅当 G 的关联阵与基本关联阵的秩是 $|V(G)|-1$.

利用基本关联矩阵可以列出一些顶较少的图生成树的清单,指明图的那些边可以导出一棵生成树,其理论依据是下面的定理:

定理 10.7　$B_f(G)$ 的 $\nu-1$ 阶子方阵满秩的充分必要条件是此子方阵的列对应的边子集导出 G 的一棵生成树.

证　设下面的 B' 是 $B_f(G)$ 的一个 $\nu-1$ 阶子方阵,

$$
B' = \begin{array}{c} \\ v_{j_1} \\ v_{j_2} \\ \vdots \\ v_{j_{\nu-1}} \end{array}
\begin{array}{cccccc}
e_{i_1} & e_{i_2} & e_{i_3} & \cdots & e_{i_{\nu-1}} \\
\left[\begin{array}{ccccc}
b'_{11} & b'_{12} & b'_{13} & \cdots & b'_{1,\nu-1} \\
b'_{21} & b'_{22} & b'_{23} & \cdots & b'_{2,\nu-1} \\
\vdots & \vdots & \vdots & & \vdots \\
b'_{\nu-1,1} & b'_{\nu-1,2} & b'_{\nu-1,3} & \cdots & b'_{\nu-1,\nu-1}
\end{array}\right]
\end{array},
$$

考虑以 $\{e_{i_1},e_{i_2},\cdots,e_{i_{\nu-1}}\}$ 为边集,以 $V(G)$ 为顶集的 G 之子图 G',则 B' 是 G' 的基本关联矩阵. 如果 $r(B')=\nu-1$,即满秩,由于连通图的充分必要条件是其基本关联阵的秩是顶数减 1,可见 G' 是 ν 个顶 $\nu-1$ 条边的连通图. 所以 G' 是树,是 G 的生成树.

反之,若 G' 是 G 的生成树,G' 是连通图,又 B' 是此连通图 G' 的基本关联矩阵,故 B' 满秩. 证毕.

利用定理 10.7,把一个图 G 的基本关联矩阵 $B_f(G)$ 的一切 $\nu-1$ 阶子方阵的行列式的值在 0-1 二元域上计算出来,不为零者的列对应的边($\nu-1$ 条)即为一棵生成树的边集,如此可列出 G 的一切生成树. 从而可以求得 $\tau(G)$(生成树的个数),且可画出各个生成树的形状. 但对顶数较多的图,这个办法不好用,计算量偏大.

下面讨论有向图的关联矩阵和基本关联矩阵. 由于顶与边的关系当中顶可以是尾也可以是头,所以在关联矩阵中一个顶与一条有向边的关联关系除了有与无之外,还要区分出顶是边之头(用 -1 表示)还是边之尾(用 $+1$ 表示). 严格定义如下:

若 G 是一个有向图,$V(G)=\{v_1,v_2,\cdots,v_\nu\}$,有向边集为 $E(G)=\{e_1,e_2,\cdots,e_\varepsilon\}$,则称矩阵

$$B(G) = (b_{ij})_{\nu\times\varepsilon}$$

为有向图 G 的关联矩阵,其中

$$
b_{ij} = \begin{cases}
-1, & v_i \text{ 是 } e_j \text{ 之头}, \\
0, & v_i \text{ 不是 } e_j \text{ 的头与尾}, \\
1, & v_i \text{ 是 } e_j \text{ 之尾}.
\end{cases}
$$

例如图 10.16 中的四顶竞赛图 G,它的关联矩阵为

$$B(G) = \begin{array}{c} \\ v_1 \\ v_2 \\ v_3 \\ v_4 \end{array} \begin{array}{cccccc} e_1 & e_2 & e_3 & e_4 & e_5 & e_6 \\ \begin{pmatrix} 1 & 0 & 0 & -1 & -1 & 0 \\ -1 & 1 & 0 & 0 & 0 & 1 \\ 0 & -1 & 1 & 0 & 1 & 0 \\ 0 & 0 & -1 & 1 & 0 & -1 \end{pmatrix} \end{array}.$$

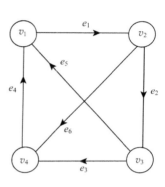

在 $B(G)$ 中每列恰一个 $+1$,1 个 -1,其余元素为零.若从 $B(G)$ 中任删除一行,所得之子矩阵记成 $B_f(G)$,称其为有向图 G 的基本关联矩阵.

有向图的基本关联矩阵有与无向图基本关联阵相似的一些性质,其中最重要的还是用有向图的基本关联阵可以得出其底图生成树的个数 $\tau(G)$.

在无向图当中,$B_f(G)$ 中的元素与运算是在 0-1 二元域中进行的,而有向图中的运算则在整数范围内进行.

图 10.16

若 $B(G)$ 是有向图 G 的关联矩阵,考虑 $B(G)$ 的子方阵的行列式的取值.

若 B' 是 $B(G)$ 的子方阵,分三种情形讨论 $\det B'$ 的值:

(i) B' 的每列中 1 与 -1 皆出现,则各行之和是零向量,即这时 B' 各行线性相关,所以 $\det B' = 0$.

(ii) B' 的某列皆零元素,则 $\det B' = 0$.

由(i)与(ii)知 $B(G)$ 的子方阵之行列式可以取零值.

(iii) 若不是(i)与(ii)的情形,即 B' 中有的列只有 1 个非零元素,这个元素是 $+1$ 或 -1.按这一列进行 B' 的代数余子式展开来求 $\det B'$,则得 $\det B' = \pm \det B''$,B'' 是比 B' 低阶的余子式.用 B'' 扮 B' 的角色,来求 $\det B''$,则可能是 $\det B'' = 0$,或者对 B'' 出现(iii)这种类型的情形,而得 $B'' = \pm \det B'''$,B''' 是 B'' 的余子式.依此类推,最后得

$$\det B' \in \{-1, 0, 1\}.$$

由(i)(ii)(iii)知对任意的有向图的基本关联阵,其每个子方阵的行列式的取值范围是 $\{-1, 0, 1\}$.

与无向图的情形相似地可得下面定理:

定理 10.8 有向图 G 的基本关联阵的 $\nu - 1$ 阶子方阵满秩的充分必要条件是此子方阵的列对应的边是 G 的底图的生成树的边.

用定理 10.8 可以求得 $\tau(G)$.

公式 1 　　　　　　　$\tau(G') = \det(B_f(G) \cdot B_f^{\mathrm{T}}(G))$,

其中 G' 是有向图 G 的底图,$B_f^{\mathrm{T}}(G)$ 是 $B_f(G)$ 的转置.

事实上,线性代数中的 Binet-Cauchy 定理告诉我们:$m \leqslant n$ 时,一个 $m \times n$ 阶矩阵 P 与一个 $n \times m$ 阶矩阵 Q 之积的行列式是把 Q 转置,再把 P 的每个 $m \times m$ 子方阵与 Q^{T} 的位置相同的列组成的 $m \times m$ 子方阵之积的行列式相加所得的和. 例如

$$P = \begin{pmatrix} 1 & 2 & 3 & 4 \\ 5 & 6 & 7 & 8 \end{pmatrix}, \quad Q = \begin{pmatrix} 1 & 5 \\ 2 & 6 \\ 3 & 7 \\ 4 & 8 \end{pmatrix}, \quad Q^{\mathrm{T}} = P,$$

$$\det PQ = \begin{vmatrix} 1 & 2 \\ 5 & 6 \end{vmatrix}^2 + \begin{vmatrix} 1 & 3 \\ 5 & 7 \end{vmatrix}^2 + \begin{vmatrix} 1 & 4 \\ 5 & 8 \end{vmatrix}^2 + \begin{vmatrix} 2 & 3 \\ 6 & 7 \end{vmatrix}^2 + \begin{vmatrix} 2 & 4 \\ 6 & 8 \end{vmatrix}^2 + \begin{vmatrix} 3 & 4 \\ 7 & 8 \end{vmatrix}^2.$$

由定理 10.8,$B_f(G)$ 中生成树的边对应的列组成的 $\nu - 1$ 阶子方阵的行列式之值非零. 所以此种子方阵的行列式取值为 ± 1,$B_f(G)$ 中其他 $\nu - 1$ 阶子方阵的行列式为零. 所以,由 Binet-Cauchy 公式得

$$\det(B_f(G) \cdot B_f^{\mathrm{T}}(G)) = (\pm 1)^2 \tau(G') = \tau(G').$$

例如求 $\tau(K_4)$. 考虑图 10.16 中的竞赛图 G,则 G 的基本关联矩阵 $B_f(G)$ 为

$$B_f(G) = \begin{pmatrix} 1 & 0 & 0 & -1 & -1 & 0 \\ -1 & 1 & 0 & 0 & 0 & 1 \\ 0 & -1 & 1 & 0 & 1 & 0 \end{pmatrix},$$

$$\det(B_f(G) \cdot B_f^{\mathrm{T}}(G))$$

$$= \det \left(\begin{pmatrix} 1 & 0 & 0 & -1 & -1 & 0 \\ -1 & 1 & 0 & 0 & 0 & 1 \\ 0 & -1 & 1 & 0 & 1 & 0 \end{pmatrix} \begin{pmatrix} 1 & -1 & 0 \\ 0 & 1 & -1 \\ 0 & 0 & 1 \\ -1 & 0 & 0 \\ -1 & 0 & 0 \\ 0 & 1 & 0 \end{pmatrix} \right)$$

$$= \det \begin{pmatrix} 3 & -1 & -1 \\ -1 & 3 & -1 \\ -1 & -1 & 3 \end{pmatrix} = 16 = 4^{4-2},$$

与 Cayley 定理的 $\tau(K_4) = 4^{4-2}$ 一致. 事实上,用公式

$$\tau(G') = \det(B_f(G) \cdot B_f^{\mathrm{T}}(G))$$

可以证明 Cayley 公式 $\tau(G') = \nu^{\nu-2}$,$\nu = |V(G')|$. 建议读者用这里的矩阵–行列式

方法证明之.

10.2.3 圈矩阵与割集矩阵

圈矩阵与割集矩阵在现代信息传输与电网络技术中有重要用途. 例如可以用于开关网络的优化设计和构作电网络中的状态变量方程等等. 在此我们扼要介绍无向图与有向图中的圈矩阵与割集矩阵的概念与构作方法.

在圈空间 $\mathscr{C}(G)$ 中, 基本圈向量为行向量组成的矩阵记成 $C_f(G)$, 其中 G 是一个无向图, 则称 $C_f(G)$ 为 G 的一个基圈矩阵. $C_f(G)$ 有 $\varepsilon - \nu + 1$ 行, ε 列, $\varepsilon = |E(G)|, \nu = |V(G)|$.

由于 $\mathscr{C}(G)$ 是以基本圈向量组为基底的线性空间, 所以

$$r(C_f(G)) = \varepsilon - \nu + 1.$$

由于 G 的生成树的个数 $\tau(G)$ 未必为 1, 所以一个无向图的基圈阵不是惟一的.

无向图 G 中每个圈在 $\mathscr{C}(G)$ 的向量为行, 构成的矩阵称为 G 的圈矩阵, 记成 $C(G)$. 由于 $C(G)$ 中有一个子矩阵是 $C_f(G)$, 而 $\mathscr{C}(G)$ 是 $\varepsilon - \nu + 1$ 维空间, 所以

$$r(C(G)) = \varepsilon - \nu + 1.$$

由于 $C_f(G)$ 是 $\mathscr{C}(G)$ 的基底阵, 所以只要能构作出 $C_f(G)$, 则 $C(G)$ 中每个向量理论上可由 $C_f(G)$ 线性表出, 但由 $C_f(G)$ 可以线性表出 $2^{\varepsilon-\nu+1}$ 个向量. 从这么多的向量中筛选圈, 就时间复杂度而言, 对于边与顶之差较大的图是很难实现的. 尽管判断一个 $\mathscr{C}(G)$ 的向量是否表示一个圈所需时间是多项式的(以边数与顶为自变量的多项式), 但需要判断的向量有 $2^{\varepsilon-\nu+1}$ 个, 太多了!

对于 $C_f(G)$, 我们有有效算法求得它.

定理 10.9 若 T 是无向图 G 的生成树, 我们把关于 T 的余树边编号为 e_1, $e_2, \cdots, e_{\varepsilon-\nu+1}$, 把含 e_i 的圈记成 C_i, $1 \leqslant i \leqslant \varepsilon-\nu+1$, 这时 $C_f(G) = [E C_{f_{12}}]$, 其中 E 是 $\varepsilon-\nu+1$ 阶单位阵, $C_{f_{12}}$ 是 T 的边对应的列组成的子矩阵. 在这种边的编码之下, 设 $B_f(G) = [B_{11} B_{12}]$, B_{11} 的列是第一列到第 $\varepsilon-\nu+1$ 列, 则

$$C_f(G) = [E B_{11}^{\mathrm{T}} (B_{12}^{\mathrm{T}})^{-1}].$$

证 由于圈向量与断集向量正交, 所以

$$C_f(G) \cdot B_f^{\mathrm{T}} = [E C_{f_{12}}] \begin{bmatrix} B_{11}^{\mathrm{T}} \\ B_{12}^{\mathrm{T}} \end{bmatrix} = B_{11}^{\mathrm{T}} + C_{f_{12}} B_{12}^{\mathrm{T}} = 0(\text{阵}).$$

我们是在 0-1 二元域中计算, 所以得

$$B_{11}^{\mathrm{T}} = C_{f_{12}} B_{12}^{\mathrm{T}}. \tag{α}$$

由定理 10.7, 在 $B_f(G)$ 中与生成树 T 的边对应的列组成的子方阵满秩, 所以 B_{12} 可逆, B_{12}^{T} 可逆. 于是 (α) 式右乘 $(B_{12}^{\mathrm{T}})^{-1}$ 得

$$C_{f_{12}} = B_{11}^{\mathrm{T}}(B_{12}^{\mathrm{T}})^{-1}.$$

证毕.

定理 10.9 告知,我们用 DFS 算法求得 G 的一棵生成树 T,把 T 的余树边编号成 $e_1, e_2, \cdots, e_{\varepsilon-\varepsilon+1}$,再抄出 G 的基本关联阵 $B_f(G)$,则可通过代数运算求得基本圈矩阵 $C_f(G)$,整个计算量是 ε 与 ν 的多项式.

当然我们也有非定量的方法来求得 $C_f(G)$:

(i) 用 DFS 求一棵生成树 T.

(ii) 标志 G 上不在 T 上的边 $e_1, e_2, \cdots, e_{\varepsilon-\nu+1}$.

(iii) 对于 $e_i, i=1, 2, \cdots, \varepsilon-\nu+1$,在 T 上添加 e_i,再把得到的图 $T+e_i$ 的一次顶“逐次”删除,最后得到的那个圈即一个基本圈 C_i,如此可得 $\varepsilon-\nu+1$ 个基本圈.

两类方法各有各的优点,定理 10.9 的方法更适于机器运算.

下面谈无向图的基本割集矩阵问题.

设 G 是连通无向图,断集空间 $\mathcal{K}(G)$ 中的基本割集向量为行组成的矩阵记成 $S_f(G)$,称之为基本割集矩阵. $\mathcal{K}(G)$ 是 $\nu-1$ 维线性空间,$S_f(G)$ 是 $\mathcal{K}(G)$ 的一个基底矩阵,所以 $r(S_f(G))=\nu-1$.

割集向量不如圈向量那样易于判定. 我们下面用基本圈矩阵通过代数运算来求出基本割集矩阵.

定理 10.10　若 T 是无向图 G 的生成树,按定理 10.9 的记号,$C_f=[E C_{f_{12}}]$,且基本割集矩阵写成 $S_f(G)=[S_{f_{11}} E]$,其中 $C_{f_{12}}$ 的列对应 T 的边,$S_{f_{11}}$ 的列对应余树边,则 $S_{f_{11}}=C_{f_{12}}^{\mathrm{T}}$.

证　由于 $\mathcal{K}(G)$ 与 $\mathcal{C}(G)$ 中向量的正交性得

$$S_f(G)(C_f(G))^{\mathrm{T}} = [S_{f_{11}} \; E]\begin{bmatrix} E \\ C_{f_{12}}^{\mathrm{T}} \end{bmatrix} = S_{f_{11}} + C_{f_{12}}^{\mathrm{T}} = 0(\text{阵}),$$

在 0-1 二元域中得

$$S_{f_{11}} = C_{f_{12}}^{\mathrm{T}}.$$

证毕.

值得注意的是,虽然我们可以由 B_f 求得 C_f,再由 C_f 求得 S_f,从理论上讲,可以由 S_f 中的行向量进行线性组合而得到 $\mathcal{K}(G)$ 中的一切向量,进而从 $\mathcal{K}(G)$ 中筛选出 G 的全体割集,再把这全部割集向量为行向量,构造出 G 的割集矩阵 $S(G)$,但由于 $|\mathcal{K}(G)|=2^{\nu-1}$,用这种思路来组建 $S(G)$ 对一般图是不可能在合理的时间内实现的.

下面讨论有向图的圈矩阵与割集矩阵. 计算在整数集中进行.

若 G 是一个有向弱连通图,T 是 G 的一棵生成树(指 T 是 G 的底图的生成树),对 G 的底图 G' 中的每个圈 C_i 任意确定一个“走向”,定义一个行向量 $C_i=$

$(\alpha_1^{(i)},\alpha_2^{(i)},\cdots,\alpha_\varepsilon^{(i)})$，使得对于 $E(G)=\{e_1,e_2,\cdots,e_\varepsilon\}$，

$$\alpha_j^{(i)}=\begin{cases}-1,& e_j \text{ 在 } C_i \text{ 上，但 } e_j \text{ 与 } C_i \text{ 的"走向"不同，}\\ 0,& e_j \text{ 不在 } C_i \text{ 上，}\\ 1,& e_j \text{ 在 } C_i \text{ 上，且 } e_j \text{ 与 } C_i \text{ 的"走向"一致.}\end{cases}$$

以向量 $C_1,C_2,\cdots,C_m$（设 G' 中共 m 个圈）为行组成的矩阵叫做有向图 G 的圈矩阵，记成 $C(G)$. 在 $C(G)$ 中恰含生成树 T 的一条余树边的圈对应的 $C(G)$ 中的行向量组成的 $C(G)$ 的子矩阵称为有向图 G 的基本圈矩阵，记成 $C_f(G)$.

例如，对于图 10.17 所示的有向图，$E(G)=\{e_1,e_2,$ $e_3,e_4,e_5,e_6,e_7\}$，生成树上的边是 e_1,e_2,e_3,e_4，用粗实线标出. 规定其上的每个圈皆取逆时针走向（别的走向规定也可）.

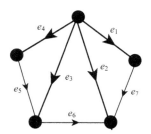

图 10.17

$\Delta e_1 e_2 e_7:(-1,+1,0,0,0,0,-1)$，

$\Delta e_2 e_3 e_6:(0,-1,1,0,0,1,0)$，

$\Delta e_3 e_4 e_5:(0,0,-1,1,1,0,0)$，

四边形 $e_1 e_3 e_6 e_7:(-1,0,1,0,0,1,-1)$，

四边形 $e_2 e_4 e_5 e_6:(0,-1,0,1,1,1,0)$，

五边形 $e_1 e_4 e_5 e_6 e_7:(-1,0,0,1,1,1,-1)$.

$$C(G)=\begin{bmatrix}-1 & 1 & 0 & 0 & 0 & 0 & -1\\ 0 & -1 & 1 & 0 & 0 & 1 & 0\\ 0 & 0 & -1 & 1 & 1 & 0 & 0\\ -1 & 0 & 1 & 0 & 0 & 1 & -1\\ 0 & -1 & 0 & 1 & 1 & 1 & 0\\ -1 & 0 & 0 & 1 & 1 & 1 & -1\end{bmatrix},$$

含 e_5,e_6,e_7 这三条余树边的基圈为三个三角形，

$$C_f(G)=\begin{pmatrix}-1 & 1 & 0 & 0 & 0 & 0 & -1\\ 0 & -1 & 1 & 0 & 0 & 1 & 0\\ 0 & 0 & -1 & 1 & 1 & 0 & 0\end{pmatrix}.$$

看图抄出 $C_f(G)$ 倒还不难，但写出 $C(G)$，对一般图而言是十分困难的事. 主要是时间复杂度太大.

$C(G)$ 的第四行是 $C_f(G)$ 的第一行与第二行之和；$C(G)$ 的第五行是 $C_f(G)$ 的第二行与第三行之和；$C(G)$ 的第六行是 $C_f(G)$ 的前三行之和.

一般而言，$C(G)$ 中各行是 $C_f(G)$ 中各行的线性组合，且当底图连通时，

$$r(C(G))=r(C_f(G))=\varepsilon-\nu+1.$$

若有向图 G 的底图 G' 连通，当 $V'\subset V(G)$ 时，若 $V'\neq\varnothing$，$V(G)-V'=\overline{V'}\neq\varnothing$，

欲使 V' 与 $\bar{V}'$ 双方断绝连接,必须把 $(V',\bar{V}')$ 与 $(\bar{V}',V')$ 中的有向边全切断,所以对于有向图,断集形如 $(V',\bar{V}')\bigcup(\bar{V}',V')$. 与有向图中的圈向量需要有一个"走向"规定相似,为了用向量表达断集 $(V',\bar{V}')\bigcup(\bar{V}',V')$,也应对其规定一个"走向",对每个断集,可以任意取定 $(V',\bar{V}')$ 的方向为正或取 $(\bar{V}',V')$ 的方向为正. 设 $E(G)=\{e_1,e_2,\cdots,e_\varepsilon\}$,我们对断集 $(V',\bar{V}')\bigcup(\bar{V}',V')$ 用 ε 个分量的向量来表示:

$$(V',\bar{V}')\bigcup(\bar{V}',V')=(\beta_1,\beta_2,\cdots,\beta_\varepsilon),$$

$$\beta_j=\begin{cases}0, & e_j\notin(V',\bar{V}')\bigcup(\bar{V}',V'),\\ -1, & e_j\in(V',\bar{V}')\bigcup(\bar{V}',V'),且\ e_j\ 与此断集走向不同,\\ 1, & e_j\in(V',\bar{V}')\bigcup(\bar{V}',V'),且\ e_j\ 与此断集走向相同.\end{cases}$$

G 的底图 G' 中的基本割集的边在有向图 G 中构成 G 的基本割集,G' 中的割集则对应 G 中的割集;G 中的基本割集与割集皆为 G 的断集,所以它们也有上述向量表达.

以有向图 G 的基本割集向量为行向量组成的矩阵称为 G 的基本割集矩阵,记成 $S_f(G)$. 以有向图 G 的割集向量为行向量组成的矩阵为 G 的割集矩阵,记成 $S(G)$.

对于有向图 G,可以证明如下各公式:

$$r(S(G))=r(S_f(G))=\nu-1,$$

$$B(G)C^{\mathrm{T}}(G)=C(G)B^{\mathrm{T}}(G)=0(阵),$$

$$C(G)S^{\mathrm{T}}(G)=S(G)C^{\mathrm{T}}(G)=0(阵),$$

而且可以由 $B_f(G)$ 算出 $C_f(G)$,进而算出 $S_f(G)$.

定理 10.11 若 G 是弱连通有向图,T 为其生成树,且 $C_f(G)=[EC_{f_{12}}]$,$B_f(G)=[B_{11}B_{12}]$,其中 $C_{f_{12}}$ 与 B_{12} 的列对应生成树 T 的边,E 与 B_{11} 的列对应 T 的余树边,则

$$C_{f_{12}}=-B_{11}^{\mathrm{T}}(B_{12}^{\mathrm{T}})^{-1}.$$

证明与定理 10.9 相似.

定理 10.11 提供了由 $B_f(G)$ 计算 $C_f(G)$ 的有效算法.

定理 10.12 若 G 是弱连通有向图,T 是它的生成树,且 $S_f(G)=[S_{f_{11}}E]$,$C_f(G)=[EC_{f_{12}}]$,$C_{f_{12}}$ 的列对应 T 的边,$S_{f_{11}}$ 的列对应 T 的余树边,则

$$S_f(G)=[-C_{f_{12}}^{\mathrm{T}}E].$$

定理 10.12 的证明与定理 10.10 的证明相似.

定理 10.12 提供了由 $B_f(G)$ 求得 $S_f(G)$ 的有效算法.但求出一切割集仍是难事.

10.3 开 关 网 络

开关网络是计算机设计与通信系统等方面的重要课题.我们只讨论简单接触

网络.

一个开关电路可以抽象成一个无向加权图,例如图 10.18 是实际的开关电路,图 10.19 是相应的无向加权图.其中权

$$x_i = \begin{cases} 1, & \text{开关 } x_i \text{ 接通}, \\ 0, & \text{开关 } x_i \text{ 断开}. \end{cases} \quad i = 1, 2, \cdots, 5.$$

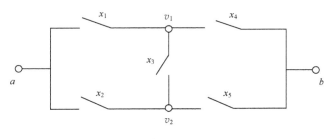

图 10.18

定义 10.1 开关网络是一个无向加权图 G,边的权为 $w(e_i) = x_i, e_i \in E(G), i = 1, 2, \cdots, \varepsilon, x_i \in \{0, 1\}$,把开关网络记成 $N(G, x_i)$;若 $a, b \in V(G), a, b$ 之间共有 n 条不同的轨 $P_{ab}^{(k)}, k = 1, 2, \cdots, n$,令

$$f_{ab} = \sum_{k=1}^{n} \Pi_{ab}^{(k)},$$

其中 $\Pi_{ab}^{(k)}$ 是轨 $P_{ab}^{(k)}$ 的边权之积,这里的加法按 $1+1=1$ 执行,则称 f_{ab} 为关于 a 与 b 的开关函数.当 $N(G, x_i)$ 中各边之权 x_i 皆独立变量时. $N(G, x_i)$ 叫做简单接触网络.

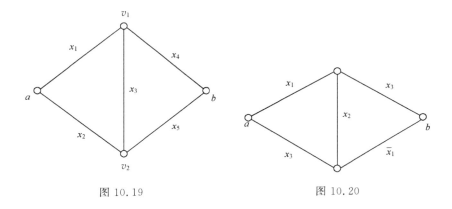

图 10.19　　　　　　　　　　图 10.20

例如图 10.19 中的网络就是简单开关网络,它的开关函数

$$f_{ab} = x_1 x_4 + x_1 x_3 x_5 + x_2 x_5 + x_2 x_3 x_4.$$

而图 10.20 中的网络不是简单接触网络,它的开关函数为

$$f_{ab} = x_1 x_3 + x_1 x_2 \overline{x_1} + x_3 \overline{x_1} + x_3 x_2 x_3$$
$$= x_1 x_3 + x_3 \overline{x_1} + x_2 x_3 = x_3 (x_1 + \overline{x_1} + x_2) = x_3.$$

$f_{ab} = x_3$ 表明只要把 x_3 这个开关接通,a 与 b 则接通;只要把 x_3 这个开关断开,a 与 b 则断开,电路中 x_1 与 x_2 的开关是无效的,可以拆除,以免浪费.

下面(图 10.21)是一个常用的非简单开关网络.它的开关函数为

$f_{ab} = x_1 \overline{x_2} + \overline{x_1} x_2$,函数表为

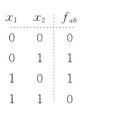

x_1	x_2	f_{ab}
0	0	0
0	1	1
1	0	1
1	1	0

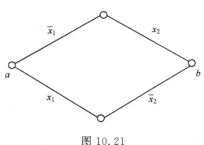

图 10.21

由此表可以看出,只变化 x_1 与 x_2 其中之一,则会引起 f_{ab} 的变化,由此可以设计出一个电灯开关电路,楼上楼下各设一开关,使得楼上与楼下都可以随意开关同一盏电灯,见图 10.22.

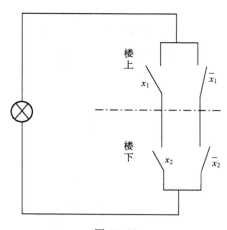

图 10.22

我们只关心 a 与 b 是否接通,所以采用逻辑运算。

$$f_{ab} = \sum_{k=1}^{n} \Pi_{ab}^{(k)} = \begin{cases} 1 \Leftrightarrow \exists k = k_0, \exists P_{ab}^{(k_0)} \text{ 边权皆 } 1 \Leftrightarrow P_{ab}^{(k_0)} \text{ 接通}; \\ 0 \Leftrightarrow a \text{ 与 } b \text{ 断开}. \end{cases}$$

f_{ab} 的值叫做 a，b 间的传输. f_{ab} 的表达式表现了 a 与 b 接通的所有方式. 我们的中心问题是，设计满足给定开关函数 f_{ab} 的简单开关网络. 但是，如果只要求满足开关函数，开关网络的设计是不成问题的，例如已知开关函数为

$$f_{ab} = x_1x_4 + x_1x_3x_5 + x_2x_5 + x_2x_3x_4,$$

可以取相应的开关电路如图 10.23 所示；其实图 10.19 亦满足这个开关函数，而且用的开关比图 10.23 中的少；事实上，图 10.23 不是简单开关网络，有些边上的权是相同的，而非独立的；在节省开关个数的意义下，简单开关网络是最优的.

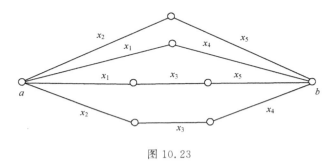

图 10.23

为解决简单开关网络的设计，我们首先建立两个引理.

引理 10.1　设 $G = \bigcup\limits_{i=1}^{m} P_{ab}^{(i)}$，$P_{ab}^{(i)}$ 是以 a，b 为起讫点的轨，$e_0 = ab \in E(G)$，对 G 中不含 e_0 的圈 C，存在两条轨 P'_{ab} 与 P''_{ab}，使得

$$E(C) = E(P'_{ab}) \oplus E(P''_{ab}).$$

证　(1)若 a，b 在 C 上，则引理 10.1 自然成立，这时取圈 C 被 a，b 分隔的两个弧分别为 P'_{ab} 与 P''_{ab}.

(2)a 与 b 只一个顶在 C 上，不妨设 a 在 C 上. 设 $P(b,u)$ 是 G 上一条轨，u 在 C 上，但 $u \neq a$，这种轨，由于 G 的构造特点，一定存在，不妨设 $P(b,u)$ 是这种轨中的最短者(图 10.24).

a 与 u 把 C 分成两条轨 $P'(a,u)$ 与 $P''(a,u)$，取 $P'_{ab} = P(b,u) \bigcup P'(a,u)$，$P''_{ab} = P(b,u) \bigcup P''(a,u)$，则

$$E(C) = E(P'_{ab}) \oplus E(P''_{ab}).$$

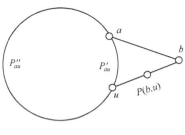

图 10.24

(3)a 与 b 皆不在 C 上. 因 $G = \bigcup\limits_{i=1}^{m} P_{ab}^{(i)}$，所以对于 C 上的边 e，存在一条轨 $P_{ab}^{(k)}$，$1 \leqslant k \leqslant m$，使得 e 在 $P_{ab}^{(k)}$ 上. 令 $P_{ab}^{(k)}$ 与 C 的第一个公共顶为 v，最末一个公共顶为 w；$P_{ab}^{(k)}$ 上从 a 到 v 的一段记成 $P_{av}^{(k)}$，$P_{ab}^{(k)}$ 上从 w 到 b 的一段记成 $P_{ub}^{(k)}$，C 被 v，w 划分

成两条轨分别为 P'_{vw} 与 P''_{vw}（图 10.25）. 令

$$P'_{ab} = P^{(k)}_{av} \bigcup P'_{vw} \bigcup P^{(k)}_{wb},$$
$$P''_{ab} = P^{(k)}_{av} \bigcup P''_{vw} \bigcup P^{(k)}_{wb},$$

则

$$E(C) = E(P'_{ab}) \bigoplus E(P''_{ab}).$$

证毕.

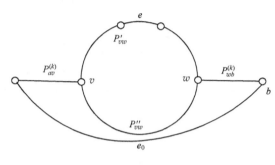

图 10.25

引理 10.2　G 是连通图,且

$$\overline{C} = [I \;\vdots\; *]$$

是由 $\mathscr{C}(G)$ 的向量为行构成的 $\varepsilon - \nu + 1$ 行,ε 列的矩阵,则存在 G 的一个生成树,相应的基本圈矩阵满足

$$\overline{C} = C_f(G),$$

且 $\overline{C}$ 中的单位阵 I 的列对应的边是余树边.

证　因 e_1 只含在 $\overline{C}$ 的第一行所对应的无公共边的圈之并中,故 $G - e_1$ 仍连通,同理

$$G - \{e_1, e_2, \cdots, e_{\varepsilon-\nu+1}\} = G_0$$

也是连通图. 但

$$| E(G_0) | = \varepsilon - (\varepsilon - \nu + 1) = \nu - 1,$$

故 G_0 是 G 的生成树,$e_1, e_2, \cdots, e_{\varepsilon-\nu+1}$ 是余树边. 下证

$$\overline{C} = C_f(G).$$

事实上,$\overline{C}$ 显然是 $\mathscr{C}(G)$ 的一个基底,对于生成树 G_0,构作基本圈矩阵 $C_f(G)$,得

$$C_f(G) = [I \;\vdots\; \bullet],$$

$C_f(G)$ 的行可由 $\overline{C}$ 的行线性表出,由 $\overline{C}$ 的构造特点,必有 $C_f(G)$ 的各行与 $\overline{C}$ 的对应

行相等,即 $C_f = \bar{C}$. 证毕.

下面应用上述引理 10.1 与引理 10.2,举例说明如何由已知的开关函数绘制相应的简单开关网络.

例 10.3 已知 $f_{ab} = x_1 x_2 x_3 x_5 x_7 + x_1 x_3 x_4 x_6 + x_1 x_5 x_6 x_8 + x_2 x_4 + x_2 x_3 x_5 x_8$
$$+ x_3 x_4 x_6 x_7 x_8 + x_5 x_6 x_7.$$

试绘出相应的简单开关网络图.

解 此网络中共 8 条边.

(1) 写出 f_{ab} 中各项对应的向量为行组成的矩阵,因为每一项代表从 a 到 b 的一条轨,我们称下面的矩阵为开关函数 f_{ab} 相应的轨矩阵.

$$P_{ab} = \begin{array}{c} \begin{array}{cccccccc} x_1 & x_2 & x_3 & x_4 & x_5 & x_6 & x_7 & x_8 \end{array} \\ \begin{bmatrix} 1 & 1 & 1 & 0 & 1 & 0 & 1 & 0 \\ 1 & 0 & 1 & 1 & 0 & 1 & 0 & 0 \\ 1 & 0 & 0 & 0 & 1 & 1 & 0 & 1 \\ 0 & 1 & 0 & 1 & 0 & 0 & 0 & 0 \\ 0 & 1 & 1 & 0 & 1 & 0 & 0 & 1 \\ 0 & 0 & 1 & 1 & 0 & 1 & 1 & 1 \\ 0 & 0 & 0 & 0 & 1 & 1 & 1 & 0 \end{bmatrix} \end{array}.$$

(2) 令 $x_0 = ab$,写出 $G + x_0$ 中含 x_0 的圈的矩阵 C_1:

$$C_1 = \begin{array}{c} \begin{array}{ccccccccc} x_1 & x_2 & x_3 & x_4 & x_5 & x_6 & x_7 & x_8 & x_0 \end{array} \\ \begin{bmatrix} 1 & 1 & 1 & 0 & 1 & 0 & 1 & 0 & 1 \\ 1 & 0 & 1 & 1 & 0 & 1 & 0 & 0 & 1 \\ 1 & 0 & 0 & 0 & 1 & 1 & 0 & 1 & 1 \\ 0 & 1 & 0 & 1 & 0 & 0 & 0 & 0 & 1 \\ 0 & 1 & 1 & 0 & 1 & 0 & 0 & 1 & 1 \\ 0 & 0 & 1 & 1 & 0 & 1 & 1 & 1 & 1 \\ 0 & 0 & 0 & 0 & 1 & 1 & 1 & 0 & 1 \end{bmatrix} \end{array}.$$

(3) 通过 C_1 的行与列的初等变换求出(在 F_2 中)$C_f(G + x_0)$. 经行的初等变换及调换列的次序,得

$$\bar{C}_1 = \begin{array}{c} \begin{array}{ccccccccc} x_1 & x_4 & x_8 & x_6 & x_2 & x_3 & x_5 & x_7 & x_0 \end{array} \\ \begin{bmatrix} 1 & 0 & 0 & 0 & 1 & 1 & 1 & 1 & 1 \\ 0 & 1 & 0 & 0 & 1 & 0 & 0 & 0 & 1 \\ 0 & 0 & 1 & 0 & 1 & 1 & 1 & 0 & 1 \\ 0 & 0 & 0 & 1 & 0 & 0 & 1 & 1 & 1 \\ 0 & 0 & 0 & 0 & 0 & 0 & 0 & 0 & 0 \\ 0 & 0 & 0 & 0 & 0 & 0 & 0 & 0 & 0 \\ 0 & 0 & 0 & 0 & 0 & 0 & 0 & 0 & 0 \end{bmatrix} \end{array}$$

我们按 $x_1,x_4,x_8,x_6,x_2,x_3,x_5,x_7,x_0$，把 $G+x_0$ 的边排序，由引理 10.1，$G+x_0$ 的基本圈向量可由 C_1 的行线性表出；而 $\overline{C}_1$ 是由 C_1 的行初等变换而得，故 C_1 的每一行可由 $\overline{C}_1$ 的前四行线性表出，进而知用 $\overline{C}_1$ 的前四行可以线性表出 $G+x_0$ 的每一基圈向量，又 $\overline{C}_1$ 的前四行线性无关，可见 $\overline{C}_1$ 的前四行是 $\mathscr{C}(G+x_0)$ 的基底阵，故知 $G+x_0$ 有 9 条边，$4=\varepsilon-\nu+1=9-\nu+1$，可知 $\nu=6$。由引理 10.2，存在一个 $G+x_0$ 的生成树 T，使得关于 T 的基本圈矩阵 $C_f(G+x_0)$ 就是 $\overline{C}_1$ 中前四行组成的矩阵。且 x_1,x_4,x_8,x_6 是 $G+x_0$ 余树边。

（4）由 $C_f(G+x_0)$ 求出 $S_f(G+x_0)$。用定理 10.10 得

$$S_f(G+x_0)=\begin{array}{cccccccccc} x_1 & x_4 & x_8 & x_6 & x_2 & x_3 & x_5 & x_7 & x_0 \\ \left[\begin{array}{ccccccccc} 1 & 1 & 1 & 0 & 1 & 0 & 0 & 0 & 0 \\ 1 & 0 & 1 & 0 & 0 & 1 & 0 & 0 & 0 \\ 1 & 0 & 1 & 1 & 0 & 0 & 1 & 0 & 0 \\ 1 & 0 & 0 & 1 & 0 & 0 & 0 & 1 & 0 \\ 1 & 1 & 1 & 1 & 0 & 0 & 0 & 0 & 1 \end{array}\right] \end{array}.$$

（5）由 $S_f(G+x_0)$ 求出 $B(G+x_0)$。因为 $B_f(G+x_0)$ 的行可由 $S_f(G+x_0)$ 的行线性表出，我们对 $S_f(G+x_0)$ 进行的初等变换，得到了每列最多两个 1 的矩阵，即得到了图 $G+x_0$ 的基本关联矩阵 $B_f(G+x_0)$：

$$B_f(G+x_0)=\begin{array}{cccccccccc} x_1 & x_4 & x_8 & x_6 & x_2 & x_3 & x_5 & x_7 & x_0 \\ \left[\begin{array}{ccccccccc} 0 & 0 & 0 & 1 & 1 & 0 & 0 & 0 & 1 \\ 1 & 0 & 1 & 0 & 0 & 1 & 0 & 0 & 0 \\ 0 & 0 & 1 & 0 & 0 & 0 & 1 & 1 & 0 \\ 1 & 0 & 0 & 1 & 0 & 0 & 0 & 1 & 0 \\ 0 & 1 & 0 & 0 & 0 & 0 & 1 & 0 & 1 \end{array}\right] \end{array}.$$

（6）把 $B_f(G+x_0)$ 的各列相加（在 F_2 中）得 $B(G+x_0)$：

$$B(G+x_0)=\begin{array}{c} \\ a \\ v_1 \\ v_2 \\ v_3 \\ b \\ v_4 \end{array}\begin{array}{c} x_1\ \ x_4\ \ x_8\ \ x_6\ \ x_2\ \ x_3\ \ x_5\ \ x_7\ \ x_0 \\ \left[\begin{array}{ccccccccc} 0 & 0 & 0 & 1 & 1 & 0 & 0 & 0 & 1 \\ 1 & 0 & 1 & 0 & 0 & 1 & 0 & 0 & 0 \\ 0 & 0 & 1 & 0 & 0 & 0 & 1 & 1 & 0 \\ 1 & 0 & 0 & 1 & 0 & 0 & 0 & 1 & 0 \\ 0 & 1 & 0 & 0 & 0 & 0 & 1 & 0 & 1 \\ 0 & 1 & 0 & 0 & 1 & 1 & 0 & 0 & 0 \end{array}\right] \end{array}$$

（7）根据 $B(G+x_0)$ 绘制开关网络图如图 10.26.

在图 10.26 中，删去 x_0 这一边即得简单开关网络，它满足开关函数 f_{ab}.

在对图进行构造性的综合研究的同时，把图向量化、矩阵化与空间化，深入进行图的计量研究，是图论学科的一种进步。在计算机上定量地处理图论问题，推动

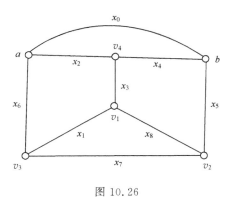

图 10.26

了图论在这个方向上的发展.

　　对于选定的生成树,基本圈向量构成的基圈阵 $C_f(G)$ 是圈空间 $\mathscr{C}(G)$ 的基底矩阵.可见,确定了生成树,原则上就等于把圈空间里的情形搞清楚了;基本割集向量构成的基本割集矩阵 $S_f(G)$ 是断集空间 $\mathscr{H}(G)$ 的基底阵.可见,确定了生成树,原则上就等于把断集空间中的情形搞清楚了.生成树的不同选择,$C_f(G)$ 与 $S_f(G)$ 往往会相应地变动,生成树好似空间 $\mathscr{C}(G)$ 与 $\mathscr{H}(G)$ 的标架.

　　由于 $|\mathscr{C}(G)|=2^{\varepsilon-\nu+1}$,$|\mathscr{H}(G)|=2^{\nu-1}$,用 $C_f(G)$ 行的线性组合来得到所有的圈,用 $S_f(G)$ 行的线性组合来得到所有的割集的想法,落实起来有个时间复杂度的障碍,所以这种计量方法仍然是个未彻底解决的问题,理论与现实之间的鸿沟在此又一次得到体现.

　　$B_f(G)$,$C_f(G)$,$S_f(G)$ 都十分重要,但 $B_f(G)$ 易于看着图抄出来,我们建立了由 $B_f(G)$ 求得 $C_f(G)$,由 $C_f(G)$ 求得 $S_f(G)$ 的有效算法,所以 $B_f(G)$ 是最基本的图矩阵.

　　用有向图的 $B_f(G)$ 可以算出生成树的数目 $\tau(G)$.

　　$\mathscr{C}(G)$,$\mathscr{H}(G)$,$B_f(G)$,$C_f(G)$,$S_f(G)$ 不仅有理论上的价值,而且在网络技术当中有广泛应用,将来搞电路与开关网络工作的读者必然会受惠于它们.

　　邻接矩阵 $A(G)$ 则能把 G 中的道路情形算出来,我们可以通过 $A^n(G)$ 的计算,准确得出从一个顶到任意的顶有多少条长 n 的道路.

　　从理论上讲,有了一个基本关联矩阵 $B_f(G)$,或有了一个邻接矩阵 $A(G)$,图 G 的一切性质就都定量地给出来了,$B_f(G)$ 或 $A(G)$ 中包含了图 G 中的一切信息或曰包含了 G 的一切拓扑性质.

习　　题

1. 证明 $|\mathscr{C}(G)|=2^{\varepsilon-\nu+1}$,其中 $\nu=|V(G)|$,$\varepsilon=|E(G)|$,G 是无向连通图.

2. 证明 $|\mathcal{H}(G)| = 2^{\nu-1}$,其中 G 是无向连通图.

3. 写出图 10.27 中图 G 的圈空间 $\mathcal{C}(G)$ 中的全体向量,且求 $C_f(G)$.

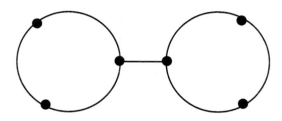

图 10.27

4. 写出图 10.27 中的图 G 的断集空间 $\mathcal{H}(G)$ 的全体向量,且求 $S_f(G)$.

5. 若 G 是有 ω 个连通片的图,求证
$$r(B(G)) = r(B_f(G)) = \nu - \omega.$$

6. 证明:G 是连通图当且仅当 $r(B(G)) = r(B_f(G)) = \nu - 1$.

7. 用 $B_f(G)$ 求取图 10.28 中所有的生成树(用边来表示生成树).

8. 设 G 是弱连通有向图,证明:$r(B(G)) = r(B_f(G)) = \nu - 1$.

9. 设 G 是其底图有 ω 个连通片的有向图,证明:$r(B(G)) = r(B_f(G)) = \nu - \omega$.

10. 用有向图的基本关联阵来证明生成树个数的 Cayley 公式 $\tau(G) = \nu^{\nu-2}$.

11. 用有向图的基本关联矩阵来求图 10.29 的生成树数目 $\tau(G)$.

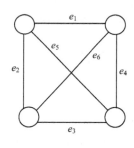

图 10.28

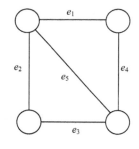

图 10.29

12. $A = \begin{pmatrix} 0 & 1 \\ 1 & 0 \end{pmatrix}$,求 $A^k = ?$

13. 我方 2 人与敌方 2 人同到河对岸谈判,仅一只船,每次最多限乘 2 人. 如果敌我双方同时在场时,我方人员必须不少于敌方人员,问安全迅速地使双方人员都渡过河去需要多少时间? 设船过一次河需要 20 分钟.

14. 设 G 是无向图,令
$$P(G) = \sum_{k=1}^{\nu} A^k(G),$$

其中 $A(G)$ 是 G 的邻接阵,加法中 $1+1=1$,证明:G 是连通图的充要条件是 $P(G)$ 中的元素皆为 1.($P(G)$ 称为 G 的道路矩阵).

15. 证明定理 10.12.

16. $A^2(G)$ 中 $\sum_{i=1}^{\nu} a_{ii}^{(2)} = 1000$,求 $\varepsilon = ?$ 其中 G 是无向图,$\nu = |V(G)|$,$\varepsilon = |E(G)|$,$a_{ij}^{(2)}$ 是 $A^2(G)$ 中的第 ij 号元素.

17. $A^3(G)$ 中,$\sum_{i=1}^{\nu} a_{ii}^{(3)} = 6000$,求 G 中子图 K_3 的个数. 其中 G 是无向图,$\nu = |V(G)|$,$a_{ij}^{(3)}$ 是 $A^3(G)$ 的 ij 号元素.

18. 设无向图 G 的基本关联矩阵为

$$B_f = \begin{pmatrix} 1 & 0 & 1 & 0 & 0 \\ 1 & 1 & 0 & 1 & 0 \\ 0 & 0 & 0 & 1 & 1 \end{pmatrix},$$

求 G 的一切生成树,且画图示.

19. 设无向图 G 的基本关联阵为

$$B_f = \begin{pmatrix} 1 & 0 & 1 & 0 & 0 \\ 1 & 1 & 0 & 1 & 0 \\ 0 & 0 & 0 & 1 & 1 \end{pmatrix},$$

求 $C_f(G)$ 与 $S_f(G)$.

20. 已知有向图 G 的基本关联阵为

$$B_f = \begin{pmatrix} 1 & 1 & 1 & 0 & 0 & 0 \\ -1 & 0 & 0 & -1 & 0 & 1 \\ 0 & 0 & -1 & 0 & -1 & -1 \end{pmatrix},$$

求 $C_f(G)$ 与 $S_f(G)$.

21. 已知开关函数

$$f_{ab} = x_1 x_3 + x_1 x_2 x_5 + x_2 x_3 x_4 + x_4 x_5,$$

画出相应的简单开关网络.

第十一章 图论中的 NPC 问题

11.1 问题、实例和算法的时间复杂度

$\forall n,m \in \mathbf{N}$,问 $n+m=?$

这是一个"问题",我们称之为加法问题,而 $1+1=?,2+3=?$ $7+8=?$ $999999+888888=?$ …等等,这无穷多个具体加法计算的每一个题目,称之为加法问题的实例.

图论当中也有这种情形,例如

任意给定一个图 G,问 G 是否 Hamilton 图? 这个问题我们称为 Hamilton 图的判定问题,而 K_3 是否 Hamilton 图? 单星小妖是否 Hamilton 图? $K_{3,3}$ 是否 Hamilton 图? 正多面体是否 Hamilton 图? …,等等,这无穷个具体问题的每一个,则是 Hamilton 图判定问题的实例.

所谓判定问题,是对它的每个实例,答案不是"是"就是"否"的问题. 例如上述 Hamilton 图判定问题. 上述加法问题要求我们回答"和"是多少,似乎不是判定问题,但在离散数学当中,许多问题可以化成判定问题. 例如加法 $7+8=?$ 我们在 $\mathbf{N}$ 中讨论问题,于是 $7+8=?$ 可以化成下列实例:

$7+8$ 是否大于 7? 答:是.

$7+8$ 是否大于 8? 答:是.

$7+8$ 是否大于 9? 答:是.

……

$7+8$ 是否大于 14? 答:是.

$7+8$ 是否大于 15? 答:否.

至此得到答案 $7+8=15$.

在图论中也有类似的事,例如 $\chi(G)=?$ 我们知道 $1 \leqslant \chi(G) \leqslant \nu(G)$,于是求 $\chi(G)$ 等于几的问题可以化成判定问题:

$\chi(G)$ 是否大于 1? 若回答否,则知 $\chi(G)=1$;若回答是,则又问:

$\chi(G)$ 是否大于 2?

若回答否,则 $\chi(G)=2$;若回答是,则又问:

$\chi(G)$ 是否大于 3?

若回答否,则 $\chi(G)=3$;若回答是,则又问:$\chi(G)$ 是否大于 4?

由于 $\chi(G) \leqslant \nu(G)$,所以有限个问答之后理论上即可得出 $\chi(G)$ 的准确值.

本章仅讨论有可数个实例的判定问题.

判定问题的答案是最简短的,只有一个字是或否. 但有些判定问题(目前有数以千计的问题)的回答却十分之难,目前数学与计算机科学拿它们没有十分好的办法,只能执行原始落后的穷举法. 例如,上述 Hamilton 图的判定问题,任意给定一个图 G,它做为一个实例,可以如下进行判别:审查每个顶点序列是否是 G 中的一个圈上的顶在该圈上的依次排列? 搞一个序列的审查工作不是难事. 例如 v_{i_1},v_{i_2},$v_{i_3} \cdots v_{i_{\nu}} v_{i_1}$($|V(G)|=\nu$)是否形成 G 中的一个圈,只需看序列中相邻两项 v_{i_j} 与 $v_{i_{j+1}}$ 是否 G 中邻顶,若是,则 G 中有 Hamilton 圈;若否,则审查另一个顶序列. 如果发现某一顶序列形成一个圈,则宣判 G 是 Hamilton 图. 如果每个顶序列皆不形成圈,则宣判 G 非 Hamilton 图. 问题看似回答有术,但我们面临着 $\nu!$ 个顶序列. 如果 G 真的不是 Hamilton 图,我们必须等最后一个被审查的顶序列也回答不能形成圈时,才敢宣判 G 不是 Hamilton 图,而 $\nu!$ 当 ν 稍大一点时,是个十分之大的数目,由斯特林公式

$$n! = \int_0^\infty x^n e^{-x} dx = n^n e^{-n} \sqrt{2\pi n}[1+o(1)],$$

当 $n \gg 1$ 时,$n!$ 是超级无穷大. 当 n 足够大时,例如 $n \geqslant 60$,则 $n! > 3^n$,而 3^{60} 个顶序列($\nu=60$)的审查,用每秒钟审判出一百万个序列这样快的计算机,需要 1.3×10^{13} 世纪才能完成. 由此可见,用上述的穷举法来判定一个不太大的图(例如不超过 100 个顶的图),由于所需的时间太长而失去实际意义.

按匈牙利权威数学家 Edmonds 的定义,当一个判定问题 D 给定之后,若存在一个多项式 $P(t)$,使得对于 D 的任何输入长为 n 的实例,可以在 $O(P(n))$ 时间内对这个实例给出答案,则称这种解答的算法之时间复杂度是合理的,称这种算法为有效算法或好算法;否则(例如所用时间为 $O(k^n)$,$k>1$)称相应的算法的时间复杂度是不可容忍的,称这种算法为无效算法或坏算法.

上述穷举法判定一个图是否 Hamilton 图的算法就是坏算法. 是否是由于人类的智能或数学与计算机科学的水平还没发展到可以设计出判定 Hamilton 问题的有效算法的水平呢? 但愿是如此,但也有一种可怕的可能性,那就是这个问题根本就不存在有效算法,对它设计有效算法的努力只是徒劳! 这后一种可能性尚未被证实是不是真的. 到目前为止,我们已经发现了一个问题集合,之中的问题各式各样,都很重要,迫切需要有效地加以解决. 但每个都未搞出有效算法,只是发现了它们的"共命运"的互相牵连的性质:它们之中某个如果存在有效算法,则这个问题集合中的每个问题皆存在有效算法. 这就等于说它们之中一旦发现某个问题不存在有效算法(不存在和现在尚未设计出来是两码事),则这一大批问题就个个都不存在有效算法了. 到底这两种可能哪一种是真的? 这正是当今计算机科学的核心问题之一,是个难度极大的心腹之患! 为了从理论上严格论证上面讲的道理,我们

必须引入 Turing 机的概念.

　　图灵（A. M. Turing. 1912～1954），幼年早熟，剑桥大学毕业不久即发表可计算理论的革命性著作，第二次世界大战中设计了一台破译希特勒军事密码的机器，使得纳粹的军事机密屡屡被英国破获，因此德军吃了很多败仗. 1936 年，他提出"Turing 机"这一重要的数学概念，回答了什么是计算这个看似简单，实则十分深刻的问题，Turing 机的精确定义是基于作计算时人的实际动作的模拟上.

11.2　Turing 机和 NPC

　　称五重结构

$$(\Gamma, S, h, f, C)$$

为一部 Turing 机，其中

$$\Gamma = \{\gamma_1, \gamma_2, \cdots, \gamma_k, b\}$$

称为带符集，b 是空白符.

$$S = \{s_0, s_1, s_2, \cdots, s_n, s_Y, s_N\}$$

称为状态集，s_0 是初始态，s_Y 是 yes 态，s_N 是 no 态.

$$h = h(t)$$

称为"读写头"的头位函数，$t = 0, 1, 2, \cdots$.

　　Turing 机附设一条双向无穷的可由读写头阅读与改写的"纸带"C，C 划分成双无穷地址序列

$$\cdots, C(-2), C(-1), C(0), C(1), C(2), \cdots$$

Turing 机运行规则如下：

　　读写头每个单位时间指着一个地址，若第 t 时间它指着地址 $C(i)$，$i \in \mathbf{Z}$，则记成 $h(t) = i$，且 $h(0) = 1$，即初始时刻读写头指着 $C(1)$.

　　若输入符为 $\{x_1, x_2, \cdots, x_n\} \subset \Gamma$，用 $\gamma(i, t)$ 表示第 t 时间 $C(i)$ 地址上写的带符，规定

$$\gamma(i, 0) = \begin{cases} x_i, & i = 1, 2, \cdots, n, \\ b, & i \notin \{1, 2, \cdots, n\}. \end{cases}$$

　　f 是读写变换，是从 $(S - \{s_Y, s_N\}) \times \Gamma$ 向 $S \times \Gamma \times \{-1, 1\}$ 的一种映射，其中"$\times$"是笛卡儿积，规定当 $s(t) \in S - \{s_Y, s_N\}$，$t \in \{0, 1, 2, \cdots\}$

$$f(s(t), \gamma(h(t), t)) = (p, q, d),$$

p, q, d 满足

$$\begin{cases} p = s(t+1), \\ d \in \{-1,1\},且\,h(t+1) = h(t)+d, \\ q \in \Gamma,且\,h(t) = i\,时,\gamma(i,t+1) = q,否则\,\gamma(i,t+1) = \gamma(i,t). \end{cases}$$

即针对现在的状态 $s(t)$ 与读写头指着的地址 $h(t)$ 上的带符 $\gamma(h(t),t)$,读写头把下一时间的状态变换成 $p = s(t+1)$;决定读写头下一时间的头位 $h(t+1) = h(t)+d$,$d = -1$ 时从现头位 $h(t)$ 向左跳一格. $d = 1$ 时,从现在头位 $h(t)$ 向右跳一格,跳前把现时刻 t 读写头指着的地址 i 上的带符改写成下一个时间的带符 $\gamma(i,t+1)$,下一时刻其他地方的带符不变.

当出现状态 s_Y 或 s_N 时,即得到了 Turing 机的运算结论 yes 或 no,这时,即 $s(t) \in \{s_Y,s_N\}$ 时停机.

从上述 Turing 机的描述可知,图灵机是在模仿人的脑～手～笔运算过程.它的"纸带"相当于作业本,读写头相当于人的眼、手、笔,对于输入集 $\{x_1,x_2,\cdots,x_n\}$,$\gamma(i,0) = x_i, i = 1,2,\cdots,n$ 相当于"抄题",而映射 f 的读写变换相当于人脑判断,确定下一步的行为且指挥手和笔如何去动作和书写.它高度概括地回答了什么是运算,不但为计算复杂度理论提供了研究工具,而且为 20 世纪 50 年代现代计算机的设计提供了思想基础.

下面用 Turing 机来定义 P 与 NP 两种问题集合.

定义 11.1 若对判定问题 D,存在一个多项式 $P(t)$,对于 D 的任意给定的实例,若此实例的输入符为 $x_1,x_2,\cdots,x_n$,其答案是"是"的充分必要条件是 Turing 机在 $P(n)$ 时间内停机于 s_Y 态,则称 D 存在有效算法,存在有效算法的判定问题组成的问题集合记成 P.

$P \neq \varnothing$,例如判定任意图是否 Euler 图就是 P 中的一个问题.本书前面讲了不少解决各种问题的有效算法,那些相应的判定问题皆属于 P(不是判定问题时可以化成判定问题.)

我们在第 1 节讲的用穷举法解决 Hamilton 图的判定问题的算法不是有效算法.虽然任给的一个图是否 Hamilton 图的答案是确定的,但用那种穷举法,由于时间上的困难,我们是不能在合理的时间内来确定它的答案的,我们猜测顶序列 $v_{i_1},v_{i_2}\cdots v_{i_r}v_{i_1}$ 是一个圈.审查此序列是否为圈所需的时间是多项式的.如果用 Turing 机来判别每个顶序列是否 Hamilton 圈,则由于在合理的时间内不能完成所有猜测的判别而得不到 Hamilton 问题的确定的答案,这时我们称 Turing 机成了"不确定 Turing 机".

定义 11.2 设 D 是判定问题,存在多项式 $P(t)$,使得对 D 的输入长为 n 的任给实例.若答案是"是",则存在一个有关猜测,对于它,Turing 机在 $P(n)$ 时间内停机于 s_Y 态.若答案是"否",则对每个有关猜测,Turing 机在 $P(n)$ 时间内皆停机于

s_N 态,这时我们称不确定 Turing 机在多项式时间内解决了判定问题 D;在多项式时间内可由不确定 Turing 机解决的问题组成的集合记成 NP.

由 P 与 NP 之定义知,P $\subseteq$ NP.但是

$$\text{NP} \subseteq \text{P 吗?}$$

这是一个十分之重要又十分之困难的问题.如果能彻底回答这个问题,计算机科学将获得重大突破,因为如果证实 P＝NP,就是宣告了那些目前靠不确定 Turing 机用类似于穷举的笨法子来求解,使得在合理时间内不能确定是否的大批重要问题理论上可以找到有效算法.沃尔夫奖得主,著名数学家厄尔多斯(Erdøs)说:"如果能证明或否定 P＝NP,全世界的科学家可以放假七天来庆祝".如果能证明 P$\neq$NP,也就不必煞费心机为 NPC 中的问题寻找有效算法了.

定义 11.3　设 D_1 与 D_2 是两个判定问题,D_i 的每个实例之输入组成集合 $\mathscr{I}_i$,$i＝1,2$,若存在多项式 $Q(t)$ 和映射

$$f: \mathscr{I}_1 \to \mathscr{I}_2,$$

f 在 $Q(n)$ 时间内把每个输入长为 n 的实例 $I_1 \in \mathscr{I}_1$ 映射成 $f(I_1) \in \mathscr{I}_2$,使得 I_1 的答案是"是"的充要条件是 $f(I_1)$ 的答案是"是",则称 f 在多项式时间内把问题 D_1 转化成 D_2,记之为 $D_1 \propto D_2$.

由定义 11.3,若 $D_1 \propto D_2$,且已知 D_2 的各实例之答案,则得到了 D_1 的各实例的答案,但知道了 D_1 的每个实例的答案,未必知道 D_2 每个实例的答案,因为 f 不一定是 $\mathscr{I}_1$ 与 $\mathscr{I}_2$ 间的一一对应;就复杂程度而言,D_2 不比 D_1 简单.

1972 年,卡普(Karp)定义了一个代号为 NPC 的 NP 的子集:

$$\text{NPC} = \{D \mid D \in \text{NP}, \forall D' \in \text{NP}, D' \propto D\}.$$

由"$\propto$"的定义知,NPC 中的每个问题,皆难到如此程度,以至于集 NP 中所有问题时间复杂度方面的难度于一身.而且 NPC 中的问题还具有一些非平凡的性质.

命题 11.1　若 $D_1, D_2 \in \text{NPC}$,则 $D_1 \propto D_2$.

事实上,由 NPC 的定义,因 $D_1 \in \text{NPC}$,则 $D_1 \in \text{NP}$;因 $D_2 \in \text{NPC}$,则 $\forall D' \in \text{NP}, D' \propto D_2$.取 $D_1 = D'$,则可得 $D_1 \propto D_2$.

命题 11.1 指出 $D_1, D_2 \in \text{NPC}$ 时,$D_1 \propto D_2$ 且 $D_2 \propto D_1$,即 NPC 中的任一对儿问题,它们的计算时间复杂度方面的难度是一致的.

命题 11.2　假设 $D \in \text{NPC} \cap \text{P}$,则 P＝NP.

事实上,由 $D \in \text{NPC}$,于是 $D \in \text{NP}$,且 $\forall D' \in \text{NP}, D' \propto D$.又由于 $D \in \text{P}$,于是 $D' \in \text{P}$.至此得到 $\forall D' \in \text{NP}, D' \in \text{P}$,即 NP $\subseteq$ P.又 P $\subseteq$ NP,故可得 P＝NP.

值得注意的是,命题 11.2 中的假设 $D \in \text{P} \cap \text{NPC}$ 是否真有其事? 这是尚未搞清楚的问题! 命题 11.2 是说,如果有某个问题 D,它是 NPC 中的一员,它又是 P

中一员,则 NP 中的问题皆有多项式算法.而 NPC⊆NP,这时 NPC 的每个问题也都有多项式算法.即下述命题成立:

命题 11.3 若 P∩NPC≠∅,则 NPC⊆P.

命题 11.4 若存在 $D_1 \in$ NPC,但 $D_1 \notin$ P,则 $\forall D \in$ NPC,$D \notin$ P.

反证命题 11.4:若某个 $D_2 \in$ NPC,同时 $D_2 \in$ P,即 NPC∩P≠∅,则由命题 11.3,NPC⊆P,与题设 $D_1 \in$ NPC,但 $D_1 \notin$ P 矛盾,所以 $D_2 \in$ NPC 同时 $D_2 \in$ P 的现象在命题 11.4 的条件下不成立,即命题 11.4 成立.

命题 11.3 与 11.4 表达了 NPC 中问题在时间复杂度意义下共命运的性质,即 NPC 中某个问题存在有效算法时,NPC 中的全体问题皆存在有效算法;NPC 中某个问题不存在有效算法时,NPC 中全体问题皆不存在有效算法.

命题 11.5 若 $D_1 \in$ NP,又知 $D_2 \in$ NPC,$D_2 \propto D_1$,则 $D_1 \in$ NPC.

事实上,由于 $D_2 \in$ NPC,则 $\forall D' \in$ NP,$D' \propto D_2$,又知 $D_2 \propto D_1$,于是 $D' \propto D_2 \propto D_1$,即 $D_1 \in$ NP,$\forall D' \in$ NP,$D' \propto D_1$.由 NPC 定义,$D_1 \in$ NPC.

命题 11.5 是所谓 NPC 的完备性定理,完备性指在 NPC 集合,通过一元运算 ∝ 得到的结果仍属于 NPC.在 NPC 中 ∝ "生出" 的后代仍是 NPC 中的元素.

如果 NPC≠∅,当我们发现第一个 NPC 中的问题 D_0 之后,由 D_0 用 ∝ "运算" 可以繁衍出 NPC 中的众多问题.

加拿大科学家 Cook 发现了 NPC 中的第一个问题 D_0,且证明了数学史上著名的 Cook 定理.

11.3 满足问题和 Cook 定理

让我们从一个具体的宝石选购问题谈起,总结出什么是满足问题.

珠宝店柜台有三颗宝石,某顾客来购,他恐怕其中有假货,征求三位行家朋友的意见.行家甲说:"1 号和 2 号是真的."行家乙说:"2 号和 3 号是真的."行家丙说:"3 号是真的,2 号是假的."假如甲乙丙三位行家朋友说对的可能性都至少是 $\frac{1}{2}$,问顾客应选购哪颗宝石更保险?

记 x_1,x_2,x_3 分别是 1 号、2 号和 3 号宝石的"真假变量",当第 i 颗宝石是真的,$x_i=1$,否则 $x_i=0$."—"表示否定,即 $x_i=1$ 时,$\bar{x}_i=0$,$x_i=0$ 时,$\bar{x}_i=1$.由于每个行家至少说对一半,故

$$\{x_1,x_2\}, \{x_2,x_3\}, \{x_3,\bar{x}_2\}$$

中皆有取 1 的元素.由于 x_2 与 $\bar{x}_2$ 中必有 1 个取值 0,所以若 $x_3=0$,,则 $\{x_2,x_3\}=\{x_2,0\}$,$\{\bar{x}_2,x_3\}=\{\bar{x}_2,0\}$.于是 $\{x_2,0\}$ 与 $\{\bar{x}_2,0\}$ 中必有一个 是 $\{0,0\}$,与 $\{x_2,x_3\}, \{x_3,\bar{x}_2\}$ 中皆有取值 1 的元素相违,可见 $x_3=1$,选购 3 号宝石保险.

一般而言,任给一个变量集合

$$X = \{x_1, x_2, \cdots, x_n\}, \quad \forall\, n \in \mathbf{N}.$$

X 中的元素(变量)的取值范围为 $\{0,1\}$,且 $x_i = 1$ 时,$\bar{x}_i = 0$;$x_i = 0$ 时,$\bar{x}_i = 1$.

令

$$L = \{x_1, x_2, \cdots, x_n; \bar{x}_1, \bar{x}_2, \cdots, \bar{x}_n\}.$$

L 称为字母集.

字母集的子集称为句子.

例如,前面的选购问题,$X = \{x_1, x_2, x_3\}$ 是变量集,$L = \{x_1, x_2, x_3,; \bar{x}_1, \bar{x}_2, \bar{x}_3\}$ 是相应的字母集,$\{x_1, x_2\}$,$\{x_2, x_3\}$,$\{x_3, \bar{x}_2\}$ 是三个句子,由于三位行家至少说对一半,所以以上三个句子中皆有取 1 的字母.

对于一般情形,任取定一组句子

$$C = \{C_1, C_2, \cdots, C_m\}, \forall\, m \in \mathbf{N}.$$

问是否存在对变量集 X 中每个变量一种取值指派,使得 C 中每个句子中皆有取 1 的字母? 我们称有取 1 值字母的句子为满足的(satisfiability).

考虑下面判定问题:

输入:任取变量集 $X = \{x_1, x_2, \cdots, x_n\}$,$\forall\, n \in \mathbf{N}, x_i \in \{0, 1\}$,再任取句子集 $C = \{C_1, C_2, \cdots, C_m\}$,$\forall\, m \in \mathbf{N}$.

问:是否存在对变量集 X 的每个变量一种取值指派,使得 C 中每句皆满足?

这一问题的代号为 SAT.

定理 11.1(Cook,1972)　SAT$\in$NPC.

证　SAT$\in$NP 不足道.

往证 $\forall\, D \in$ NP, $D \propto$ SAT. 即欲证当 D 的长 n 的实例输入为 I 时,找出 SAT 的一个对应的输入 $f(I)$,找 $f(I)$ 耗时为多项式 $Q(n)$,且 I 的答案是 yes 的充分必要条件是 $f(I)$ 的答案为 yes.

设 $I = (x_1, x_2, \cdots, x_n)$.

$f(I)$ 做为 SAT 的对应输入如下构作:

$S = \{s_0, s_1, s_2, \cdots, s_q\}, s_1 = s_Y, s_2 = s_N$.

$i : C(i) = i, -P(n) + 1 \leqslant i \leqslant P(n) + 1$,其中 $P(n)$ 是 n 的多项式.

$j : 0 \leqslant j \leqslant q, \Gamma = \{\gamma_0 = b, \gamma_1, \gamma_2, \cdots, \gamma_g\}, j = \gamma_j$.

$k : s_k = k, 0 \leqslant k \leqslant q$.

$X = \{G(i, t, j)\} \bigcup \{H(i, t)\} \bigcup \{s(t, k)\}$,

$|\{G(i, t, j)\}| = O(P^2(n))$,$|\{H(i, t)\}| = O(P^2(n))$,$|\{S(t, k)\}| = O(P(n))$.

X 是 $f(I)$ 的变量集合.

$f(I)$ 的句子集合为 $C=\bigcup\limits_{i=1}^{8}\mathscr{C}_i$，$\mathscr{C}_i$ 如下：

$\mathscr{C}_1 = \{\{G(i,0,j)\} \mid 1\leqslant i\leqslant n, x_i=\gamma_i\}$
$\qquad \bigcup \{\{G(i,0,0)\} \mid n<i\leqslant P(n)+1\} \bigcup \{\{G(0,0,0)\}\}.$

$\mathscr{C}_2 = \{\{s(0,0)\},\{H(1,0)\}\}.$

$\mathscr{C}_3 = \bigcup\limits_{t} [\{\{S(t,0),S(t,1),\cdots,S(t,q)\}\}$
$\qquad \bigcup\limits_{k_1<k_2} \{\{\overline{S(t,k_1)}\ \overline{S(t,k_2)}\}\}].$

$\mathscr{C}_4 = \bigcup\limits_{t}\bigcup\limits_{i} [\{\{G(i,t,0),G(i,t,1),\cdots,G(i,t,g)\}\}$
$\qquad \bigcup\limits_{j_1<j_2} \{\{\overline{G(i,t,j_1)},\overline{G(i,t,j_2)}\}\}].$

$\mathscr{C}_5 = \bigcup\limits_{t} [\{\{H(-P(n)+1,t),H(-P(n)+2,t),\cdots,$
$\qquad H(P(n)+1,t)\}\} \bigcup\limits_{i_1<i_2} \{\{\overline{H(i_1,t)},\overline{H(i_2,t)}\}\}].$

$\mathscr{C}_6 = \bigcup\limits_{i}\bigcup\limits_{0\leqslant t\leqslant P(n)}\bigcup\limits_{j} \{\{H(i,t),G(i,t,j),\overline{G(i,t+1,j)}\}\}.$

$\mathscr{C}_7 = \bigcup\limits_{i}\bigcup\limits_{0\leqslant t\leqslant P(n)}\bigcup\limits_{k\neq 1,2}\bigcup\limits_{j} \{\{\overline{S(t,k)},\overline{H(i,t)},$
$\qquad \overline{G(i,t,j)},S(t+1,k')\},\{\overline{S(t,k)},\overline{H(i,t)},\overline{G(i,t,j)},$
$\qquad G(i,t+1,j')\},\{\overline{S(t,k)},\overline{H(i,t)},\overline{G(i,t,j)},H(i+d,t+1)\}$
$\qquad \mid f(s_k,r_j)=(s_{k'},r_{j'},d)\} \bigcup\limits_{t<p(n)} \{\{\overline{S(t,1)},$
$\qquad S(t+1,1)\},\{\overline{S(t,2)},S(t+1,2)\}\}.$

$\mathscr{C}_8 = \{\{S(p(n),1)\}\}.$

在不确定 Turing 机上对 I 回答 yes，就是不确定 Turing 机在多项式时间 $P(n)$ 内依次执行下列八项运作：

T_1：$t=0$ 时，D 的输入 $I=(x_1,x_2,\cdots,x_n)$ 分别抄入 $C(1),C(2),\cdots,C(n)$ 处，$C(0),C(n+1),C(n+2),\cdots,C(P(n)+1)$ 皆空白符.

T_2：s_0 是初态，$h(0)=1$.

T_3：对每个 $t\in[0,P(n)]$，Turing 机恰呈现一种状态.

T_4：对每个 $t\in[0,P(n)]$，每个地址 $C(i)$ 处恰写有一个带符，$i\in[-P(n)+1,P(n)+1]$，猜测写在 $C(-1),C(-2),\cdots,C(-P(n)+1)$.

T_5：对每个 $t\in[0,P(n)]$，读写头恰指着一个地址 $C(i)$，$i\in[-P(n)+1,P(n)+1]$.

T_6：只有当 t 时刻读写头指着此地址，下一时刻该地址上的带符才能改变.

T_7：当 $s(t)\in S-\{s_Y,s_N\}$，则 $s(t+1),\gamma(h(t),t+1),h(t+1)$ 由读写变换函数 f 确定；若 $s(t)\in\{s_Y,s_N\}$，则 $s(t+1)=s(t)$.

$T_8 : s(P(n)) = s_Y$.

我们针对 I,对变量集 X 的取值指派如下:

(1) $G(i,t,j)=1$ 当且仅当 $\gamma(i,t)=\gamma_j$($\gamma(i,t)$ 指 $C(i)$ 处 t 时刻的带符).

(2) $H(i,t)=1$ 当且仅当 $h(t)=i$.

(3) $S(t,k)=1$ 当且仅当 t 时刻的状态为 s_k.

在这种指派之下,不难验证. $\mathscr{C}_i$ 中的句子皆满足当且仅当不确定 Turing 机执行 T_i,由"∞"的定义,$D\infty$SAT. 证毕.

定理 11.1 指出 NPC$\neq\varnothing$,SAT 作为 NPC 集合的第一颗种子,通过 ∞ 繁衍了许许多多 NPC 问题.

在 SAT 中,若每个句子皆由三个字母构成,则相应的问题记成 3SAT.

定理 11. 2　3SAT$\in$NPC.

证　显然,3SAT$\in$NP,只欠证 SAT∞3SAT.

令 $C=\{a_1, a_2, \cdots, a_l\}$ 是 SAT 的一个输入中的任一句子. 我们来证明 C 可由若干由三个字母组成的句子代替,使得 C 满足的充分必要条件是上述三字母句子皆满足. 令 C' 是替代句子 C 的三字母句子集,C' 中的句子如下:

(a) $l=1$ 时,$C'=\{\{a_1, x_1, x_2\}, \{a_1, x_1, \overline{x_2}\}, \{a_1, \overline{x_1}, x_2\}, \{a_1, \overline{x_1}, \overline{x_2}\}\}$.

(b) $l=2$ 时,$C'=\{\{a_1, a_2, x_1\}, \{a_1, a_2, \overline{x_1}\}\}$.

(c) $l=3$ 时,$C'=\{C\}$.

(d) $l>3$ 时,$C'=\{\{a_1, a_2, x_1\}\} \bigcup \{\{\overline{x_i}, a_{i+2}, x_{i+1}\} | 1 \leqslant i \leqslant l-4\} \bigcup \{\{\overline{x_{l-3}}, a_{l-1}, a_l\}\}$.

对于情形(a)(b)(c),"C' 中句子皆满足,当且仅当 C 满足"这一命题显然成立. 下面讨论情形(d). 若 $C=\{a_1, a_2, \cdots, a_l\}$ 满足,分三种情形讨论:

(1) 若 $a_1=1$ 或 $a_2=1$,则令 $x_i=0, i=1,2,\cdots,l-3$.

(2) 若 $a_{l-1}=1$ 或 $a_l=1$,则令 $x_i=1, i=1,2,\cdots,l-3$.

(3) 若某个 $a_k=1, 2<k<l-1$,则令 $x_i=1, 1\leqslant i\leqslant k-2$,令 $x_j=0, k-1 \leqslant j\leqslant l-3$.

以上三种情形必可出现一种,不管以上三种情形出现哪一种,(d)中所有的句子皆满足. 反之,若(d)中每句皆满足,则 C 满足.

显然,用三个字母的一些句子如上来替代 SAT 中的句子,所用的时间以 SAT 输入长的多项式为上界,可见 SAT∞3SAT. 证毕.

11.4　图论中的一些 NPC 问题

(1) 最小顶覆盖问题,代号 VC(vertex cover)

输入:任给图 G 和整数 k,$1\leqslant k\leqslant |V(G)|$.

问：G 中是否有顶覆盖集 V'，使得 $|V'| \leqslant k$？

VC $\in$ NPC.

证 只欠证 3SAT ∞ VC.

设 3SAT 任给定输入 I 的变量集为

$$U = \{u_1, u_2, \cdots, u_j\},$$

句子集为

$$\mathscr{C} = \{C_1, C_2, \cdots, C_i\}.$$

取 VC 相应的 $f(I)$ 为：$k = 2i + j$.

图 G 如下构成：对每个 $u_r \in U$，G 有两个顶 v_r 与 $\bar{v}_r$ 和一条边 $v_r \bar{v}_r$. 对每个句子 $C_s = \{l_1, l_2, l_3\} \in \mathscr{C}$，$G$ 中有顶 v_1^s, v_2^s, v_3^s 和边 $v_1^s v_2^s, v_2^s v_3^s, v_3^s v_1^s$，再添加边 $v_1^s l_1, v_2^s l_2,$ $v_3^s l_3$. 例如 I 是

$$U = \{u_1, u_2, u_3, u_4\}, j = 4, L = \{u_1, u_2, u_3, u_4, \bar{u}_1, \bar{u}_2, \bar{u}_3, \bar{u}_4\},$$

$$\mathscr{C} = \{\{u_1, u_2, u_3\}, \{\bar{u}_1, \bar{u}_3, u_4\}, \{u_2, u_3, \bar{u}_4\}\}, i = 3.$$

得到的 $f(I)$（做为相应的 VC 的输入）为 $k = 2i + j = 2 \times 3 + 4 = 10$. $f(I)$ 中的图 G 如图 11.1 所示.

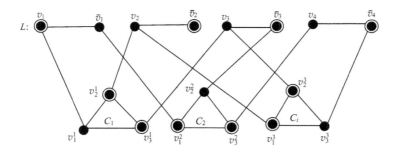

图 11.1

因为 G 有 $2j + 3i$ 个顶，$j + 6i$ 条边，所以我们可以在多项式时间构成图 G. 下证 $\mathscr{C}$ 中各句皆满足当且仅当 G 有不多于 k 个顶组成的覆盖集.

首先我们注意到，G 的任何一个顶覆盖中，对于每个 r，$1 \leqslant r \leqslant j$，至少含 v_r 与 $\bar{v}_r$ 中一个顶，和对每个 s，$1 \leqslant s \leqslant i$，至少含 v_1^s, v_2^s, v_3^s 中的两个顶. 换句话说，一个顶覆盖至少由 $j + 2i$ 个顶组成.

由于 $f(I)$ 中的 $k = 2i + j$，所以 $f(I)$ 中的图 G 若有顶覆盖 V' 满足要求，则 V' 中恰含每个顶对 $\{v_r, \bar{v}_r\}$ 中的一个顶和每个三角形 $v_1^s v_2^s v_3^s$ 中的两个顶.

规定一个变量 $u_m (1 \leqslant m \leqslant j)$ 的取值指派：当 $v_m \in V'$，令 $u_m = 1$，否则 $u_m = 0$.

考虑顶集 $\{v_1^s, v_2^s, v_3^s\}$ 到 3SAT 的 L 中对应的那些图 11.1 上层的边，这些边中

的两个将被 $V' \bigcup \{v_1^s, v_2^s, v_3^s\}$ 中的顶覆盖;第三条边被对应于 $C_s = \{l_1, l_2, l_3\}$ 中的一个顶(处于图 11.1 的上层)所覆盖,我们的取值指派中这些"字母"取 1. 于是 C_s 满足. 即在我们的指派之下,$\mathscr{C}$ 中每句皆满足.

反之,若 T 是一个使 $\mathscr{C}$ 中句子皆满足的取值指派,我们可以如下构作一个恰含 k 个顶的 G 之顶覆盖 V',使得对"上层"的每个顶对 v_m 与 $\bar{v}_m$. 若 $u_m = 1$,则 $v_m \in V'$,否则 $\bar{v}_m \in V'$. 从每个顶集 $\{v_1^s, v_2^s, v_3^s\}$ 到 3SAT 的"字母"对应的顶的三条边至少一条被覆盖. 而 V' 能覆盖另两条边,由于它们的端点在 $V' \bigcap \{v_1^s, v_2^s, v_3^s\}$ 中,例如,指派 $u_1 = 1, u_2 = u_3 = u_4 = 0$,则

$$\mathscr{C} = \{\{u_1, u_2, u_3\}, \{\bar{u}_1, \bar{u}_3, u_4\}, \{u_2, u_3, \bar{u}_4\}\}$$
$$= \{\{1, 0, 0\}, \{0, 1, 0\}, \{0, 0, 1\}\},$$

句句满足,相应地在图 11.1 中,上层的 $v_1 (u_1 = 1)$,$\bar{v}_2 (\bar{u}_2 = 1)$,$\bar{v}_3 (\bar{u}_3 = 1)$ 与 $\bar{v}_4 (\bar{u}_4 = 1)$ 参加覆盖集 V'. V' 中处于"下层"三角形中的顶选不与 $v_1, \bar{v}_2, \bar{v}_3, \bar{v}_4$ 相邻的另两个顶:v_2^1 与 v_3^1,v_1^2 与 v_3^2,v_1^3 与 v_2^3,见图 11.1 中的 ◉ 型顶. 证毕.

(2) 最大独立集问题,代号 IS(independent set).

输入:任给图 G 和整数 k,$1 \leqslant k \leqslant |V(G)|$.

问:G 中是否存在顶数不小于 k 的独立集?

由于独立集与覆盖集的互补性,易知

IS $\in$ NPC.

(3) 最大团问题,代号 CLIQUE.

输入:任给图 G 和整数 k,$1 \leqslant k \leqslant |V(G)|$.

问:G 中是否有顶数不少于 k 的团?

CLIQUE $\in$ NPC.

证　只欠证 IS∞CLIQUE.

对于 IS 的输入 I:G 与 k,取 CLIQUE 相应的输入 $f(I)$ 为 G^c 与 k,G^c 是 G 的补图,得到 $f(I)$ 的时间是多项式的. 而 G 中有顶数不少于 k 的独立集当且仅当 G^c 中有顶数不少于 k 的团,故 I 与 $f(I)$ 同时"yes",即 IS∞CLIQUE,证毕.

(4) 有向哈密顿轨问题,代号 DHP(directed hamiltonian path).

输入:任给有向图 G_0,$u_0, v_0 \in V(G)$.

问:G_0 中是否存在从 u_0 到 v_0 的 Hamilton 有向轨?

DHP $\in$ NPC.

证　我们来证明 VC∞DHP.

设 VC 的输入 I 为 G 与 k,$k \in \{1, 2, \cdots, |V(G)|\}$. 我们来构造 $f(I)$ 作为 DHP 的相应输入:

(i) $\forall v \in V(G)$,把 v"切割"成 $2d(v)$ 个顶;

$$v(1,1),v(1,2),\cdots,v(1,d(v));v(2,1),v(2,2),\cdots,v(2,d(v)).$$

(ii) 添加 $u_0=a_0,a_1,a_2,\cdots,a_k=v_0$ 这 k 个新顶.

我们所构造的 $f(I)$ 中的有向图 G' 的顶集由(1)与(2)中的全体顶构成,即若 $V(G)=\{v_1,v_2,\cdots,v_\nu\}$,

$$V(G')=\{a_0,a_1,a_2,\cdots,a_k\}\bigcup_{i=1}^{\nu}\{v_i(1,1),v_i(1,2),\cdots,$$
$$v_i(1,d(v_i)),v_i(2,1),v_i(2,2),\cdots,v_i(2,d(v_i))\}.$$

(iii) $E(G')$ 中头与尾皆在 $\{v_i(1,1),v_i(1,2),\cdots,v_i(1,d(v_i)),v_i(2,1),v_i(2,2),\cdots,v_i(2,d(v_i))\}$ 中的有向边的安装如图 11.2.

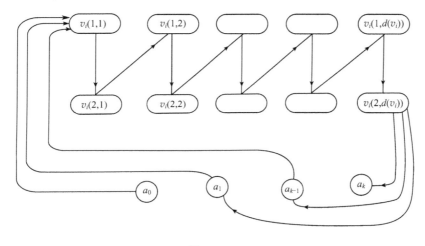

图 11.2

(iv) $E(G')$ 中有头为 $v_i(1,1)(i=1,2,\cdots,\nu)$ 而尾为 $a_0,a_1,\cdots,a_{k-1}$ 的有向边,见图 11.2.

(v) $E(G')$ 中有以 $v_i(2,d(v_i))(i=1,2,\cdots,\nu)$ 为尾,以 $a_1,a_2,\cdots,a_k$ 为头的有向边,见图 11.2.

当 $V(G)$ 中二顶 u 与 v 相邻时,把与 u 相关联的边编号记成 $e(u,1)$,$e(u,2),\cdots,e(u,d(u))$,与 v 相关联的边编号记成$e(v,1),e(v,2),\cdots,e(v,d(v))$,见图 11.3.

(vi) $\forall\,uv\in E(G)$,且边 uv 的记号为 $e(u,i)$ 与 $e(v,j)$ 时,有向图 G' 中有以 $u(1,i)$ 为尾 $v(1,j)$ 为头的一条有向边和以 $u(2,i)$ 为头 $v(2,j)$ 为尾的一条有向边,如图 11.4.

用上述(i)~(vi)中所说的顶与有向边构成的有向图 G' 以及 $u_0=a_0,v_0=a_k$ 作为 DHP 的输入.

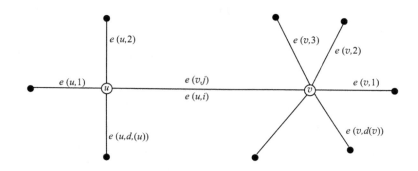

图 11.3

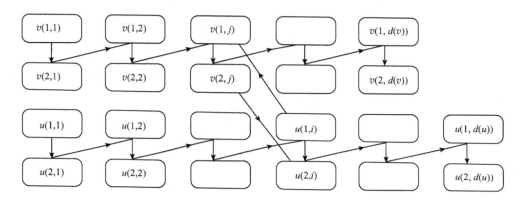

图 11.4

上述 G' 的构造耗时显然是多项式的.

下面证明 I yes 当且仅当 $f(I)$ yes, 即 G 中有 k 个项组成的顶覆盖的充要条件是 G' 中有有向 Hamilton 轨 $P(u_0, v_0)$.

事实上, 若 G 中有一个顶覆盖 $C = \{v_1, v_2, \cdots, v_k\}$, 我们在 G' 中从 G' 的顶 u_0 出发, 通过一条边到达 $v_1(1,1)$, 继而沿有向轨 $v_1(1,1)v_1(2,1)v_1(1,2)v_1(2,2)$ $v_1(1,3)v_1(2,3)\cdots v_1(2,d(v_v))$ 前行, 再从 $v_1(2,d(v_1))$ 通过一条有向边到达 a_1; "第二轮" 从 a_1 出发, 通过一条边到达 $v_2(1,1)$, 继而沿有向轨 $v_2(1,1)v_2(2,1)$ $v_2(1,2)v_2(2,2)v_2(1,3)v_2(2,3)\cdots v_2(2,d(v_2))$ 前行, 再从 $v_2(2,d(v_2))$ 通过一条有向边到达 a_2; 依此类推 k 轮之后, 最后从 $v_k(2,d(v_k))$ 到达 $a_k = v_0$, 获得 G' 中的有向轨 $P_1(u_0, v_0)$. 若 $P_1(u_0, v_0)$ 不是 G' 的有向 Hamilton 轨, 任取 $v \notin \{v_1, v_2, \cdots, v_k\}$, 且 $e = uv \in E(G)$, $e = e(v,j) = e(u,i)$, 则 $u \in \{v_1, v_2, \cdots, v_k\}$, 我们用轨 $u(1,i)v(1,j)v(2,j)u(2,i)$ 来替代 P_1 中的 $u(1,i)u(2,i)$. 如此不断地把 P_1 上的

顶增加,则可把 P_1 扩张成 G' 中的一条 Hamilton 轨 $P(u_0,v_0)$.

若 $P(u_0,v_0)$ 是 G' 中的一条 Hamilton 轨,仅当 $v(1,1)$ 与 $v(2,d(v))$ 在 $P(u_0,v_0)$ 上皆与 $\{a_0,a_1,\cdots,a_k\}$ 中的顶相邻时,v 进入顶覆盖 S,则 $|S|=k$. 证毕.

(5) 有向 Hamilton 圈问题,代号 DHC(directed hamiltonian cycle).

输入:任给有向图 G.

问:G_0 中是否有有向 Hamilton 圈?

DHC∈NPC.

证 只欠证 DHP∞DHC. 事实上,若 DHP 的输入为 I:一个有向图 G 和 u_0,v_0 $\in V(G)$,则取 DHC 的输入为 $f(I)$:$G'=G+v_0u_0$. 这样在 G 中存在有向 Hamilton 轨 $P(u_0,v_0)$ 当且仅当 G' 中存在有向 Hamilton 圈. 证毕.

(6) Hamilton 轨问题,代号 HP(hamiltonian path).

输入:任一无向图 G 和不同的两个顶 $u,v\in V(G)$.

问:G 中有无在 u,v 之间的 Hamilton 轨?

证 只欠证 DHP∞HP. 令有向图 G' 和两顶 v_a 与 $v_b\in V(G')$ 是 DHP 的一个输入,我们由 G' 来构造一个无向图 G 如下:对每个顶 $v_i\in V(G')$,G 含三个顶 v_i^1,v_i^2 和 v_i^3,两条边 $v_i^1v_i^2,v_i^2v_i^3\in E(G)$. 对每条有向边 $v_iv_j\in E(G')$,G 中含边 $v_i^3v_j^1$. $f(I)$ 取 G 和 v_a^1 与 v_b^3 作为 HP 的对应输入. 例如图 11.5 是一个 I 与 $f(I)$ 的具体例子.

我们往证 G 有 v_a^1 与 v_b^3 之间的 Hamilton 轨的充分必要条件是 G' 有从 v_a 到 v_b 的有向 Hamilton 轨.

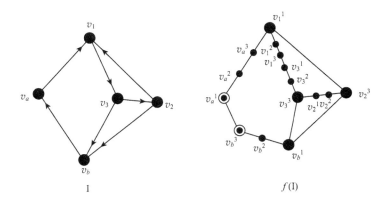

$$I \qquad\qquad f(I)$$

图 11.5

若 G' 有从 v_a 到 v_b 的一条有向 Hamilton 轨,则 G 有在 v_a^1 与 v_b^3 之间的 Hamilton 轨. 反之,若 $P(v_a^1,v_b^3)$ 是 G 中的一条 Hamilton 轨,我们从 v_a^1 开始沿 $P(v_a^1,v_b^3)$ 运行,把 $P(v_a^1,v_b^3)$ 上形如 $v_i^1v_i^2v_i^3$ 的长 2 的子轨缩成一个顶 v_i,从而得到 G' 上从 v_a

到 v_b 的一条有向 Hamilton 轨. 证毕.

(7) Hamilton 圈问题, 代号 HC(Hamiltonian cycle).

输入: 任给一个无向图 G.

问: G 中是否有 Hamilton 圈?

HC$\in$NPC.

证明酷似 DHC$\in$NPC 的证明, 请读者自行给出.

(8) 货郎问题, 代号 TS(travelling salesman).

输入: 任一加权完全图 G 和整数 $k>0$.

问: G 中是否存在其长不超过 k 的 Hamilton 圈?

TS$\in$NPC.

证   只欠证 HC$\propto$TS. 令无向图 G' 是 HC 的输入, $|V(G')|=n$, 我们构作 TS 的相应的输入 G 与 $k=n$ 如下: G 是以 $V(G')$ 为顶集的完全图, 对每条边 $e\in E(G)$, 加权 $w(e)$

$$w(e) = \begin{cases} 1, & uv \in E(G'), \\ 2, & uv \notin E(G'). \end{cases}$$

显然, G' 有无向 Hamilton 圈当且仅当 G 有长 n 的 Hamilton 圈, 即 HC$\propto$TS, 故 TS$\in$NPC. 证毕.

(9) 三色问题, 代号 3C(3-colouring)

输入: 任给无向图 G.

问: G 的色数是否不超过 3?

$\chi(G)=1$ 的充分必要条件是 $E(G)=\varnothing$.

$\chi(G)=2$ 的充分必要条件是 G 是二分图.

$\chi(G)=3$ 的有效的充分必要条件是什么?! 下面的结论告诉我们, 这个问题是最困难的问题之一:

3C$\in$NPC.

证   我们来证 3SAT$\propto$3C.

设 3SAT 的一个给定的输入 I 为句子集

$$\mathscr{C} = \{C_1, C_2, \cdots, C_p\},$$

相应的变量集为

$$U = \{u_1, u_2, \cdots, u_q\}.$$

我们构作 3C 的相应输入 $f(I)$ 为图 G:

G 中有如图 11.6 的子图.

此子图由 q 个三角形组成, 这些三角形有公共顶 v_2, 底边是 $u_i\bar{u}_i$, $i=1,2,\cdots,q$.

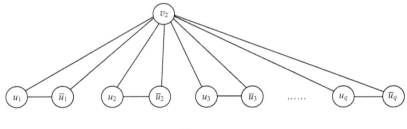

图 11.6

对于每个句子 $C_j = \{l_{1j}, l_{2j}, l_{3j}\} \in \mathscr{C}, j = 1, 2, \cdots, p, G$ 中有如图 11.7 的子图：

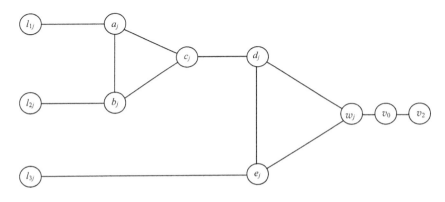

图 11.7

注意 $l_{1j}, l_{2j}, l_{3j} \in \{u_1, u_2, \cdots, u_q, \bar{u}_1, \bar{u}_2, \cdots, \bar{u}_q\}$，图 11.7 中的顶 l_{1j}, l_{2j}, l_{3j} 就是图 11.6 中一些三角形底边上的某三个顶.

G 是由 p 个图 11.7 中的子图和图 11.6 中的子图并 $(\cup)$ 成的.

下面证明，I yes 的充分必要条件是 $f(I)$ yes.

若 I yes，即有一种取值指派，使得 $\mathscr{C}$ 中每句皆满足，我们来给 $f(I)$ 用三种颜色进行正常顶着色：用 0 色，1 色和 2 色三种颜色，我们上色时的规则是，对于"字母"顶，其指派的值为 1 时，此顶着 1 色，其指派的值为 0 时，此顶上 0 色，我们事先约定把 v_0 上的色称为零色，v_2 上的色称为 2 色. 这样，由于 $\mathscr{C}$ 中句句满足，$(l_{1j}, l_{2j}, l_{3j}) \neq (0, 0, 0)$，容易证明图 11.7 中每个子图是 3 色的，即 $f(I)$ yes.

反之，若 $f(I)$ yes，用的是 0 色，1 色和 2 色，v_0 上 0 色，v_2 上 2 色，着 0 色的顶上写的"字"指派值为 0，着 1 色的顶上写的"字"指派 1 值，则得一种对变量的取值指派，使得每个句子

$$(l_{1j}, l_{2j}, l_{3j}) \neq (0, 0, 0).$$

用反证法很容易证实这一结论.

至此得证 3SAT∝3C,证毕.

（10）k 色问题（$k \geqslant 3$），代号 kC（k-colouring）.

输入：任一无向图 G，$k \in \{3,4,\cdots,|V(G)|\}$.

问：是否存在 G 的顶正常着色，使得所用的颜色数不超过 k？

$kC \in NPC$.

证　只欠证 $3C \propto kC$. 设 G 是 $3C$ 的输入 I，对应的 kC 的输入 $f(I)$ 是这么一个无向图 G'：先构作 K_{k-3}，此 K_{k-3} 与 G 无公共顶，再把 K_{k-3} 的每个顶与 G 的每个顶用新边连接得到的图即为 G'，见图 11.8.

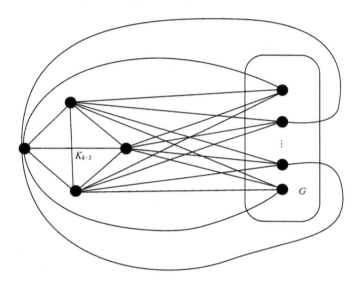

图 11.8

显然，$\chi(G) \leqslant 3$ 当且仅当 $\chi(G') \leqslant k$，即 $3C \propto kC$. 证毕.

本章指出算法在时间复杂度意义下有好坏之分，用 Turing 机为工具严格论证了好坏算法的区别，用不确定 Turing 机解决问题的算法不是好算法. Turing 机是描述算法过程的数学模型，任何能在现代计算机上实现的计算，其思路都可由 Turing 机来描述.

计算复杂度理论不仅是计算机专家关心的问题，而且是应用数学家必须过问的热点问题之一，我们应该按计算的时间复杂度来区分问题是否难解，而不是从问题表面上给人的感觉来判断它的复杂程度. 例如，图是否可用三种颜色来对顶正常着色，表面上这个问题并没有使我们感到它有多么难，实际上，当我们严格证明 $3C \in NPC$ 之后才发现，这个 $3C$ 问题是集 NP 中一切难题的计算难度于一身的大难题,这里我们说的计算是指"行为算法",而我们平时遇到的一些表述繁琐,已知与未知或欲判定的情形等颇为费解的一些问题,却往往是在有限步骤之中可以解决的易解问题.

1972 年,Cook 和 Karp 的 NPC 定义和 SAT∈NPC 的定理奠定了时间复杂度的理论基础.目前,人们已经普遍有了这种意识,在一个问题面前,首先要判断它是否属于 NPC.若是,则不宜企图轻易为之建立有效算法.因为它是否有有效算法,理论上尚无定论;若一个问题属于 P,才可以为之努力设计有效算法.这种 P 与 NPC 思想的有无,是区分一个计算机专家是否称职的标志之一.

至于 NPC 中的问题是否真的不存在多项式算法,这是当今科学界十分担心的问题之一,回答"P＝NP 吗"这一问题,是计算机科学与数学科学的心腹大患.若 P＝NP,则应为 NPC 中的问题们设计有效算法,若 P≠NP,就不要奢望能有效地解决 NPC 中的任何一个问题了! NPC 理论目前尚处于发展之中,按俗话说,它正处于方兴未艾的阶段.

本章证明了包括满足问题、色问题、Hamilton 图问题、货郎问题等 12 个脍炙人口的著名问题属于 NPC.这些定理的证明,其思路、细节和技巧都十分新颖生动,很有学习价值;尤其是为证 $D_1 \propto D_2$,由 D_1 之输入 I_1 设计对应的 D_2 之输入 I_2 $＝f(I_1)$ 时,往往需要动用很多的聪明.为了对 NPC 理论有真正的理解,希望读者下工夫做出本章的习题.

习　　题

1. 证明下述货郎问题属于 NPC:

输入:任给无向图 G,$\forall e \in E(G)$,权 $l(e) \in \mathbf{N}$,$k \in \mathbf{N}$.

问:G 中是否有总权不超过 k 的含 G 一切顶的回路?

2. 证明下列问题属于 NPC:

输入:任有向图 G,$k \in \mathbf{N}$.

问:G 中是否存在顶数不超过 k 的顶子集 $V' \subseteq V(G)$,使得 G 中删除 V' 中之顶后不存在有向圈?

3. 证明下述问题属于 NPC:

输入:任有向图 G,$k \in \mathbf{N}$.

问:G 中是否存在边数不超过 k 的边子集 $E' \subseteq E(G)$,且 G 中删除 E' 中的边后不存在有向圈?

4. 证明下述问题属于 NPC:

输入:图 $G(V,E)$,$\forall e \in E$,$w(e) \in \mathbf{N}$,$k \in \mathbf{N}$.

问:是否有 $S \subset V(G)$,使得

$$\sum_{e \in (S,\bar{S})} w(e) \geqslant k?$$

5. 证明下述问题属于 NPC:

输入：任一无向图 $G, k \in \mathbf{N}$.

问：G 中是否存在断集 $(S, \bar{S})$，使得 $|(S, \bar{S})| \geqslant k$?

6. 证明下述问题属于 NPC：

输入：任单图 $G, k \in \mathbf{N}$.

问：是否存在可逆映射 $p: V(G) \rightarrow \{1, 2, \cdots, |V(G)|\}$，使得

$$\sum_{uv \in E(G)} |p(u) - p(v)| \geqslant k?$$

7. 证明下述问题属于 NPC：

输入：任单图 $G, k \in \mathbf{N}$.

问：是否存在可逆映射 $q: V(G) \rightarrow \{1, 2, \cdots, |V(G)|\}$，使得

$$\sum_{uv \in E(G)} |q(n) - q(v)| \leqslant k?$$

8. 证明下述问题属于 NPC：

输入：任二源 s_1, s_2，二汇 t_1, t_2 网络 $N(G, s_1, s_2, t_1, t_2, c(e))$，其中 $c(e)$ 是非负整数，需求 R_1, $R_2 \in \{0, 1, 2, \cdots\}$.

问：$N(G, s_1, s_2, t_1, t_2, c(e))$ 上是否存在两个整值流函数 f_1, f_2，使得

(C1)　$\forall e \in E(G), f_i(e) \geqslant 0$，且 $f_1(e) + f_2(e) \leqslant c(e)$.

(C2)　$\forall v \in V(G) - \{s_1, s_2, t_1, t_2\}$,

$$\sum_{e \in \alpha(v)} f_i(e) - \sum_{e \in \beta(v)} f_i(e) = 0, i = 1, 2.$$

(C3)　$\displaystyle\sum_{e \in \alpha(t_i)} f_i(e) - \sum_{e \in \beta(t_i)} f_i(e) \geqslant R_i, i = 1, 2.$

9. 证明下述问题属于 NPC：

输入：任一图 G 和 $k \in \{0, 1, 2, \cdots\}$.

问：G 是否有顶数不超过 k 的支配集？

10. 证明下述问题属于 NPC：

输入：两个图 G_1 与 G_2.

问：G_1 中是否有与 G_2 同构的子图？

习题解答与提示

第一章

2. $|E(K_\nu)| = \dbinom{\nu}{2}$，故 $\varepsilon(G) \leqslant \dbinom{\nu}{2}$.

3. 例如四阶圈与四顶"勺子"（见图 1）.

5. $N-2$.

6. 设 S_1 与 S_2 是任划分成的两个集合，以 $\{1,2,3,4,5\}$ 为顶集作 K_5，当且仅当顶 u 与 v 满足 $|u-v| \in S_i(i=1,2)$ 时，把边 uv 染成 i 色，若 123451 与 135241 分别是 1 色与 2 色的同色五边形，则 1 与 4 在同一集合中，2 与 3 在另一集合中，这时命题成立；不然会出现同色三角形 $\triangle uvw$，设 $x=u-v>0, y=v-w>0, z=u-w$，则 x,y,z 在同一集合，且 $x+y=z$.

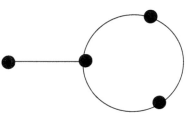

图 1

7. 以人为顶，两人为朋友时，相应的两顶之间连一边，若任二人朋友数相异，依题意，$\triangle \geqslant \nu-1$（$\nu$ 是人数），而 $\triangle = \nu-1$ 时，必有 $\delta \geqslant 1$，从而 $\triangle - \delta + 1 < \nu$，这与各顶次数相异矛盾，而 $\triangle > \nu-1$ 亦不可能.

8. 以人为顶，相识时，之间连一条边.

10. 必要性不足道. 定义 $\phi: E(G) \rightarrow E(H)$，使 $uv \in E(G)$ 和 $\theta(u)\theta(v) \in E(H)$ 对应. 于是 ϕ 可逆，且 $\psi_G(e) = uv$ 的充要条件是 $\psi_H(\phi(e)) = \theta(u)\theta(v)$.

11. 充分性显然成立；由 $\varepsilon(K_\nu) = \dbinom{\nu}{2}$，从而不是完全图且 $\varepsilon = \dbinom{\nu}{2}$ 的图中一定有重边，与 G 是单图矛盾.

12.（b）设 G 的顶划分为 X, Y，$|X| = \nu-m$，$|Y| = m$，则 $\varepsilon(G) \leqslant \varepsilon(K_{\nu-m,m}) = (\nu-m)m \leqslant \dfrac{\nu^2}{4}$.

14. 一共下过 $\varepsilon(K_n) = \dfrac{1}{2}n(n-1)$.

16. 若图中无圈，考虑最长轨，此轨两个端点必为一次顶.

17. 以运动队为顶，两队赛一局，则在二队之间连一边，再用 $2\varepsilon = \sum\limits_{v \in V(G)} d(v)$ 来证，这时 $\varepsilon = n+1$.

18. 令 $G_1 = G(V')$，把恰有一端点在 V' 内的 k 条边之另一端点重合成一个端点 v，把这 k 条边与顶 v 并入 G_1 得图 G_2，再根据 G_2 中奇次顶之个数为偶数即可得证.

19. 以 $2n$ 个点为顶，只要两个顶在同一个圆内，则此二顶相邻，得到一个图 G. 只需证明 G 是连通的；结合每个顶次数不小于 n.

20. 先证此图必有圈 C，用最长轨方法证. 若 $\exists v \in V(G)$，但 $v \notin C$，则 C 上有三次顶.

21. 两个三角形.

22. 两个.

23. k 维立方体的顶与 0-1k 维向量组一一对应,而后者恰 2^k 个. 在上述 k 维向量中,固定 $k-1$ 个坐标后,在 k 维立方体中,对应两个顶,这两顶相邻,故 $\varepsilon = C_k^{k-1} 2^{k-1} = k2^{k-1}$. 按每个顶坐标和的奇偶性,把顶划分成两个子集,即可验证其为二分图.

24. K_n^c 是无边图,$K_{m,n}^c$ 是 K_m 与 K_n 的并.

25. $\varepsilon(G) + \varepsilon(G^c) = \varepsilon(K_\nu) = \dfrac{1}{2}\nu(\nu-1)$,又 $G \cong G^c$,故 $\varepsilon(G) = \dfrac{1}{4}\nu(\nu-1)$. 而 ν 与 $\nu-1$ 中有一个奇数,一个偶数,故 $\nu \equiv 0$ 或 $1(\mathrm{mod}4)$.

26. 这种图 $\nu = \varepsilon = 5$,共两个,一个是五边形,另一个是五边形删去一条边后加一条对角线使其含三角形.

30. $K_{1,k+1}$.

31. 设 G 中 n 个顶的导出子图有 m 条边. v_i 与 v_j 是 G 中任意两个顶、在 $G-v_j$ 中 n 个顶的导出子图共 $\binom{\nu-1}{n}$ 个,在 $G-v_i$ 中任一边 uv 在这 $\binom{\nu-1}{n}$ 个 n 顶导出子图中取到的次数为 $G-\{v_i,u,v\}$ 中取 $n-2$ 个顶点的导出子图的个数 $\binom{\nu-3}{n-2}$. 于是有

$$\varepsilon(G) - d(v_i) = \varepsilon(G-v_i) = m\binom{\nu-1}{n} \Big/ \binom{\nu-3}{n-2}, \tag{1}$$

$$\varepsilon(G) - d(v_j) = \varepsilon(G-v_j) = m\binom{\nu-1}{n} \Big/ \binom{\nu-3}{n-2}, \tag{2}$$

$$\varepsilon(G) - d(v_i) - d(v_j) + a_{ij} = \varepsilon(G-\{v_i,v_j\})$$
$$= m\binom{\nu-2}{n} \Big/ \binom{\nu-4}{n-2}, \tag{3}$$

其中

$$a_{ij} = \begin{cases} 1, & v_iv_j \in E(G), \\ 0, & \text{否则}. \end{cases}$$

(3)−(1)−(2)得 a_{ij} 与 i,j 的取法无关,于是

$$G \cong \begin{cases} K_\nu^c, & a_{ij} = 0, \\ K_\nu, & a_{ij} = 1. \end{cases}$$

32. 由 $\nu\delta \leqslant \sum\limits_{v \in V} d(v) = 2\varepsilon \leqslant \nu\Delta$ 即得证.

33. $k|X| = k|Y| = \varepsilon$,故 $|X| = |Y|$.

34. 必要性显然成立. 对于充分性:若 $d_i = 2k$,则在 v_i 处作 k 个环;若 $d_i = 2l+1$,则在顶 v_i 处作 l 个环,d_i 为奇数的顶可以配对后以边相连,于是得图 G,其次数列恰为 $d_1, d_2, \cdots, d_\nu$.

35. (a) $7,6,5,4,3,3,2$ 若是图序列,则此图 7 个顶,$\Delta \leqslant 6$,而今 $d(v_1)=7$;$6,6,5,4,3,3,1$ 若是图序列,此图 7 个顶,又 $d(v_1) = d(v_2) = 6$,于是 v_1, v_2 与每个顶皆相邻,故 $\forall v \in G$,$d(v) \geqslant 2$,而 $d(v_7) = 1$,矛盾.

(b) $\sum\limits_{i=1}^{n} d_i$ 显然成立,又 k 个顶导出的子图次数之和 $\leqslant k(k-1)$,剩下的 $v_{k+1},\cdots,v_n$ 可以给予 $v_1,\cdots,v_k$ 最大的可能次数之和 $\sum\limits_{i=k+1}^{n} \min\{k,d_i\}$,故

$$\sum_{i=1}^{k} d_i \leqslant k(k+1) + \sum_{i=k+1}^{n} \min\{k,d_i\}.$$

36. (a) 必要性 G 为单图,$d(v_i)=d_i,i=1,2,\cdots,n$,(1) 与 v_1 关联的边为 $v_1v_2,\cdots,$ $v_1v_{d_1+1}$,则 $G-v_1$ 的图序列是 D'.

(2) 若 v_1 关联的 d_1 条边中,有 v_1v_j,且 $j>d_1+1$,令

$$j_0 = \max\{j \mid v_1v_j \in E(G)\} > d_1 + 1,$$
$$i_0 = \min\{i \mid v_1v_i \overline{\in} E(G)\} \leqslant d_1 + 1.$$

则 $v_1v_{j_0} \in E(G)$;$j>j_0$ 时,$v_1v_j \overline{\in} E(G)$,$v_1v_{i_0} \overline{\in} E(G)$;$i<i_0$ 时,$v_1v_i \in E(G)$,因为 $d_{i_0} \geqslant d_{j_0}$,$\exists v_k,v_k$ 与 v_{j_0} 不相邻,否则 $d_{j_0} \geqslant d_{i_0}+1>d_{i_0}$,矛盾.令 $G'=G-\{v_1v_{j_0}+v_{i_0}v_k\}+\{v_1v_{i_0}+v_kv_{j_0}\}$,$G'$ 与 G 的图序列皆为 d,只是 G' 的 j_0 小而 i_0 大了,如此继续,可化成(1).

充分性 设 G' 的图序列为 D'.在 G' 上加入异于 G' 顶点 $v_2,v_3,\cdots,v_n$ 的新顶 v_1,而在 v_1 与 $v_2,v_3,\cdots,v_{d_1+1}$ 之间连上边,得图 G,则 G 的图序列为 d.

37. 若 H 是 G 中边数最多的二分生成子图,可以证明 H 即为所求.

38. 取 $V(G)=S$,S 中两顶相邻当且仅当两点相距为 1,引用 $\sum\limits_{v\in V} d(v)=2\varepsilon$ 可得证.

40. 令 P 是最长轨,若 P 之长小于 k,设 $P=v_1v_2\cdots v_lv_{l+1}$,则 $d(v_1)\geqslant\delta\geqslant k>l$,从而有 v_0 使得 $v_0v_1v_2\cdots v_{l+1}$ 也是轨,与 P 为最长轨矛盾.

41. $v_1\in V_1,v_2\in V_2$,由连通性,有轨 $P(v_1,v_2)$,在 $P(v_1,v_2)$ 上有两顶 u,v,使得 $u\in V_1,v\in V_2,uv\in E(G)$.若 G 不连通,设 G_1,G_2 是两个连通片,取 $V_1=V(G_1)$,$V_2=V(G)-V_1$,于是 V_1 与 V_2 之间不存在端点分别属于 V_1,V_2 的边,与充分性的假设矛盾.

42. 若 G 不连通,可以分为两个顶点数分别是 ν_1 与 ν_2 的互不连通的子图 G_1,G_2,从而 $\varepsilon(G)\leqslant\binom{\nu_1}{2}+\binom{\nu_2}{2}\leqslant\binom{\nu-1}{2}$,矛盾.

43. $K_{\nu-1}$ 加上一个 0 次顶.

44. 若 G 不连通,有一个连通片 G_1,$|V(G_1)|\leqslant\left[\dfrac{\nu}{2}\right]$,$\Delta(G_1)\leqslant\left[\dfrac{\nu}{2}\right]-1$,与 $\delta>\left[\dfrac{\nu}{2}\right]-1$ 矛盾.

45. 设 G_1 是 $G-v$ 的一个连通片,$\sum\limits_{v\in V(G_1)} d_G(v)-2\varepsilon(G_1)>0$ 为偶数,故 v 伸向 G_1 顶之边至少两条,从而 $\omega(G-v)\leqslant\dfrac{1}{2}d(v)$.

47. 设 $P=P(v_1,v_2)$ 与 $P'=P'(v'_1,v'_2)$ 是两条最长轨,且无公共顶,由连通性存在轨 $P''(v_2,v'_2)$,从而可找出比 P 更长的轨.

48. 不妨设 u,v,w 连通,$P(u,v),P'(v,w)$ 是两条最短轨,则 $P(u,v)\bigcup P'(v,w)$ 中含一条从 u 到 w 的最短轨.

49. 任意顶对 $u,v\in V(G)$,(1) $uv\overline{\in}E(G)$ 时 $d_{G^c}(u,v)=1$.(2) $uv\in E(G)$,(a) $V(G)$ 中任意顶至少与 u,v 中一顶相邻,$x,y\in V(G)$,若 x,y 皆与 u(或 v)相邻,则 $d_G(x,y)\leqslant2$;若 x 与 u 相邻,

y 与 v 相邻,则 $d_G(x,y)\leqslant 3$,故 G 的直径不大于 3,不可能.(b)$w\in V(G)$,使得 $uw,vw\overline{\in}E(G)$,于是 $d_{G^c}(u,v)=2$.综上可知 G^c 的直径小于 3.

50. 由 $\Delta=\nu-2$ 知,存在顶 v,v 与 $\nu-2$ 个顶相邻,而与顶 u 不相邻,又直径为 2,故 u 到各顶距离不超过 2,故 $\varepsilon(G)\geqslant 2(\nu-2)=2\nu-4$.

51. 存在 $uw_1\overline{\in}E(G)$,又 G 连通,有轨 $P(u,w_1)$,令 $P=uu_1u_2\cdots u_nw_1$,$n\geqslant 1$.$uu_2\in E(G)$.取 $u_1=v,u_2=w(n=1$ 时 $u_2=w_1)$.

53. 反证法,最长轨方法.

54. 设 $P(v_0,v_k)$ 是最长轨,v_0 的邻顶全在 $P(v_0,v_k)$ 上,从而可以找到长至少为 $\delta+1$ 的圈.

55. $xy\in E(G)$,$S(x),S(y)$ 分别表示与 x,y 距离为 1 的顶集,$S(x)\cap S(y)=\varnothing$.$|S(x)-y|=|S(x)-x|=k-1$,故至少 $2+2(k-1)=2k$ 个顶.

56. $x\in V(G)$,S_i 是与 x 距离为 i 的顶点集合$(i=0,1,2,\cdots)$,S_1 中顶不相邻,S_2 中每顶恰与 S_1 中一顶相邻,$|S_0|=1$,$|S_1|=k$,$|S_2|=k(k-1)$,故 G 至少有 $1+k+k(k-1)=k^2+1$ 个顶.

57. (a) 逐次删去一次顶,由于 $\nu=1$ 或 2 的单图不可能 $\varepsilon\geqslant\nu$,故当删去一次顶的步骤终止时,得到 $\nu\geqslant 3$ 的无一次顶的子图,此子图中有圈.

(b) 只需证明 $\varepsilon=\nu+4$ 时成立.用反证法,若 G 是无两个无公共边的圈的 $\varepsilon=4+\nu$ 的顶数最少的图,则 G 的围长不小于 5,且 $\delta(G)\geqslant 3$,于是,由 $\sum\limits_{v\in V}d(v)=2\varepsilon$ 得知 $\nu+4=\varepsilon\geqslant\dfrac{3}{2}\nu$,$\nu\leqslant 8$.由围长 $\geqslant 5$,在 G 中有长 g(围长)的圈 C_g,C_g 无对角线,C_g 上的每个顶皆有伸向 C_g 外的边,设 S_1 是 C_g 上顶的邻顶集,则 $|V(C_g)|\leqslant|S_1|$,故 $\nu\geqslant|S_0|+|S_1|\geqslant g+g\geqslant 10$,与 $\nu\leqslant 8$ 矛盾.

58. 用 Dijkstra 算法.

59. 只能有人狼羊菜,人狼羊,人狼菜,人羊菜,人羊,空,菜,羊,狼菜 10 种状态,以这十状态为顶,可以互相转化的两种状态之间连一边,再用 Dijkstra 算法得(边权取 1):

60. (x_1,x_2,x_3) 表示 8,5,3 斤瓶子中的有酒状态,用 Dijkstra 算法求 $(8,0,0)$ 到 $(4,4,0)$ 的最短轨得:

$(800)\rightarrow(350)\rightarrow(323)\rightarrow(620)\rightarrow(602)\rightarrow(152)\rightarrow(143)\rightarrow(440)$.

61. 令 $y_n=(a_0^{(n)},a_1^{(n)},a_2^{(n)})\in S_i$,$f(y_n)=(a_0^{(n)'},a_1^{(n)'},a_2^{(n)'})$,于是 $a_i^{(n)'}\leqslant a_i^{(n)}$,又令 $y=\lim\limits_{n\to\infty}y_n$,由连续性得 $z=\lim\limits_{n\to\infty}f(y_n)=f(y)$;$T$ 是闭集,$y,z\in T$,z 是 y 的 f 象点,即若 $y=(a_0,a_1,a_2)$,则 $z=(a'_0,a'_1,a'_2)=f(a_0,a_1,a_2)$,且 $a'_i=\lim\limits_{n\to\infty}a_i^{(n)'}\leqslant\lim\limits_{n\to\infty}a_i^n=a_i$,$y\in S_i$,$S_i$ 闭.

63. $\dfrac{1}{2}(n-1)n(=\varepsilon(K_n))$.

64. 首先逐次删除 1 次顶,得一个至少四顶图,且不会是圈.

66. $n'(n-n')$.

67. 以人为顶,相识时连一边,则此图中的四边形无对角线,不相邻的二顶在一个四边形上,从而得证此图是正则图($n=2k,\Delta=\delta=k$).

71. 用公式 $\sum\limits_{v\in V}d(v)=2\varepsilon$.

72. 用反证法及 $\sum\limits_{v\in V}d(v)=2\varepsilon$.

第二章

1. 最长轨起点终点非叶则有圈.

2. 最长轨方法.

3. 若有 s 个叶,$s<n$,用 $\sum\limits_{v\in V}d(v)=2\varepsilon$ 计算得矛盾.

4. 若 $\varepsilon=\nu-\omega$,而 G 的某连通片 G_1 中有圈,$\varepsilon(G_1)\geqslant\nu(G_1)$,从而 $\varepsilon(G)=\sum\limits_{i=1}^{\omega}\varepsilon(G_i)\geqslant$ $\sum\limits_{i=1}^{\omega}\nu(G_i)-\omega+1=\nu-\omega+1$,矛盾.

5. 把叶删除后得的树与原来的树有相同中心.

6. 数学归纳法.

7. 对 ν 用归纳法.

8. 对 k 用归纳法

10. 81.

11. 记生成树为 τ_n 个,可以证得 $\tau_n-4\tau_{n-1}+4\tau_{n-2}-\tau_{n-3}=0$,从而求出 $\tau_n=-2+\left(\dfrac{3+\sqrt{5}}{2}\right)^n$ $+\left(\dfrac{3-\sqrt{5}}{2}\right)^n$.

12. 由公式 $\tau(K_n)=n^{n-2}$,及对称性,K_n 的每条边在它所有的生成树中用了 $(n-1)n^{n-2}/\dfrac{1}{2}$ $n(n-1)$ 次,所以 $\tau(K_n-e)=n^{n-2}-2n^{n-3}=(n-2)n^{n-3}$.

16. 把根删去得两个子树,顶的个数分别为 k 与 $n-k-1,k=0,1,\cdots,n-1$,从而得 $b_n=$ $\sum\limits_{k=0}^{n-1}b_kb_{n-k-1}=b_0b_{n-1}+\cdots+b_{n-1}b_0$. 由 $xB^2(x)-B(x)-1=0$ 得 $B(x)=\dfrac{-1\pm\sqrt{1-4x}}{2x}$,把 $\sqrt{1-4x}$ 做级数展开,比较系数得 $b_n=c(n)$.

19. 删去生成树的两个叶.

20. 有圈时,从圈上删去一条边.无圈时删去一个叶.

26. $\nu(T)$.

27. G 中的生成树对应到 H 中并不是生成树,在 G 中余树边对应的 H 中的 k 条边中,还要选 $k-1$ 条边,从而 G 中一棵生成树,在 H 中产生 $k^{\varepsilon-\nu+1}$ 棵不同的生成树,故 $\tau(H)$ $=k^{\varepsilon-\nu+1}\tau(G)$.

第三章

4. 平面图的块当然是平面图. 反之, 用关于块数的归纳法证明, 每个块皆平面图时, 整个图是平面图.

5. (1) $\nu = \phi$, 删去 $\phi - 1$ 条边后 G 变成树, 故 $\varepsilon - (\phi - 1) = \nu - 1$. $\varepsilon = 2\nu - 2$. (2) $n \geqslant 4$, $n-1$ 条辐的轮是 n 个顶的自对偶图.

8. 以 S 为顶集, 仅当两点相距为 1 时, 两顶相邻的图 G 是平面图, 于是 $\varepsilon \leqslant 3n - 6$, $n = 3$ 时, 等号不成立.

9. 正二十面体和正八面体.

11. 对每个连通片写出 Euler 公式,

$$\nu_i - \varepsilon_i + \phi_i = 2 = 1 + 1.$$

再把 ω 个上述公式相加.

12. 正四面体: 4 顶 6 边; 正六面体: 8 顶 12 边; 正八面体: 6 顶 12 边; 正 12 面体: 20 顶, 30 边; 正 20 面体: 12 顶 30 边.

13. 考虑此多面体平面嵌入后的对偶图 G^*, $\nu(G^*) = \phi(G)$, $3 \leqslant d_{G^*}(v) \leqslant \phi - 1$, 由抽屉原理, 必有两个面边数一致.

第四章

1. $(2n-1)!!, n!$

2. 若有两个相异的完备匹配 M_1 与 M_2, 则 $M_1 \oplus M_2 \neq \varnothing$, $T[M_1 \oplus M_2]$ 的顶皆 2 次, 不可能.

3. k 为偶数, 取 K_{k+1}; k 为奇数, 再加边 $v_1 v_3, v_5 v_7, \cdots, v_{2k-5} v_{2k-3}$, 得到的图为 G_0, 取 k 个两两不交的 G_0 和一个新顶 v_0, 把每个 G_0 中的 v_{2k-1} 与 v_0 之间加上边即得所求之 G.

4. 若有完备匹配, 第二人总取第一人相配的顶, 则第一人必输. 反之, 若 G 中无完备匹配, M 为最大匹配, 第一人取未被 M 许配的顶 v_0, 下面不论第二人如何取 v_{i-1}, v_{i-1} 皆被 M 许配, 于是第一人总取与 v_{i-1} 相配的顶 v_i.

5. 把 $K_{n,n}$ 的顶划分 (X, Y) 中的 X 与 Y 之顶, 皆以 $0, 1, 2, \cdots, n-1$ 编号, (i, j) 表示 X 中的 i 号顶与 Y 中的 j 号顶之间的边, $\{i, i+k(\bmod n)\}$, $i = 0, 1, 2, \cdots, n-1$ 是 $K_{n,n}$ 的 1-因子.

6. 从单星小妖中删去一个一因子后, 剩下两个不交的五边形.

7. 以方格为顶, 有公共边者界两格对应的顶相邻, 得一个二分图 G, G 无完备匹配.

9. G 中有 Euler 回路 C, 构作二分图 $G'(X, Y, E)$: $X = \{x_1, x_2, \cdots, x_\nu\}$, $Y = \{y_1, y_2, \cdots, y_\nu\}$, $x_i y_j \in E(G')$ 当且仅当 v_i 与 v_j 在 C 中顺次相连, 于是 G' 是可 1-因子分解的, 从而 G 是可以 2-因子分解的.

11. X 是行的集合, Y 是列的集合, 当且仅当两线有公共 1 时, 两线相邻, 构成一个二分图 G, 应用 Kønig 定理即可.

12. 按 11 题的构图, 把 Y 中不满 k 次的顶 "切" 成一次顶, 再按次数由大到小排列之, 从后面调一些一次顶并到前方 m 个不满 k 次的顶上, 得一 $2m$ 个顶的 k 次正则二分图, 有完备匹配, 匹配边导出的生成子图对应一个 0-1 $(m \times n)$ 阵, 这种步骤可以进行 k 次.

13. $B = X - S$, 于是 $X - \max\limits_{S \subseteq X} \{|S| - |N(s)|\} = \min\limits_{S \subseteq X} \{|X| - |S| + |N(s)|\} = \min\limits_{B \subseteq X} \{|B| +$

$|N(X-B)|\}$，G 的任最小覆盖皆取 $B\bigcup N(X-B)$ 的形式，故最大匹配边数为 $|X|$ $-\max\limits_{S\subseteq X}\{|S|-|N(s)|\}.$

14. 利用 13 题.

15. $G=(X,Y,E)$ 是二分图，ν 是偶数时，加一些边使 $G[Y]$ 是完全图；当 ν 是奇数时，再加一些边，使 $G[Y\bigcup\{Y_0\}]$ 是完全图，y_0 是增加的新顶. G 变成图 H. G 中有把 X 皆许配的匹配的充要条件是 H 有完备匹配，Hall 定理等价于："H 有完备匹配的充要条件是 $\forall S\subseteq X$，$|N_H(s)|\geqslant|S|$".

16. 用 Tutte 定理. $G_1,\cdots,G_n$ 是 $G-S$ 的奇片，m_i 是 G_i 与 S 间的边数，$m_i=$ $\begin{cases}\text{odd},k=\text{odd};\\\text{even},k=\text{even}.\end{cases}$ 又 G_i 与 S 至少有 $k-1$ 边相连，$m_i\geqslant k$. $\nu=\text{even}$，则 $o(G-S)=0$.

17. G 有完备匹配，由 Tutte 定理 $o(G-v)\leqslant1$，又 $\nu(G)=\text{even}$；故 $o(G-v)\geqslant1$. 若 $\forall v\in V(G)$，$o(G-v)=1$，有惟一奇片 $C_0(v)$，v 与 C_0 之间的边为 $e(v)=vu$，$M=\{e(v)\}$ 为完备匹配.

18. 在剩的牌多的人手中.

21. 以选出的 8 行为 X，8 列为 Y 构作二分图 $G=(X,Y,E)$，行与列有公共格子时，此二顶相邻，G 是 2 次正则二分图，有完备匹配，白子与黑子相配.

第五章

2. $G(X,Y,E)$ 是二分图，$|X|\geqslant|Y|$，在 Y 中添加一些顶，使 $|X|=|Y|$，再加一些边，使成为 Δ 次正则二分图，逐次求其完备匹配.

3. 反证. G 存在最佳 δ 边着色和顶 v，满足 $d_G(v)>c(v)$，G 中有奇圈，矛盾.

5. $\nu=\text{odd}$，在正常边上色中，同色边条数 $\leqslant\frac{1}{2}(\nu-1)$，$\frac{1}{2}\chi'(G)(\nu-1)\geqslant\varepsilon(G)$，而 G 是正则图，$\varepsilon(G)=\frac{1}{2}\Delta\nu$，$\chi'>\Delta$，由 Vizing 定理，$\chi'\leqslant\Delta+1$，故 $\chi'(G)=\Delta+1$.

6. 正常边上色时，同色边条数最多 n 条，$\varepsilon>n\Delta$，故 $\chi'(G)>\Delta$，由 Vizing 定理，$\chi'(G)=\Delta+1$.

7. 每顶 3 种色各出现一次，每色组成一个匹配，1 色与 2 色导出的子图是 2-因子 G_1，G_1 连通，G_1 是 Hamilton 圈.

8. 7 节课；若上 8 节课，需要 6 间教室.

9. (1)对 $K_{r_{n-1}}$ 进行 n 边着色，$r(2,3,\cdots,3)\leqslant r_{n-1}$，$r(3,3,\cdots,3,2,3,3,\cdots,3)\leqslant r_{n-1}$. (2)对 n 进行归纳法证明.

20. $k(k-1)(k-2)^2(k^2-5k+8)$.

21. $(k-1)^n+(-1)^n(k-1)$.

22. $k(k-2)^n+(-1)^nk(k-2)$.

26. 由 5 色定理知，G 不是平面图.

30. 利用不等式 $r_n\leqslant[n!\ e]+1$ 和 Schur 定理，$r_6\leqslant[6!\ e]+1=1958$.

31. α(单星小妖)$=4$，β(单星小妖)$=6$.

32. β(k 维立方体)$=2^{k-1}=\alpha$(k 维立方体).

35. 否，反例星 Star.

第六章

1. 不是 Euler 图,它有 6 个 3 次顶,也不可一笔画.

2. $k \equiv 0 (\mod 2)$.

4. 用反证法.

6. 不是.三个"•"顶删除后,得四个连通片,由定理 6.4,它不是 Hamilton 图.

8. 用数学归纳法证明之,$k \geqslant 2$ 的 k 维立方体是 Hamilton 图.

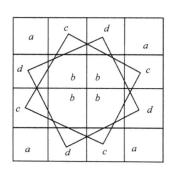

图 2

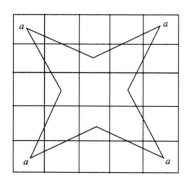

图 3

9. 在图 2 中,4 个 c 号顶形成一个四阶圈,4 个 d 号顶形成一个 4 阶圈;4 个 a 号顶是 2 次顶,每个 a 顶仅与两个 b 顶相邻.于是,把四个 b 顶删除后,得六个连通片,而原来的 4×4 马图是连通的;每个 b 与一个 c 一个 d 相邻,而每个 a 与两个 b 相邻,由定理 6.4 知,4×4 马图非 Hamilton 图.

10. 在图 3 中,a 号顶是 2 次的,它们已经在一个 8 阶圈上,所以这 4 个 a 顶不会与其余的 21 个顶形成 Hamilton 圈,此题答案是否定的.

11. K_n 中无公共边的 Hamilton 圈有 $\left[\dfrac{n-1}{2}\right]$ 个.K_n 中边总数为 $\dfrac{1}{2}n(n-1)$,每个 Hamilton 圈有 n 条边,所以无公共边的 Hamilton 圈的个数不超过 $\left[\dfrac{1}{2}n(n-1) \div n\right] = \left[\dfrac{n-1}{2}\right]$ 个.

下面在 K_n 中用构造法证明可以找出 $\left[\dfrac{n-1}{2}\right]$ 个 Hamilton 圈.

对于 $n = 2k+1$,$k \geqslant 1$,见图 4.$2k+1$ 个顶分别用 $0,1,2,\cdots,2k$ 来表示,$1,2,\cdots,2k$ 均匀地放在圆上,0 顶放在圆心,于是

是一个 Hamilton 圈.把这个圈顺时针旋转 $\dfrac{\pi}{k}$,得到与 C_1 无公共边的 Hamilton 圈 C_2,如此旋转 $k-1$ 次,可得到 k 个两两无公共边的 Hamilton 圈.

对于 $n=2k+2,k\geqslant1$,把 $2k+1$ 号顶放在圆心的"上空",见图 5.当图 4 上的圈 C_1 运行到左侧距水平直径最近的顶⬤时,在 $n=2k+1$ 的情形是向右下方运行,这时 $(n=2k+2)$ 改成向 $2k+1$ 运行,再从 $2k+1$ 行到右下方距水平直径最近的点,于是得到 $n=2k+2$ 时的一个 Hamilton 圈 $C'_1=$①② ㉘ ③ …㉛ … ⓚ ㊿ ㊿ ⓪ ①,再用顺时针旋转 $\frac{\pi}{k}$ 的方式得到 k 个两两无公共边的 Hamilton 圈.

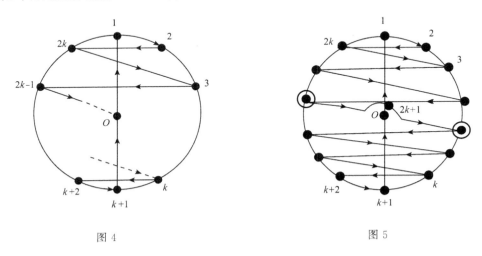

图 4 　　　　　　　　　　　　图 5

综上所述,K_n 中恰有 $\left[\dfrac{n-1}{2}\right]$ 个无公共边的哈密尔顿圈.

12. ①②③④⑤⑥⑦⑧⑨⑩是一个 Hamilton 圈.

13. 以骑士为顶,无仇者之间连一边得一图 $G,d(v)\geqslant n,d(u)+d(v)\geqslant2n$,由 Ore 定理知可以入席.

14. 用 Ore 定理.

17. G 为 Hamilton 图,$G+uv$ 显然也是.反之,若 $G+uv$ 是 Hamilton 图,而 G 不是,这时 G 中有 Hamilton 轨 $v_1v_2\cdots v_\nu$,其中 $v_1=u,v_\nu=v$.若对某个 $i(2\leqslant i\leqslant\nu-1)$,$v_1v_i\in E(G)$,则 $v_{i-1}v_\nu\notin E(G)$,不然 $v_1v_2\cdots v_{i-1}v_\nu v_{\nu-1}\cdots v_iv_1$ 是 G 的 Hamilton 圈.因而 $d(v_\nu)\leqslant\nu-1-d(v_1),d(v_1)+d(v_\nu)\leqslant\nu-1$,与已知 $d(u)+d(v)\geqslant\nu$ 矛盾.

第七章

1. 2^{10}.

2. 利用 $\chi(G)\leqslant\Delta+1$ 及有向图中有长 $\chi-1$ 的有向轨来证.

3. $\delta^+=\delta=0$.

5. 改变一条边的方向.

6. 由于无一人全胜,得分最多者不超过 $n-2$(共 n 个运动员).若无两人得分一致,则 n 人得分之和不超过 $0+1+2+\cdots+(n-2)=\dfrac{1}{2}(n-1)(n-2)$,比竞赛图的边数 $\dfrac{1}{2}n(n-1)$ 少,而每一边代表某一运动员得的一分. 于是 n 个人得分之和应为 $\frac{1}{2}n(n-1)$, 与上述不超过 $\frac{1}{2}(n-1)$ · $(n-2)$ 矛盾, 所以有得分相同的选手. 下证这时竞赛图中有三阶有向圈. 反证之, 若有得分相同的选手, 但竞赛图 G 中无有向三阶圈, 任取 $u,v \in V(G)$. 不妨设 u 指向 v(u 是有向边 uv 之尾), 则任取一指向 u 的有向边(u 不全胜), 其尾是 w, 这时边 wv 的尾也是 w, 不然出现了有向三角形. 由有向边 wu 的任意性知 u 比 v 多得 1 分, 与 u 与 v 得分一致相违, 所以存在有向三角形.

第八章

1. 0

4. 设附加源 s 附加汇 t, 从 s 到 x_i 各连一有向边, $i=1,2,3$, 容量分别为 $5,10,5$; 从 $y_i(i=1,2,3)$ 到 t 分别连一有向边, 容量分别是 $5,10,5$.

11. 设 M 是一个最大匹配, 对 M 中的每条边 xy, 通过有向轨 $sxyt$, 从 s 到 t 流过一个单位. 显然, 对 M 中不同边, 这种有向轨是独立的, 故最大流量 $F \geqslant |M|$.

设 f 是 N 上整值流函数, 所有从 s 到 t 的有向轨皆形如 $sxyt$, 若它从 s 到 t 运送一个流量, 则不会再有边 xy' 或 $x'y$ 能被用来通过流量, 故使得 $f(xy)=1$ 的边 xy 之集合形成 $G(X,Y,E)$ 的一匹配, 于是 $|M| \geqslant F$, 从而 $|M|=F$.

13. 设 G 中无把 X 中的顶皆许配的匹配, 最大流量 $F=|M|$, M 是 G 中最大匹配, 但 $|M|<|X|$; 设 S 是 2F 算法结束时被标志的顶集合, 则 $(S,\bar{S})$ 是最小截. 又一切形如 xy 的边容量为 ∞, 令 $S'=X \cap S$, $N(S') \subset S$, 又无 $Y-N(S')$ 中的顶被标志. 于是

$$(S,\bar{S}) = (\{s\}, X-S') \bigcup (N(S'), \{t\}),$$

又 $|(S,\bar{S})|=|M|<|X|$, 于是

$$|X-S'|+|N(S')|<|X|,$$

即 $|N(S')|<|S'|$.

反之, 若 G 中有把 X 中的顶皆许配的匹配, 显然对每个 $S' \subseteq X$, $|N(S')| \geqslant |S'|$.

14. 令 $X=\{x_1,x_2,\cdots,x_m\}$, $Y=\{y_1,y_2,\cdots,y_n\}$ 是 $K_{m,n}$ 的顶划分, 把 $K_{m,n}$ 定向, 每边皆从 X 指向 Y, 得有向图 G. 把 G 的每边容量定为 1, X 是源集合, Y 是汇集合, x_i 的供应量是 p_i, y_j 的需求量是 q_j. 考虑有供需要求的网络 N 上的可行流问题.

对 G 的每个生成子图, 对应地有网络 N 上一个流, 使此子图上每一边皆满载, 且此对应是一一的. 于是 (p,q) 可由二分图实现的充要条件是 N 上有可行流.

由定理 8.6, 可以证明 N 中有可行流的充要条件是

$$\sum_{i=1}^{m} \min\{p_i,k\} \geqslant \sum_{j=1}^{k} q_j, \quad 1 \leqslant k \leqslant n. \tag{$*$}$$

事实上, 对于 $S \subseteq V(G)$, 令

$$I(S) = \{i \mid x_i \in S\}, J(S) = \{j \mid y_j \in S\},$$

则

$$C(S) = \sum_{e \in (S,\bar{S})} c(e) = |I(S)| \cdot |J(\bar{S})|, \tag{甲}$$

$$\sigma(X \cap \bar{S}) = \sum_{i \in I(\bar{S})} p_i, \qquad (乙)$$

$$\rho(Y \cap \bar{S}) = \sum_{j \in z(\bar{S})} q_j \qquad (丙)$$

设 N 中有可行流,由定理8.6及以上各式得

$$| I(S) | \cdot | J(\bar{S}) | \geqslant \sum_{j \in J(\bar{S})} q_j - \sum_{i \in I(\bar{S})} p_i.$$

取 $S = \{x_i \mid p_i > k\} \bigcup \{y_j \mid q_j > k\}$. 于是

$$\sum_{i \in I(S)} \min\{p_i, k\} \geqslant \sum_{j=1}^{k} q_j - \sum_{i \in I(\bar{S})} \min\{p_i, k\}.$$

即($*$)成立.

反之,若($*$)成立,S 是 $V(G)$ 任一子集,由($*$)与(甲)(乙)(丙),

$$C(S) \geqslant \sum_{i \in I(S)} \min\{p_i, k\} \geqslant \sum_{j=1}^{k} q_j - \sum_{i \in I(\bar{S})} \min\{p_i, k\}$$
$$\geqslant \rho(Y \cap \bar{S}) - \sigma(X \cap \bar{S}),$$

其中 $k = |J(\bar{S})|$,从而 N 有可行流.

15. 以 s 为源,t 为汇,$b(e)=1, c(e)=\infty$ 的 PERT 图上的网络上之最小流即为所求,也就是从 t 到 s 的最大流为所求.

第九章

1. 若 v 是割顶,$G-v$ 不连通,它至少两个连通片. 设 U 是其中一个连通片的顶集,令 $W = V(G)-(U\bigcup\{v\})$. 于是 $\forall u \in U, w \in W, u$ 与 w 分属于 $G-v$ 的不同连通片,这时 G 中从 u 到 w 的一切轨上必含 v. 不然,若 G 中一轨 $P(u,w)$ 不含 v,在 $G-v$ 中的有轨 $P(u,w)$,与 u,w 分属于 $G-v$ 的两个连通片相违.

反之,若 v 在 u 到 w 的每一条轨上,则 $G-v$ 中不存在 u 到 w 的轨,$G-v$ 不连通. 所以 v 是 G 的割顶.

3. 设 x 是 G 的桥,若 x 在 G 的一个圈 C 上,则 $G-x$ 仍连通,与 x 是 G 的桥相矛盾. 所以桥不在圈上.

反之,若 $x \in E(G)$ 不在 G 的任何圈上,但 x 不是桥,则 $G-x$ 仍连通,在 $G-x$ 中考虑 x 的二端点 u 与 v 之间的轨 $P(u,v)$,在 G 中 $P(u,v)$ 并上 x 是一个圈,与 x 不在 G 的圈上矛盾.

4. 若 e 在 G 中从顶 u 到 v 的一切轨之上,则 $G-e$ 中从 u 到 v 无轨,即 $G-e$ 不连通,故 e 是桥. 反之,若 e 是桥,所以 $G-e$ 不再连通,设 U 与 W 是 $G-e$ 的两个连通片,取 $u \in U, v \in W$,则 G 中 e 在从 u 到 v 的一切轨上.

6. $(3)(5)(7)(8)(9)$ 是块的充分必要条件.

7. 若 G 中有桥 $e=uv$,则 $\kappa'(G)=1$,而这时 u 与 v 是割顶,故 $\kappa(G)=1$. 若 G 中无桥,则 $\kappa'(G) \geqslant 2$,有 κ' 条边,删除这些边之后 G 变得不再连通. 于是删除这 κ' 条边中的 $\kappa'-1$ 条之后,G 变成有桥图,设此桥为 $e=uv$,我们对上述 $\kappa'-1$ 条删去的每条边上选一个端点,删去这些端点,再删去 u 或 v 中之一顶. 则 G 变得不连通,可见 $\kappa \leqslant \kappa'$.

12. $m=2r$ 时,我们来证 $G_0(2r,n)$ 没有少于 $2r$ 个顶组成的隔离集. 若 V' 是一个隔离集,且

$|V'|<2r$,又设 i 与 j 两个顶分别属于 $G_0(2r,n)-V'$ 的不同连通片,令

$$S=\{i,i+1,\cdots,j-1,j\},$$
$$T=\{j,j+1,\cdots,i-1,i\}.$$

加法在 $\mathrm{mod}\,n$ 之下执行.因 $|V'|<2r$,不失一般性,设 $|V'\bigcap S|<r$.则显然存在 $S-V'$ 中的序列,从 i 始,到 j 终,使得此序列中连续两个顶号码差的绝对值最大是 r.但这样的序列中相连续顶之间存在边,即在 $G_0(2r,n)-V'$ 中有轨 $P(i,j)$,与 i,j 分居于 $G_s(2r,n)-V'$ 的两个连通片矛盾,故 $G_0(2r,n)$ 是 $2r$ 连通的.

相似地可证 $G_0(2r+1,n)$ 是 $2r+1$ 连通的.

又 $\kappa\leqslant\kappa'$,所以 $G_0(m,n)$ 也是 m 边连通图,且不难证明 $\kappa(G_0(m,n))=\kappa'(G_0(m,n))=m$.

13. 由于 $\varepsilon_0(m,n)\geqslant\left[\dfrac{mn}{2}\right]+1$,$\varepsilon(G_0(m,n))=\left[\dfrac{mn}{2}\right]+1$,而 $G_0(m,n)$ 是 n 顶 m 连通图,故

$$\varepsilon_0(m,n)\leqslant\left[\frac{mn}{2}\right]+1,$$

即得 $\varepsilon_0(m,n)=\left[\dfrac{mn}{2}\right]+1$.

15. 用最大流证明 $p(a,b)=n(a,b)$.

第十章

1. 每个基圈组是 $\mathscr{C}(G)$ 的基底向量组,每个基圈组共计 $\varepsilon-\nu+1$ 个向量,在 0-1 二元域中进行线性组合.一个基圈中每个基向量的组合系数可以取 0 与 1 两种值,所以组合出的全体向量个数 $|\mathscr{C}(G)|$ 是 $2^{\varepsilon-\nu+1}$.

2. 每个基本割集组有 $\nu-1$ 个向量,在 0-1 二元域中由基割组组合成的 $\mathscr{S}(G)$ 的全体向量个数为 $2^{\nu-1}$.

5. 在抄写 $B(G)$ 时,先排 G_1 的顶与边,接着依次排入 $G_2,G_3,\cdots,G_\omega$ 的顶与边,其中 G_i 是 G 的第 i 个连通片,于是 $B(G)$ 形如

$$B(G)=\begin{pmatrix} B(G_1) & & & & 0 \\ & B(G_2) & & & \\ & & B(G_3) & & \\ & 0 & & \ddots & \\ & & & & B(G_\omega) \end{pmatrix}.$$

所以 $r(B(G))=\sum\limits_{i=1}^{\omega}r(B(G_i))=\sum\limits_{i=1}^{\omega}(\nu_i-1)=\sum\limits_{i=1}^{\omega}\nu_i-\omega=\nu-\omega$,其中 $\nu_i=|V(G_i)|,i=1,2,\cdots,\omega$.

$B(G_i)$ 的每一行是 $\mathscr{S}(G_i)$ 中的向量,而 $\mathscr{S}(G_i)$ 是 ν_i-1 维的,所以 $r(B_f(G_i))=\nu_i-1=r(B(G_i))$,从而 $r(B_f(G))=\nu-\omega$.

10. 考虑竞赛图 K_ν 的生成树的数目 $\tau(K_\nu)$.设 $B_f(K_\nu)$ 的元素为 b_{ij},则

$$B_f(K_\nu)B_f^T(K_\nu)=(b'_{ij})_{(\nu-1)\times(\nu-1)},$$

其中

$$b'_{ij}=\sum_{k=1}^{\varepsilon}b_{ik}b_{jk},i,j=1,2,\cdots,\nu-1.$$

当 $i=j$ 时，

$$b'_{ij} = b'_{ii} = \sum_{k=1}^{t} (b_{ik})^2, \quad i = 1, 2, \cdots, \nu-1.$$

又由 K_ν 是完全图，每顶与 $\nu-1$ 条边关联，故

$$b'_{ii} = \nu-1, \quad i = 1, 2, \cdots, \nu-1.$$

当 $i \neq j$ 时，$b'_{ij} = -1$，故

$$B_f(K_\nu) B_f^{\mathrm{T}}(K_\nu) = \begin{pmatrix} \nu-1 & -1 & -1 & \cdots & -1 \\ -1 & \nu-1 & -1 & \cdots & -1 \\ \vdots & \vdots & \vdots & & \vdots \\ -1 & -1 & -1 & \cdots & \nu-1 \end{pmatrix}.$$

下面计算 $\det(B_f(K_\nu) B_f^{\mathrm{T}}(K_\nu))$，为此，考虑 $\nu-1$ 阶方阵 T，其元素为

$$t_{ii} = 2, i < \nu-1,$$
$$t_{\nu-1,\nu-1} = 1; t_{ij} = 1, i \neq j.$$

易得 $\det T = 1$，于是

$$\det(T B_f(G) B_f^{\mathrm{T}}(G)) = \begin{vmatrix} \nu & 0 & 0 & \cdots & 0 & 0 \\ 0 & \nu & 0 & \cdots & 0 & 0 \\ \vdots & \vdots & \vdots & & \vdots & \vdots \\ 0 & 0 & 0 & \cdots & \nu & 0 \\ 1 & 1 & 1 & \cdots & 1 & 1 \end{vmatrix} = \nu^{\nu-2}.$$

而 $\det(T B_f(G) B_f^{\mathrm{T}}(G)) = \det T \det(B_f(G) B_f^{\mathrm{T}}(G))$
　　　　　　　　　　　　　　$= \det(B_f(G) B_f^{\mathrm{T}}(G))$，

故 $\tau(K_\nu) = \det(B_f(G) B_f^{\mathrm{T}}(G)) = \nu^{\nu-2}$. 这正是 Cayley 定理的结论.

12. 考虑 $V(G) = \{v_1, v_2\}$ 的连通图 K_2，A 恰为 K_2 的邻接矩阵，当 k 为奇数时，从 v_1 到 v_1 的长 k 的道路及从 v_2 到 v_2 的长 k 的道路不存在，而从 v_1 到 v_2 的长 k 的道路恰 1 条，由这时 $A^k = A$.

当 k 为偶数时，从 v_1 到 v_2 的长 k 的道路不存在，从 v_1 到 v_1，从 v_2 到 v_2 的长 k 的道路恰 1 条，故这时 $A^k = E$，E 是单位阵.

13. 用 (m, n, l) 表示左岸我方 m 人，敌方 n 人；(m, n, r) 表示右岸我 m 人，敌 n 人. 从左岸到右岸去，全部可能的状态为

$$v_1 = (2,2,l), \quad v_2 = (2,1,l), \quad v_3 = (1,1,l), \quad v_4 = (2,0,l),$$
$$v_5 = (0,2,l), \quad v_6 = (0,1,l), \quad v_7 = (2,2,r), \quad v_8 = (2,1,r),$$
$$v_9 = (1,1,r), \quad v_{10} = (2,0,r), \quad v_{11} = (0,2,r), \quad v_{12} = (0,1,r).$$

用 $V(G) = \{v_1, v_2, v_3, \cdots, v_{12}\}$ 为顶集，构作一个二分图 G，仅当两个状态 v_i 与 v_j 可以互相转化时，在 v_i 与 v_j 之间连一边，见图 6.

$$A(G) = \begin{pmatrix} 0 & \overline{A} \\ \overline{A} & 0 \end{pmatrix}_{12 \times 12},$$

其中

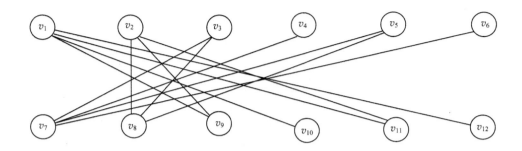

图 6

$$\bar{A} = \begin{pmatrix} 0 & 0 & 1 & 1 & 1 & 1 \\ 0 & 1 & 1 & 0 & 1 & 0 \\ 1 & 1 & 0 & 0 & 0 & 0 \\ 1 & 0 & 0 & 0 & 0 & 0 \\ 1 & 1 & 0 & 0 & 0 & 0 \\ 1 & 0 & 0 & 0 & 0 & 0 \end{pmatrix}.$$

显然有

$$A^k = \begin{cases} \begin{pmatrix} \bar{A}^k & 0 \\ 0 & \bar{A}^k \end{pmatrix}, & k \text{ 为偶数}, \\[3mm] \begin{pmatrix} 0 & \bar{A}^k \\ \bar{A}^k & 0 \end{pmatrix}, & k \text{ 为奇数}. \end{cases}$$

用 a_{ij} 记 A 的元素，$a_{ij}^{(k)}$ 记 A^k 中元素，我们欲找使 $a_{17}^{(k)} \neq 0$ 的最小的 $k \in \mathbf{N}$，经计算得

$$a_{17}^{(1)} = a_{17}^{(3)} = 0, \quad a_{17}^{(5)} = 4,$$

即小船至少五次过河才能把 4 人运到右岸，只需 100 分钟．

14. 考虑 $A_{(G)}^{(k)}$ 中元素的图论含义和 $1+1=1$ 的运算．

17. 1000．

第十一章

1. HC∞TS. 不妨设 $l(e) \equiv 1$，HC 的输入 I 为 $G(V,E)$，则 TS 的输入 $f(I)$ 取 $G(V,E)$ 和 $k = |V(G)|$．

2. 此题显然 $\in$ NP，只欠证 VC 可以转化（∞）成本题．若 I 是 $G(V,E)$ 和 $k \in \mathbf{N}$ 为 VC 的一个输入，取相应的本题之输入 $f(I)$ 为有向图 $H(V,F)$ 与 $k \in \mathbf{N}$，H 的边集

$$F = \{a \rightarrow b, b \rightarrow a \mid ab \in E(G)\}.$$

3. 只欠证第 2 题的问题转化成本题：设第 2 题的输入 I 为 $G(V,E)$ 和 $k \in \mathbf{N}$，本题的相应输入 $f(I)$ 取为有向图 $H(W,F)$ 和 $k \in \mathbf{N}$，其中

$$W = \{(v,1), (v,2) \mid v \in V(G)\},$$
$$F = \{(v,1) \rightarrow (v,2) \mid v \in V(G)\} \bigcup \{(u,2) \rightarrow (v,1) \mid u \rightarrow v \in E(G)\}.$$

4. 只欠证 3SAT 可转化成本题．

3SAT 之输入 I 为

$$L = \{x_1, x_2, \cdots, x_n, \bar{x}_1, \bar{x}_2, \cdots, \bar{x}_n\},$$
$$\mathscr{C} = \{C_1, C_2, \cdots, C_m\}.$$

相应的本题之输入 $f(I)$ 为图 $G(V, E)$, $w(e)$, k 如下:

$$k = (10m + 1)n + 6m,$$
$$V(G) = \{v_i \mid 0 \leqslant i \leqslant m\} \bigcup L,$$
$$E(G) = \{uv \mid u \neq v, \exists i, u, v \in A_i\} \bigcup \{x_1 \bar{x}_j \mid 1 \leqslant j \leqslant n\},$$

其中 $A_i = \{v_0\} \bigcup \{v_i\} \bigcup C_i$, $i = 1, 2, \cdots, m$,

$w(e)$ 取为

$$w(v_0 \xi) = \sum_{i=1}^{m} \mid C_i \bigcap \{\xi\} \mid, \xi \in L,$$
$$w(\xi' \xi'') = \sum_{i=1}^{m} \mid C_i \bigcap \{\xi'\} \mid \cdot \mid C_i \bigcap \{\xi''\} \mid, \quad \xi', \xi'' \in L, \quad \xi' \neq \xi'';$$
$$w(x_j \bar{x}_j) = 10m + 1,$$
$$w(v_i u) = 1, \text{当 } i > 0, u \in A_i.$$

5. 先证第 4 题, 再把第 4 题转化成第 5 题. 把第 4 题图中的边 uv 变成图 7.

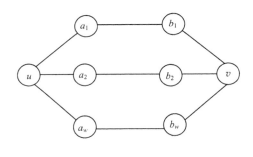

图 7

6. 第 5 题 ∞ 第 6 题.

第 5 题输入 I 为: $G'(V', E')$, $k' \in \mathbf{N}$. $\mid V' \mid = n$, 相应的第 6 题之输入 $f(I)$ 为 $G(V, E)$ 和 $k \in \mathbf{N}$ 如下:

$$V = V' \bigcup \{x_1, x_2, \cdots, x_{n^3}\},$$
$$E = E',$$
$$k = k' n^3.$$

7. 第 6 题 ∞ 第 7 题.

第 6 题输入 I 为 $G(V, E)$ 与 $k \in \mathbf{N}$, 相应的第 7 题之输入 $f(I)$ 为 $G'(V', E')$ 与 $k' \in \mathbf{N}$:

$$k' = \frac{n(n^2 - 1)}{6} - k \quad (n = \mid V \mid),$$
$$V' = V,$$
$$E' = \{uv \mid u \neq v, uv \notin E(G)\}.$$

8. 取 $C(e)\equiv1$，SAT∞第 8 题.

SAT 的输入 I 为 $L=\{x_1,x_2\cdots,x_n,\overline{x}_1,\overline{x}_2,\cdots,\overline{x}_n\}$，$\mathscr{C}=\{C_1,C_2,\cdots,C_m\}$. 相应的第 8 题之输入为 $R_1=1,R_2=m$，二源二汇的一个网络 N,N 的构造如下：

若 p_i 是字 x_i 在句子中出现的次数，q_i 是 $\overline{x}_i$ 在句子中出现的次数，则对每个 x_i 构作如图 8 的结构.

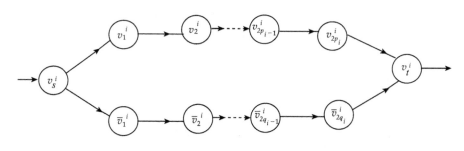

图 8

把图 8 的结构连成一串，以 v_t^i 为尾，以 v_s^{i+1} 为头，有一条有向边；以 s_1 为尾，以 v_s^1 为头，有一条有向边；以 v_t^n 为尾，以 t_1 为头，有一条有向边；以 s_2 为尾，以 v_j^i 与 $\overline{v}_j^i$ 为头，有有向边，这里 j 是奇数；$C_1,C_2,\cdots,C_m$ 是另一些顶，每个 C_i 为尾 $(i=1,2,\cdots,m)$ t_2 为头，有一条有向边；若 $x_i(\overline{x}_i)$ 第 j 次出现，则以 $v_{2j}^i(\overline{v}_{2j}^i)$ 为尾，以 C_r 为头，有一有向边，其中 C_r 是 $x_i(\overline{x}_i)$ 出现的句子.

9. VC∞本题.

VC 的输入 I 为 G' 与 k，本题相应的输入 $f(I)$ 为 G 和 k,G 如下构作：对每边 $e_i=uv\in E(G')$，G' 上加一新顶 x_i 二条新边 ux_i,x_iv.

10. 考虑 G_2 是完全图的情形. 换句话说，证明 CL IQUE∞本题.

参 考 文 献

[1] Bondy J A，Murty U S R. Graph Theory with Applications. London：Macmillan Press LTD，1976

[2] Even S. Graph Algorithms. Maryland：Maryland Computer Science Press，1979

[3] Garey M R，Johnson D S. Computers and Intractability：A Guide to the Theory of NP-Completeness. New York：Freaman，1979

[4] Andrasfai B. 图论导引.郭照人译.北京：高等教育出版社，1980

[5] Harary F. 图论.李慰萱译.上海：上海科学技术出版社，1980

[6] 卢开澄.图论与算法.北京：清华大学出版社，1981

[7] 陈树柏.网络图论及其应用.北京：科学出版社，1982

[8] Beineke L W，Wilson R J. Selected Topics in Graph Theory. London：Academic Press，1978

[9] Bollobas B. Extramal Graph Theory. New York：Academic Press，1978

[10] Chartrand G. The Theory and Applications of Graphs（Fourth International Conference）. Hoboken：John Wiley & Sons，1981

[11] 王朝瑞.图论.北京：人民教育出版社，1981

[12] 王树禾.图论及其算法.合肥：中国科学技术大学出版社，1990

[13] Berge C. Graphs. Amsterdam：North-Holland，1991

[14] Gondran M，Minoux M. Graphs and Algorithms. New York：Wiley-Interscience，1984

[15] Gibbons A. Algorithmic Graph Theory. Cambridge：Cambridge University Press，1985

[16] 王树禾.从哥尼斯堡七桥问题谈起.长沙：湖南教育出版社，1999

[17] 王树禾.数学素质强化训练.合肥：安徽科学技术出版社，2001

[18] 叶其孝等.大学生数学建模竞赛辅导教材.长沙：湖南教育出版社，1998

[19] 李尚志，王树禾等.数学建模竞赛教程.南京：江苏教育出版社，1996

[20] 王树禾.数学聊斋.北京：科学出版社，2002

[21] 王树禾.经济与管理科学中的数学模型.合肥：中国科学技术大学出版社，2000

[22] 王树禾.数学模型基础.合肥：中国科学技术大学出版社，1996

[23] 王树禾.数学思想史.北京：国防工业出版社，2003